太陽旗密令，決定甲午結局的情報戰

暗影之中，假面之下，日本間諜如何瓦解清廷最初的防線？

戚其章——著

文質彬彬的留學生，竟身懷滲透任務？
看似普通的信件背後，又隱藏了什麼暗號？

戰爭，在第一聲槍響前早已開始……

目錄

出版說明

第一章　日本早期對華諜報活動

　　第一節　「征韓論」與日本遣華第一諜 …………………………… 010

　　第二節　「征臺」先遣隊 …………………………………………… 019

　　第三節　神祕的使者 —— 日本駐華武官 ………………………… 026

第二章　中法戰爭與日本侵華諜報活動

　　第一節　趁火打劫正其時 …………………………………………… 040

　　第二節　廬山軒照相館 ……………………………………………… 048

　　第三節　創辦上海東洋學館 ………………………………………… 055

第三章　漢口樂善堂大揭祕

　　第一節　荒尾精的「興亞」思想 …………………………………… 062

　　第二節　漢口樂善堂的籌辦經過 …………………………………… 067

　　第三節　樂善堂漢口分店掛牌開張 ………………………………… 072

目錄

第四節	「四百餘州探險」（之一）	080
第五節	「四百餘州探險」（之二）	089
第六節	「四百餘州探險」（之三）	098
第七節	撩開日清貿易研究所的面紗	102

第四章　日本間諜與對華的「作戰構想」

第一節	日本參謀本部陸軍部提出《清國征討方略》	120
第二節	日本海軍六種「征清」方策的發現	130
第三節	為落實對華的「作戰構想」所做的準備	137
第四節	邀請北洋艦隊訪日的背後	149
第五節	甲午開戰前的最後準備	158

第五章　日本諜報的重中之重

第一節	宗方小太郎兩探威海	178
第二節	日諜天津密會與宗方小太郎重返煙臺	184
第三節	力爭海上主動權	194
第四節	從〈中國大勢之傾向〉到〈對華邇言〉	201

第六章　甲午日諜的第一案

第一節　一起意外的涉外事件……………………………208

第二節　石川伍一其人及其落網經過 ………………………211

第三節　京官奏參與石川案的審結 …………………………218

第四節　石川案之餘波與〈石川伍一供詞〉的真偽問題……224

第五節　石川案與日本豐島襲擊有關嗎 ……………………230

第六節　從石川案看京城日諜嫌疑案的處理 ………………238

第七章　江浙日諜案中之案

第一節　關東諜蹤……………………………………………246

第二節　上海租界裡的日本「商人」…………………………248

第三節　盂蘭盆會假僧遇真僧 ………………………………256

第四節　江浙日諜案中案的審結………………………………261

第八章　旅順後路案

第一節　六日諜登陸花園口…………………………………270

第二節　「三崎」命喪金州……………………………………273

第三節　豬田正吉、大熊鵬失蹤之謎…………………………276

第四節　向野堅一普蘭店脫網逃生 …………………………280

目錄

出版說明

甲午戰爭是中國近代史上的重大事件，出版社隆重推出甲午戰爭研究專家戚其章先生的「甲午戰爭與近代中國叢書」，包括《甲午戰爭》、《大清最後的希望──北洋艦隊》、《斷潮，晚清海軍紀事》、《甲午戰爭國際關係史》、《國際法視角下的甲午戰爭》、《太陽旗密令，決定甲午結局的情報戰》等6冊。

《甲午戰爭》從戰爭緣起、豐島疑雲、平壤之役、黃海鏖兵、遼東烽火、艦隊覆沒、馬關議和、臺海風雲等關鍵事件入手，以辯證的目光敘述關鍵問題和歷史人物，解開了諸多歷史的謎題。

《大清最後的希望──北洋艦隊》主要講述了北洋艦隊從建立到覆沒的全過程，以客觀的辯證的歷史角度，展現了丁汝昌、劉步蟾、林泰曾、楊用霖、鄧世昌等愛國將領的形象，表現了北洋艦隊抗擊日軍侵略的英勇頑強的愛國主義精神。

《斷潮，晚清海軍紀事》細緻地敘述了晚清時期清政府創辦海軍的歷程，從策略角度分析了北洋海軍失敗的原因，現在看來仍然振聾發聵。

《甲午戰爭國際關係史》從國際關係的角度，論述了清政府的乞和心態和列強的「調停」過程，突出表現了清政府的腐敗無能和列強蠻橫貪婪的真實面目，指出列強所謂的「調停」只是為了本國利益，並非為了和平，清政府的乞和行為是注定不會成功的。

出版說明

　　《國際法視角下的甲午戰爭》結合法理研究與歷史考究，把爭論百年的甲午戰爭責任問題放在國際法的平臺上，進行全面、系統、客觀、公正的整理與評論，是一部具有歷史責任感和國際法學術觀的著作。

　　《太陽旗密令，決定甲午結局的情報戰》揭露和分析日本間諜在甲午戰前及戰爭中的活動，證明這場侵略戰爭對百姓造成了嚴重傷害，完全是非正義的，因此對這場侵略戰爭中的日本間諜，應該予以嚴正的批判和譴責。

　　甲午戰爭是一本沉甸甸的歷史教科書，讓我們在深刻的反思中始終保持清醒，凝聚信心和力量，肩負起時代賦予的光榮使命。

第一章
日本早期對華諜報活動

第一章　日本早期對華諜報活動

第一節 「征韓論」與日本遣華第一諜

西元1868年日本明治政府成立伊始，即以實行對外擴張為基本國策。其侵略矛頭首先是指向中國。它在整飭軍備的同時，開始向中國派遣間諜，並在中國設立間諜機構，從事蒐集情報工作，為發動對華侵略戰爭做準備。因此，在其後日本發動的甲午侵華戰爭中，諜報活動至關重要。時人指出：「（日本）孜孜偵探，其遣間諜至中國者，或察政務之設施，或考江山之形勝，無不了如指掌。」[001]「況敵散布奸諜於中國不知凡幾，偶或漏洩，則盡知我軍情，先發以制我，致倭人著著爭先，而我則處處落後。」[002] 大量間諜的滲透活動，成為日本獲得甲午戰爭勝利的重要原因之一。正由於此，日本情報人士才洋洋得意地誇稱：正是藉助於諜報工作，日本才能「在二十七八年之役（甲午戰爭），運籌帷幄之中，決勝千里之外」[003]。

日本明治政府之所以急欲向中國大陸派遣間諜，也是由於當時國內興起的「征韓論」所引發的。所謂「征韓論」，並不是以朝鮮為日本的唯一侵略目標，而是將對外擴張的大陸政策進一步具體化，或者說以此作為向周邊地區乃至中國大陸擴張的手段或突破口。久留米藩士的佐田白茅在上日本政府的《建白書》中即直言不諱地指出了這一點：「伐朝鮮者，富國強兵之策不唯一舉屠朝鮮，大練我兵制，又大輝皇威於海外。」又稱：「全皇國為一大城，則若蝦夷（北海道）、呂宋、臺灣、滿清、朝鮮，皆皇國之屏藩也。蝦夷業已從事開拓，滿清可交，朝鮮可伐，呂宋、臺灣可唾手而得

---

[001]　《中日戰爭》（中國近代史資料叢刊續編），第12冊，中華書局，1996年，第307頁。
[002]　孔廣德輯：《普天忠憤集》，1895年石印本，卷7，第18頁。
[003]　德富豬一郎：《陸軍大將川上操六》，日本第一公論社，1942年，第112頁。

第一節　「征韓論」與日本遣華第一諜

矣。」[004] 這就很清楚：「征韓」不過是侵略中國大陸的一個中間步驟。所以，「所謂『征韓論』，實際上就是侵略大陸論」[005]。

就日本海外擴張的思想淵源而言，最早可以追溯到幾個世紀以前。早在 16 世紀末葉，豐臣秀吉即揚言要「率軍進入朝鮮，席捲明朝四百餘州，以為皇國之版圖」[006]。其後，他果然先後兩次大規模發兵攻略朝鮮。進入 19 世紀以後，宣揚「征韓」的思想家更加多見。如佐藤信淵著《宇內混同祕策》一書，最令世人關注。他狂妄地宣稱，日本是天地間最初成立之國，為世界各國之根本，因此日本號令世界各國實乃「天理」。但是，「日本之開闢異邦，必先肇始自吞併中國。中國既入版圖，其他西域、暹羅、印度諸國，侏離舌，衣冠詭異之徒，漸慕德畏威，必稽顙匍匐，隸為臣僕」[007]。他還在一篇題為〈經略中國論〉的文字中詳述攻占中國之方策：北路是，先占領黑龍江，繼攻吉林、盛京，然後以兵船出渤海，擾襲山東登州、萊州諸府，並集大軍於遼陽，進擊山海關，對北京形成高壓態勢；南路是，攻取臺灣，登陸浙江，經略台州、寧波諸府，並請天皇御駕親征，直指江南要衝，「取南京應天府，定為假皇宮」。如此，「不出數十年，清國將次第平定」[008]。其後，吉田松陰也極力鼓吹：「養蓄國力，割據易取之朝鮮、滿洲和中國。」[009]「征韓論」者正是繼承了先前海外擴張論者的衣缽。所不同的是，「征韓論」者不像先前的海外擴張論者那樣，只是提出個人的對外侵略構想和主張，而是著重於具體的對外擴張的實施步驟。

[004]　王芸生：《六十年來中國與日本》，卷 1，三聯書店，1979 年，第 117～118 頁。
[005]　戚其章：《甲午戰爭與近代社會》，山東教育出版社，1990 年，第 118 頁。
[006]　日本參謀本部編：《日清戰爭》，朝鮮戰役，村田書店，1978 年，第 11 頁。
[007]　井上清：《日本帝國主義的形成》，人民出版社，1984 年，第 4 頁，水野明：《日本侵略中國思想的檢證》，戚其章、王如繪主編：《甲午戰爭與近代中國和世界》，人民出版社，1995 年，第 272 頁。
[008]　黑龍會編：《東亞先覺志士記傳》，上卷，原書房，1933 年，第 13～16 頁。
[009]　吉田常吉等校注：《日本思想大系》，卷 54，岩波書店，1978 年，第 193 頁。

第一章　日本早期對華諜報活動

當時的外務大丞柳原前光說得十分明白:「朝鮮國為北連滿洲,西連韃清之地,使之綏服,實為保全皇國之基礎,將來經略進取萬國之本。」[010] 這正是畫龍點睛之筆。

當時,在日本政府內部,曾發生一場「征韓論」之爭,一連鬧了好幾年。其實,爭論的雙方在海外擴張或「征韓」的大原則上並無分歧可言,爭論的焦點主要是在策略。有人將此歸結為外征派與內治派之爭,或武斷派與文治派之爭。如後來成為知名侵華分子、黑龍會頭目內田良平認為:「武斷派有知彼之明,而知己之明或不及文治派;文治派有知己之明,而知彼之明或不及武斷派。唯其如此,故對外方針有一定的見地。」[011] 內田良平是傾向於以西鄉隆盛等為代表的武斷派的,故有此論。其實,這種劃分的方法只是著眼於表面的現象,而未能觸及問題的本質。以木戶孝允、大久保利通等為代表的文治派,並不是反對「征韓」本身。以木戶孝允為例,他老早就是「征韓論」的積極鼓吹者。木戶孝允提出:「海陸兩軍於朝廷已稍具端倪,希望專以朝廷之力,主要以兵力開闢韓地釜山。大致規定年年入侵,得一地後,要好自確立今後策略,竭盡全力,不倦經營,不出兩三年,天地必將為之一變;如行之有效,萬世不拔之皇基愈益鞏固矣。」[012] 可見,兩派的主要分歧,並不在征韓與不征韓的問題,而在於征韓的時機。木戶孝允聲稱「欲制其罪何必爭遲速」,大久保利通強調要重視「處理朝鮮之步驟」,都表明他們認為發動對外戰爭的時機尚未成熟,故「不可不詳審緩急步驟」。由此表明,所謂「征韓論」之爭,不過是「征韓論」者內部的急征派與緩征派之爭而已。[013]

---

[010]　日本外務省編:《日本外交文書》,卷3,1938年,第149頁。
[011]　鍾鶴鳴:《日本侵華之間諜史》,華中圖書公司,1938年,第21頁。
[012]　井上清:《日本軍國主義》,第2冊,商務印書館,1985年,第54頁。
[013]　戚其章:《國際法視角下的甲午戰爭》,人民出版社,2001年,第29頁。

第一節　「征韓論」與日本遣華第一諜

　　早在「征韓論」興起不久的西元 1870 年，時任參議的大久保利通已經意識到，情報蒐集工作應該先行一步，作為日後海外擴張的準備。當時，這在日本政府內部已經成為共識。1871 年 7 月，日本兵部省始設陸軍參謀局。這就是日本參謀本部的前身。陸軍參謀局的任務，在參與軍事機要密謀之外，還要掌管諜報工作。因此，陸軍參謀局之設立，實是日本有陸軍中央情報機構的開端。1872 年，日本政府撤兵部省，分設陸軍省和海軍省。翌年，陸軍參謀局改稱陸軍省第六局，設間諜都指揮使，總管間諜隊，負責平時間諜派遣、地理測量、地圖製作等。1874 年，陸軍省又撤第六局，另設外局參謀局，一面制定《參謀局條例》，一面將下屬部門分工細化，使日本的情報蒐集工作逐漸走上正軌。1878 年，成立參謀本部，下設管東局和管西局。管東局負責北海道、庫頁島、滿洲、堪察加半島、西伯利亞等地的諜報；管西局負責朝鮮及中國沿海一帶的諜報。到 1882 年，參謀本部在管東局、管西局之外又增設海防局。中法戰爭後，日本為加強對外國的偵察活動，對中央情報機構也有相應的調整。先是在 1884 年，日本參謀本部考慮到，未來的對華作戰需要詳細而準確的大陸地圖，因此決定將原設的測量課升格為測量局，下設三角測量、地形測量、地圖三課。繼之，又撤管東局、管西局，另設第一局、第二局以代之，以便過渡到陸海軍統一軍令管理機關的設立。

　　西元 1886 年，日本參謀本部內部大改編，撤銷原來第一局、第二局、海防局的編制，另設陸軍部和海軍部。兩部又各設第一局、第二局、第三局。根據明治天皇睦仁敕令頒布的《參謀本部條例》，陸軍部第二局負責對歐洲、美洲、亞洲各國軍制，特別是包括中國在內的「鄰邦地理及政志」的調查；海軍部第三局則負責歐美諜報，以及「鄰邦諜報和水路地理」。另外，由陸軍部第二局兼管制定對外作戰計畫，第一局負責團隊編

第一章　日本早期對華諜報活動

制及布置，並制定出師計畫；由海軍部第一局負責艦隊編制，並制定對外作戰計畫，第二局則制定出師計畫。到1889年，參謀本部又設參謀總長這一最高職位，直隸於日本天皇，由皇室親王陸軍大將或陸軍中將擔任。參謀總長不僅負責陸海軍對外作戰的大計畫，而且還執掌對外諜報工作乃至駐外國公使館武官的情報業務。這就大大提高了對華諜報活動在日本實施大陸政策過程中的地位。

　　與日本陸軍相比，日本海軍的諜報活動開始時間稍晚，但隨著其實力的增強，卻顯示出後來居上之勢。尤其在對中國近海島嶼、港口、海道、海防設施、兵力部署、造船、軍火製造及供應乃至艦隊編制的偵察，日本海軍比陸軍更有著獨特的優勢。西元1884年，海軍省根據形勢的需要，撤銷原設的軍務局，改置軍事部，將對外諜報工作進行細緻的分工。軍事部下設五個課，其第二課負責偵察外國海軍兵制，特別是中國海軍兵勢，以相應地調整日本艦隊的編制及布置事宜；第三課負責研究中國及朝鮮海域，並詳細測量已測或未測的上述海岸及相關兵略的海河港灣；第四課負責調查包括中國在內的各國艦船種類、形制、火炮、鐵甲情況，以及各種槍炮彈藥和水雷之優劣，以研究其使用中的得失；第五課負責調查各國海軍之強弱及其軍制、相關海軍學術及製造工業之進步等方面。此後，日本海軍中央情報機構名稱時有變更，負責諜報工作的部門也有變化，如1886年海軍省軍事部改稱參謀本部海軍部，其第三局專管諜報工作；1888年撤銷第三局，將其情報業務併入第一局；1889年又改稱海軍參謀部，由其第三課專管諜報工作。到1893年，根據新制定的《海軍軍令部條例》，撤銷海軍參謀部，成立海軍軍令部，並從參謀本部中獨立出來，其第二局負責諜報工作；海軍軍令部部長由海軍大將或海軍中將擔任，直隸於天皇，參與最高軍務會議。再根據同時頒布的《戰時大本營條例》，規定戰時成立

第一節 「征韓論」與日本遣華第一諜

天皇直接統轄的最高統帥部,即大本營,由參謀總長擔任幕僚長,參謀次長擔任陸軍參謀,海軍軍令部部長擔任海軍參謀,陸軍大臣和海軍大臣皆作為一般大本營機構成員參加。由此不難看出,日本軍事當局有多麼重視海軍的情報。[014]

在此以前,日本內閣總理大臣兼內務大臣、升任陸軍大將的山縣有朋,提出「外交政略論」,強調「僅僅防守主權線已不足維護國家之獨立,必須進而保衛利益線,經常立足於形勝之地位」;若不能「保衛利益線」,則「不可望成為完全獨立國家」。於是,「保衛利益線」便成為日本窮兵黷武屢屢發動對外侵略戰爭的「理論」依據。[015]

西元 1893 年 5 月 22 日正式頒布《戰時大本營條例》,代表日本不但從軍事上已經完成了大陸作戰部署,而且在情報蒐集方面也相應做了充分的準備。

但是,當日本中央情報機構設立之初,還缺少能夠勝任外派間諜的人才。這在當時是急需解決的問題。於是,大久保利通先於西元 1870 年將後來曾任駐俄公使的同鄉後輩西德二郎送入大學,以備日後赴俄蒐集情報之需;又於 1871 年與西鄉隆盛商定,派遣第一批官派留學生赴華,以為日後培養熟悉中國問題的情報人員。這批派往中國的日本留學生,共有 9 名。如下表[016]:

---

[014] 有賀傳:《日本陸海軍的情報機構及其活動》(日本陸海軍の情報機構とその活動),近代文藝社,1994 年,第 19～70、227～236 頁。
[015] 戚其章:《甲午戰爭與近代社會》,第 119 頁。
[016] 本表係根據東亞同文會編《對支回顧錄》(原書房,1981 年)下卷之列傳部分整理而成。

第一章　日本早期對華諜報活動

姓名	籍貫	年齡	事略
福島九成	佐賀	30	西元1868年明治維新之初，以陸軍少佐的身分參加征討奧羽越列藩同盟之役。1871年，來華留學。在此期間，曾到華南調查。並一度偷渡臺灣，考察風土人情，進行實地測量。其調查報告對1874年日軍侵臺有重要參考價值。
成富清風	佐賀	不詳	曾陪佐賀藩世子赴英國一年。1871年，來華留學。1873年，奉命隨陸軍少佐樺山資紀潛入臺灣偵察。1874年，參加日軍進攻臺灣之役。
水野遵	名古屋	22	1871年，來華留學。1873年外務卿副島種臣來華互換《中日修好條規》時，作為隨員到京。在此期間，奉命赴臺灣調查「蕃情」，並與土著居民酋長接觸。隨後即將所獲情報急報副島種臣，為從清政府獲得出兵臺灣藉口做準備。1874年日軍侵臺之前，再次潛入臺灣偵察月餘。1895年日本割臺後，任臺灣總督府民政局長。
兒玉利國	鹿兒島	32	1871年，來華留學。1873年，作為副島種臣的隨員來華。返程時路經上海，轉赴臺灣調查。1874年，任海軍祕書。日本發兵侵臺前，奉命先發，與樺山資紀、水野遵在淡水會合，為「徵蕃事務都督」西鄉從道上陸做準備。翌年，以功晉升海軍少佐。
吉田清貫	鹿兒島	29	1871年，來華留學。1874年，以海軍大尉參加日本「征臺」軍在西鄉從道帳下參與帷幄，並參與進攻牡丹社之役。
黑岡季備	鹿兒島	30	1871年，來華留學。在上海學習漢語，並從事調查中國國情。1873年，奉命潛入臺灣，從淡水上陸，偵察臺北、彰化、嘉義、臺南及南部各地。
小牧昌業	鹿兒島	29	曾參加編纂《皇朝世鑑》，並任造士館都講。1871年，來華留學。1874年日軍侵臺時，任開拓使。又作為內務卿大久保利通的隨員來北京，專任文書的整理工作。

第一節　「征韓論」與日本遣華第一諜

姓名	籍貫	年齡	事略
池田道輝	鹿兒島	31	曾任代理陸軍大尉。1871年，來華留學。回國後晉升陸軍大尉，任鹿兒島分營隊長。1874年，參加日軍侵臺之役。
田中綱常	鹿兒島	30	1871年，來華留學。回國後任陸軍中尉（準大尉）。1873年，隨樺山資紀赴臺灣調查。1874年，參加日軍侵臺之役。

　　由上表可知，日本官派的第一批留華學生，年齡一般在30歲上下有一定閱歷的人。他們或為現役軍官，或有相當的漢學基礎，或熟悉他國語言，或有一定的從政經驗，來中國的一年多主要是在學習會話和時文，[017]其主要目的是速成培養潛入中國的情報人員，準備下一步發兵侵臺。在這些人當中，後來大都參加了西元1873年至1874年間對臺灣的偵探和作戰行動。僅就這一點來說，日本派遣第一批官留學生的目的是基本上達到了。不過，這些日本留華學生雖然後來不少從事諜報工作，但終究不是正式派到中國的間諜。

　　近代日本正式派遣間諜來華，是在西元1872年夏。當時，在日本政府內部，「征韓論」之爭還在進行，未見最後的分曉。西鄉隆盛是一個激進的「征韓論」者。他認為，朝鮮問題遲早要解決，而唯一的辦法是尋找藉口出兵征討，晚解決不如早解決好。為了有所準備，西鄉隆盛便與外務卿副島種臣和參議板垣退助商議，認為應派得力人員分赴朝鮮和中國東北，以偵察兩地的政治、軍備、財政、地理形勢及風土人情。當時，除決定派陸軍中佐北村重賴、陸軍少佐別府晉介為實地視察員赴朝調查外，又決定派近衛陸軍少佐池上四郎到與朝鮮一江之隔的中國東北。這樣，池上

---

[017]　小林一美：《明治期日本參謀本部の對外諜報活動》，滕維藻等編：《東亞世界史探求》，汲古書院，1986年，第389頁。

第一章　日本早期對華諜報活動

四郎便成為近代日本遣華間諜第一人。

首次派遣間諜來華刺探情報，西鄉隆盛就選中了池上四郎，是有緣由的。因為西鄉隆盛不但非常了解池上四郎，而且十分相信他，甚至倚為親信。池上四郎是薩摩人，乃西鄉隆盛的同鄉後輩。父名貞齋，為藩主島津齊彬的侍醫，而西鄉隆盛當時正是島津齊彬的親信扈從。故不喜歡醫術的少年池上四郎，受教於西鄉隆盛。西元1868年，西鄉隆盛等發動「王政復古」政變，成立了明治政權。西鄉隆盛作為武力討幕派領袖，功勳卓著；池上四郎身列其直屬的薩藩隊，也得以敘功。翌年，池上四郎回鹿兒島，任常備隊教佐。到1871年，朝廷徵召薩藩兵，池上四郎率一隊上京，晉升近衛陸軍少佐。池上四郎有才幹，通兵術，馭兵甚嚴，處事果決，且性格剛毅，在軍中威信頗高，很受西鄉隆盛信賴。這就是西鄉隆盛專門挑選池上四郎來擔當這次任務的原因了。

與此同時，西鄉隆盛還為池上四郎找了兩名助手，即陸軍大尉武市熊吉和外務權中錄彭城中平。武市熊吉曾跟隨大隊司令板垣退助參加征討奧羽越列藩同盟之役，立有戰功。因西鄉隆盛、板垣退助時倡「大陸經綸」論，知武市熊吉為堅定的「征韓論」者，故將其轉升為外務省出仕。在西鄉隆盛和板垣退助看來，有武市熊吉與池上四郎結伴而行，能提高任務的完成率。至於彭城中平的情況，則與他們兩個有所不同。彭城中平出身於長崎的一個通事家庭，本人精通漢語，故為外務省所錄用。這次大陸之行，他的主要任務就是當池上四郎和武市熊吉的翻譯。

西鄉隆盛很重視這次大陸探查活動，親自為池上四郎安排任務，並為保障他的安全，將他轉為外務省十等出仕。池上四郎一行三人，於西元1872年8月8日從東京出發，先到上海，又經煙臺乘客輪北上，於9月28日抵達營口。他們皆裝扮為商人，池上四郎還變名易姓，對外自稱池清

劉和[018]，以避免引起當地官府的注意和猜疑。他們以營口為據點，以奉天為中心，奔波於盛京省各地之間，分地理、政治、兵備、財政、產業、氣候、交通、物價、風俗等專案詳細調查，甚至記錄遼河何時封凍和解冰的情況。1873年8月，池上四郎回到東京，向西鄉隆盛及副島種臣提出了一份〈滿洲視察覆命書〉。其內稱：

> 如今清國發生回亂，蔓延甘肅全省，陝甘總督左宗棠正督軍征討，甚難平定。至滿洲兵備，盛京將軍屢次上奏，勢非整頓不可，將常備兵集中訓練，施以調教。奈積弊久生，士氣腐敗，兵士怯懦，常備軍殆成虛名。況朝廷綱紀廢弛，賄賂公行，商民怨嗟，皆屬實情。如此下去，不出數載，清國勢將土崩瓦解，可謂明矣。我國欲解決朝鮮問題，此為最好之機會也。[019]

西鄉隆盛讀了池上四郎的報告，更加堅定了「征韓」的信心。

日本首次派間諜來華蒐集情報，還只是為了準備「征韓」而採取的臨時措施。池上四郎作為日本遣諜來華第一人，也算是完成了任務。然而，政局變幻無常，「征韓論」之爭的結果是激進派失敗，西鄉隆盛被迫下野，從而「征韓」問題也就被暫時擱置了。

第二節 「征臺」先遣隊

在日本政府內部，「征韓論」之爭這場風波剛剛平息下來，「征臺論」又喧囂起來。從表面上來看，這似乎太突然了。「征臺論」怎麼緊跟著「征

---

[018] 《東亞先覺志士記傳》，上卷，原書房，1933年，第39頁；下卷，第43頁。按：或認為「池清」、「劉和」分別為池上四郎和武市熊吉的化名（鍾鶴鳴《日本侵華之間諜史》第22頁），疑誤。
[019] 《東亞先覺志士記傳》，上卷，第40～41頁。

第一章　日本早期對華諜報活動

韓論」冒出來了呢？其實，這並不稀奇。因為「征韓論」也好，「征臺論」也好，都是日本國內盛行已久的「海外擴張」論或「大陸雄飛」論的應有之義。何時吵「征韓」，何時吵「征臺」，就要看時機了。

西元 1871 年 12 月，琉球國太平山島船隻在臺灣海域陡遇颱風，因船小被風傾覆。船民除淹死者外，有數十人鳧水上岸。其中，有十幾人被臺灣居民救助脫險，後由中國官府妥善安置並護送回國；餘者因闖入當地原住民村莊而遇害。1872 年夏，消息傳到日本，立刻在政界掀起一股「征臺」的濁浪。鹿兒島縣參事大山綱良主動請命，上書要求允准「擔任討伐之責」：「伏願仰賴皇威，興問罪之師，使其畏服。故謹懇乞借給軍艦，直指彼巢窟，殲其渠魁，上伸皇威於海外，下慰島民之冤魂。」當時「征韓論」之爭尚處於相持不下之際，又提出「征臺」問題，日本政府因「朝議未臻成熟，議論紛紛，以為確定生蕃是否屬於清國版圖，實為先決問題」[020]。可見，日本當政者已經將侵略的目光掃向臺灣，只是需要尋找一個出兵的藉口而已。

西元 1873 年 3 月，日本政府表面上派遣外務卿副島種臣來華互換《中日修好條規》，實際上其主要任務之一是要提出出兵臺灣的藉口，準備「征臺」。副島種臣臨行前，明治天皇睦仁向他授意：「朕聞臺灣島生蕃，數次屠殺我國人民，若棄之不問，後患何極？今委爾種臣全權，爾種臣當前往伸理，以副朕之保民之意。」睦仁稱琉球國船民為日本人，這完全背離事實。早在 1370 年代，琉球即成為中國的屬國，封貢相繼，迄於清末。17 世紀初葉，日本強將琉球置於薩摩藩屬下，迫其每歲輸糧，以當納款。此琉球「兩屬」說之由來也。儘管如此，迄於 19 世紀中葉，琉球仍自成一國，內政、外交皆由自主。1872 年，睦仁竟然下詔，將琉球廢國為藩，封

---

[020]　東亞同文會編：《對華回憶錄》，商務印書館，1959 年，第 38 頁。

第二節　「征臺」先遣隊

琉球國王為藩主。這是日本吞併琉球的第一步。日本政府憑藉強權片面地做出廢人之國的決定，這完全是違法的。不過，當時日本的策略是先尋找藉口發兵侵臺，下一步再正式吞併琉球。因此，睦仁又下達「敕語」，向副島種臣授計，有「清國政府若以政權之不及，不以其為所屬之地則當任從朕作處置」之語[021]。副島種臣奉命唯謹。他到北京後，從總理衙門大臣的口中套出了「殺人者皆屬生蕃，姑且置之化外」[022]的話，正好可曲解為睦仁所說「清國政府若以政權之不及，不以其為所屬之地」之意，以作為發兵侵臺的藉口。在此期間，他一面與總理衙門周旋，一面派隨員水野遵前往臺灣蒐集情報，以便準備出兵。

從此時起，到西元1874年5月日本侵略軍登陸臺灣時為止，先後共有五起日本間諜單人或多人潛入臺灣活動：

第一起，只有黑岡季備一人。黑岡季備於西元1871年來華後，即在上海學習漢語會話，同時從事中國國情調查。1873年3月，副島種臣偕隨員柳原前光等來華經過上海時，曾談及派人赴臺偵察一事。柳原前光當即找到正在上海的黑岡季備，向他傳達副島種臣的指示，要他承擔赴臺偵察的任務。黑岡季備先從上海乘船到香港，再搭客輪到淡水，抵達臺北。然後，由臺北南下，經彰化、嘉義至臺南，即以臺南為據點，重點調查臺灣南部各地。黑岡季備的調查報告送到尚在北京的副島種臣手中，使副島種臣又增加了在與總理衙門談判中威脅的籌碼。後來日本侵略軍之所以選擇在臺灣南部的瑯嶠（今恆春）登陸，與黑岡季備的調查報告不無關係。

---

[021]　米慶餘：《琉球漂民事件與日軍入侵臺灣（1871－1874）》，載《歷史研究》1999年1期，第23頁。
[022]　王芸生：《六十年來中國與日本》，卷1，第65頁。

第一章　日本早期對華諜報活動

第二起，是水野遵一人。繼黑岡季備之後，副島種臣又派水野遵到臺灣調查，其重點是「蕃情偵察」。水野遵到達淡水時，英國領事館人員來告：「此前貴友黑岡季備曾抵此港，隨後即去本島南部旅行。」[023] 水野遵得到這一消息，十分欣喜，知道黑岡季備已順利前去南部，自己完成北部「蕃情」的調查任務就可以了。此時已是西元 1873 年 5 月。水野遵在旅途中結識了一名印度鴉片販子和一位中國生意人，便與他們結伴作為掩護，賃船沿淡水河上溯，從艋舺上岸，經枋橋頭地方，又越過險惡的山路到達蕃地。水野遵經過多方的交涉，編造出各種的理由，終於在 5 月 24 日會見了當地原住民的頭目，並進行了會談。透過這次調查，水野遵了解原住民的情況後，當即決定搭乘便船回上海，急忙到北京向副島種臣報告。這更使日本政府感到「征討生蕃」之舉有了必勝的把握。

第三起，是福島九成等人。到西元 1873 年秋初[024]，日本政府出兵臺灣的準備工作緊鑼密鼓地展開，決定挑選有經驗的現役軍官潛入臺灣實測地形，以備侵臺日軍行軍之參考。福島九成在中國南方調查時與日本畫家安田老山邂逅。安田老山幫助福島九成完成了此次任務。安田老山生於醫藥世家，其父曾為高須藩的侍醫。然而，安田老山不愛醫術，卻醉心於畫術，曾赴長崎學畫多年。1864 年來到上海，跟從中國著名畫家胡公壽學畫，一待就是差不多 10 年。當時，臺灣防備尚嚴，清政府不允許外國人隨便到臺灣旅行。福島九成又跟黑岡季備、水野遵變裝潛入不同，他要進行實地測量，容易引起當地官府的注意。安田老山了解福島九成的想法。安田老山表示願意幫助他，並正好藉此機會飽覽臺灣山水。於是，安田老山命福島九成扮作自己的弟子，隨其進入臺灣。這樣，福島九成以寫生為

---

[023]　《對支回顧錄》，下卷，第 54 頁。
[024]　關於福島九成潛入臺灣的具體時間，未見日方文獻記載，凡涉及此事的資料，所述亦甚混亂，並無明確的說法。茲根據相關資料推測，其時當在西元 1873 年秋初。

第二節 「征臺」先遣隊

掩護，在安田老山的協助下，繪製了十分詳細的臺灣地圖。翌年，陸軍中將西鄉從道率日軍侵臺時，這份臺灣地圖影響甚鉅。

第四起，是樺山資紀等人。先是副島種臣奉敕令來華互換條約之時，陸軍少佐樺山資紀作為副島種臣的隨員先行一步，與柳原前光於西元1873年3月抵達上海，以迎候副島種臣的到來。利用這段時間，樺山資紀溯長江而上，考察了武漢三鎮的形勢。4月，副島種臣一行路經上海北上時，樺山資紀同行。7月上旬，副島種臣返程回國，特意將樺山資紀留在上海。原陸軍少將、時任駐上海總領事井田讓，作為副島種臣主要隨員同行，也返回上海任所。日本駐上海總領事兼管福州、淡水等地領事事務，於是井田讓利用工作上的便利條件，安排樺山資紀進入臺灣。根據井田讓的安排，樺山資紀帶著成富清風、城島謙藏、兒玉利國三人先到福州，住在一家中國客棧，然後透過客棧主人僱用一艘小汽船「廣東」號，於8月23日抵淡水上岸。樺山資紀一行不僅受到英國領事館的接待。據「樺山文書」中留存的《臺灣日記》可知，當時樺山資紀等人比較重視臺灣的東北部，先僱人赴噶瑪蘭廳（今宜蘭）、蘇澳港「觀看山地」，並「調查山地人風俗民情」[025]。隨後，樺山資紀一行弄到一艘帆船，從海上進入基隆，在此地活動3天。樺山資紀見基隆堪稱良港，並盛產煤炭，不禁豔羨之至，在日記中寫道：「此地大抵盡是炭山，將來時機到來為我所占領，開發盛大的礦山事業，豈不快哉！」[026] 9月上旬，又乘帆船南行，途中驟遇颱風，在島石港滯留半個月，於28日抵蘇澳港。樺山資紀一行進入原住民集中的武太社地區，靠花言巧語取得信任，與武太社頭目會見。這是樺山資紀此行的主要收穫。日人記此事云：「樺山公奉

---

[025] 樺山資紀：《臺灣日記》第1冊，轉引《近代中國外諜與內奸史料彙編》，1986年，第40～41頁。
[026] 《對支回顧錄》，下卷，第64頁。

第一章　日本早期對華諜報活動

旨密航淡水，偵察島情。九月，率從者三名，抵蘇澳南方澳，挺身深入蕃地，欲有所為。十二月二日，招致南澳蕃武太社酋長蕃人傾心歸服。翌年，西鄉都督用兵於本島，鎮撫凶蕃，控制南北，實率多賴其力。」[027] 此行歷時43天，始回到淡水。

11月上旬，樺山資紀一行乘「海龍」號赴打狗（今高雄）。因當時與日本國內消息不通，情況不明，樺山資紀決定派兒玉利國、成富清風經廈門轉赴香港，向日本領事林道三郎打聽國內的情況；他本人和城島謙藏則上岸繼續活動。樺山資紀在坊間買到了一部《臺灣府志》，即以此為參考，先後竄到安平（今臺南）、東港、鳳山（今高雄）、枋寮、瑯嶠等地調查，並用望遠鏡遙窺山勢。12月初，樺山資紀接到兒玉利國的香港來信，得知西鄉隆盛一派在朝議中失敗下野，不禁懊喪萬分，跌足長嘆曰：「正在設計圖謀臺灣之際，令人感到絕望。」[028] 樺山資紀是「征臺論」的急先鋒，他一面令兒玉利國、成富清風回國就「征臺」問題遊說，一面搭乘英輪回上海等候指示。

第五起，是日本發兵侵臺前的最後一起，共分兩撥：一撥是樺山資紀、水野遵、城島謙藏三人，另一撥是兒玉利國、吉田清貫、田中綱常、成富清風、池田道輝五人。與此同時，日本海軍乘坐春日艦，專門測量臺灣及華南近海，準備讓日本「征臺」軍登陸。

先是樺山資紀在上海等待東京指令，與水野遵會合，正好春日測量船來港，二人便攜城島謙藏乘該船南下，經福州、廈門、香港、廣東等處港灣，於1874年3月3日到澎湖島，觀看清軍大炮發射演習。

9日，樺山資紀、水野遵、城島謙藏三人從打狗上岸。樺山資紀會見

---

[027]　高田富藏：〈樺山公遺跡之碑〉，《對支回顧錄》，下卷，第65頁。
[028]　樺山資紀：《臺灣日記》第2冊，轉引《近代中國外諜與內奸史料彙編》，第41頁。

第二節 「征臺」先遣隊

了英國駐打狗領事額勒格里（William Gregory），並在後者的幫助下領到了臺灣內地旅行證。這讓樺山資紀一行人非常方便。此後，樺山資紀便以合法的外國旅行者身分公開活動。於是，樺山資紀等先乘船到臺灣南端的瑯𤩝（今恆春）登岸，然後赴東港、枋寮，又回到車城。從枋寮以南到車城，再到瑯𤩝，這一線是樺山資紀等此次偵察的重點。他們投宿枋寮時，該道地標千總郭占鰲和巡司王懋功來訪，從交談中了解到從清軍防區到枋寮為止，其南則為「生蕃」的居住區。「生蕃」牡丹社即離車城不遠。樺山資紀認為，這一帶必是日軍侵臺用兵的主要戰場，因而又返回車城，一面觀察地理形勢，一面由水野遵繪製地圖。樺山資紀等花了近一個月的時間，才完成了這一帶的偵察任務。

隨後，樺山資紀一行繼續北上，經鳳山（今高雄）、安平（今臺南）、嘉義、桐巷（今桐鄉）、彰化、後壟、竹塹（今新竹）等地，於4月22日抵淡水。兒玉利國、吉田清貫、田中綱常、成富清風、池田道輝等5人已先到此。兩路日諜既已會合，便在樺山資紀的主持下商討下一步的行動計畫。大多數人認為，希望日本政府迅速派軍艦到瑯𤩝，早日對牡丹社採取軍事行動，但也擔心清政府管轄此地易生是非。另一種意見認為，不如趁此機會占領臺灣北部「生蕃」之地，盡早開墾。對此，兒玉利國主張尤力。[029]最後決定：由水野遵與現任軍職的兒玉利國、吉田清貫海軍大尉、田中綱常陸軍中尉繼續留在淡水，等待日本軍艦的到來，以保持聯繫；另外，樺山資紀與兒玉利國、池田道輝、成富清風、城島謙藏等則先到基隆，研究占領東海岸蓿萊平原之策。樺山資紀到基隆後，又決定由他和池田道輝留下，以便與水野遵等聯繫；兒玉利國、成富清風、城島謙藏等向蓿萊出發。兒玉利國一行花鷹洋60元僱到一艘帆船，航至花蓮港以南的

---

[029] 樺山資紀：《臺灣日記》第3冊，轉引《近代中國外諜與內奸史料彙編》，第42頁。

第一章　日本早期對華諜報活動

薈萊溪河口上陸,企圖騙取原住民的信任,但被識破,急忙脫離險地,匆忙中帆船又擱淺沉沒,僥倖逃回。5月初,樺山資紀仍在基隆等待消息,水野遵乘船來報,日本集中兵力於瑯嶠。幾天後,日本侵略軍便開始在瑯嶠登陸了。於是,樺山資紀、水野遵等又趕往南部,參加日軍進軍牡丹社的行動。

日本進攻臺灣之役,準備了幾年,特別是先後派遣五次間諜到臺灣偵察,為日本用兵策略提供了重要的依據,故日人自稱「實率多賴其力」。這些日諜實際上就是日本「征臺」先遣隊。當時日本羽翼尚未豐滿,這次出兵臺灣純屬軍事冒險,既未達到預定的軍事目的,在策略上陷入被動,又加上運輸困難,病餓交加,疾病蔓延,死者達到600人之多,減員約六分之一。為日軍侵臺大費周章的水野遵,面對眼前的累累墳墓,受到了極大的震撼,不禁發出了這樣的哀鳴:

白沙黃草埋枯骨,戍鼓無聲月色空。
曾向故山歸不得,孤魂夜夜哭秋風。[030]

■ 第三節　神祕的使者 —— 日本駐華武官

日本派池上四郎去東北也好,派樺山資紀等多次前往臺灣也好,都是為了特定的目的而臨時派遣,而不是基於安排常設間諜網。說起日本在中國設立常設間諜網一事,不能不提到鳥尾小彌太。

鳥尾小彌太是長州藩士中村敬義的長子,原名中村鳳輔,後改名。

---

[030]　《對支回顧錄》,下卷,第59頁。

第三節　神祕的使者—日本駐華武官

　　西元1863年從軍，參加長藩「攘夷」之役。旋升奇兵隊隊長。又參加1868年戊辰討幕戰爭。1871年，晉陸軍少將。1873年，任陸軍少輔，兼管對外情報業務。鳥尾小彌太以對鄰邦中國的軍事研究為當務之急，並在陸軍卿山縣有朋的支持下，確立了日本陸軍的東亞政策。就是說，日軍陸軍發展的最初目標，就是要瞄準中國，伺機戰而勝之，這也是日本大陸政策的核心所在。

　　根據上述方針，鳥尾小彌太計劃派遣現役軍官到大陸，以中國為日本的假想敵，展開全面的系統偵察。並對所派軍官下達甲、乙、丙三號訓令，以便按任務不同分工。

　　甲號：政體、法令及民心向背；中樞大臣的威望及其品行；官員職務分工及其員數；言語、風俗、人情；財政收支及國庫情況；人才有無狀況；對外國的交往、待遇及所訂條約精細或粗略；兩稅法及所有田租諸稅；滿人與漢人之種種權利差別。

　　乙號：海陸軍的兵制及隊伍編成；兵士管理與訓練；各級兵隊員數；槍炮製造及彈藥之優劣；統兵大員有幾人及士氣漲落；軍艦數量及其馬力、噸數；策略戰法及現今是否尚用李、戚兵法。[031]

　　丙號：山岳高低走向、河海深淺、地理形勢及城郭要衝之地；經緯度與地學上之位置；各地暑寒風雨氣候情況；動植物產品與當地人之食物、芻秣及薪炭；戶數及人口概計；市街狀況及各地盛衰變化；各種礦山；田畝等級；地方病及當地人之預防辦法；運河及水利；馬匹是否有其他可用食料或可替代之負重牲畜。[032]

---

[031] 「李、戚兵法」：「李」指李靖，唐朝初年名將，有《李衛公問對》及《李靖兵法》輯本傳世；「戚」指戚繼光，明代抗倭名將，著有《紀效新書》和《練兵實紀》。
[032] 《對支回顧錄》，下卷，第115～116頁。

第一章　日本早期對華諜報活動

　　由日本陸軍省的甲、乙、丙三號訓令可知，所派遣的軍事間諜偵察的目標雖極廣泛，但重在中國的政治、軍事情勢。這表明，從此時起日本已經開始準備進攻中國大陸了。

　　鳥尾小彌太先後派了兩批軍事間諜到中國大陸：第一批是在西元1873年12月，有陸軍中尉美代清元等6人[033]，以華北為中心展開調查；第二批是在1874年4月，有陸軍大尉大原里賢等7人，以華南為中心展開調查。如下表：

時間	姓名	籍貫	年齡	軍銜	駐地
1873年	美代清元	鹿兒島	24	陸軍中尉	北京
	島弘毅	愛媛	30	陸軍中尉	北京
	向郁	山口	24	陸軍少尉	北京
	益滿邦介	鹿兒島	25	陸軍少尉	天津
	長瀨兼正	鹿兒島	27	陸軍少尉	天津
	芳野正常	不詳	不詳	陸軍少尉試補	天津、北京
1874年	大原里賢	高知	30	陸軍大尉	福州
	安藤茂	不詳	不詳	陸軍軍曹	福州
	馬屋原務本	山口	27	陸軍大尉	香港
	三戶庵	不詳	不詳	陸軍少尉試補	香港
	相良長裕	鹿兒島	29	陸軍中尉	廣州
	野崎弘毅	不詳	不詳	陸軍大尉	鎮江
	石川昌彥	山口	28	陸軍中尉	鎮江

　　在日本派遣這兩批軍事間諜來華期間，正發生了日軍侵臺事件，中日兩國關係頓時緊張起來，戰爭似有一觸即發之勢。於是，日本重新安排在

---

[033]　實際上此批所派共8人，除6名是軍官外，還有2名下士。

第三節　神祕的使者──日本駐華武官

華間諜，除第一批之芳野正常、美代清元因病先後回國外，命令第一批之島弘毅、向郁、益滿邦介，第二批之安藤茂、馬屋原務本、三戶庵、野崎弘毅、石川昌彥等亦先後回國，另行任用。對繼續留華的三人，即第一批之長瀨兼正、第二批之大原里賢、相良長裕，也都做了相應的安排。

長瀨兼正是日本第一批遣華間諜中的人員，先在天津學習漢語，並熟悉中國的風俗習慣。當時，日本北京公使館剛剛開館，柳原前光任公使，鄭永寧任一等書記官；因柳原前光正忙於與清政府談判，實際上是鄭永寧在主持館務。鄭永寧，號東林，長崎人。本姓吳，原籍福建晉江縣。明末時，其先祖吳一官因避兵亂東渡日本，定居於長崎。永寧生，過繼鄭家，因改姓鄭。鄭氏亦明朝名門之後，世代為「唐通事」，即漢語翻譯。西元1869年，永寧奉調到東京，歷任一等譯官、大譯官、文書權正等職。曾數次隨日本交涉官員或全權辦理大臣來華，擔任翻譯。到1874年3月，始正式調往日本駐北京公使館供職。當時，在京畿一帶的唯一日本僑民是日本本願寺僧小栗栖香頂，他先到五臺山遊歷，後在北京龍泉寺掛單。於是，由鄭永寧出面聯繫，請小栗栖香頂擔任美代清元、島弘毅等人的漢語老師。鄭永寧還認為長瀨兼正是可造之才，便將長瀨兼正調入北京使館，讓他跟從小栗栖香頂學習漢語。中日關係變緊張後，美代清元、島弘毅等回國；小栗栖香頂作為掛單和尚自難久留，也分途東歸。而長瀨兼正卻仍被留下繼續學習。此後，長瀨兼正作為日本駐華武官的隨員，成為一個十分活躍的日本間諜。

大原里賢奉命繼續留閩。這是因為對於日本來說，福州是必須隨時監視的地方。日本於西元1872年在福州設領事館，是日本在中國大陸最早設立的幾個領事館之一[034]，並特派陸軍少將井田讓為首任領事，其重要

---

[034]　另外兩個：一是同年所設上海領事館，由品川忠道代理領事；一是同年所設香港領事館，兼

第一章　日本早期對華諜報活動

性可想而知。日本為什麼這麼重視福州呢？因為福州靠近臺灣，而且有造船局和福建水師[035]，在日本已發兵侵臺的形勢下，這裡正是觀察中國軍事動向的理想地方。另外，福州也是琉球館的所在地。自明朝初年以來，中國與琉球之間即建立了封貢關係。每次琉球進貢船到來，及貢使進京拜見皇帝後回國，都必經福州住進琉球館；與貢使同來的貿易人員則不進京，只就地從事商貿活動。日本當時正準備吞併琉球，這裡又成為了解中琉關係變化的重要窗口。大原里賢自到福州後，努力學習漢語，並懂得當地方言，很快就能夠獨立活動了。正由於此，日方才調其隨員安藤茂回國，留他一人仍駐福州。他也以此被日人稱為在華「駐在武官之先行」[036]。

相良長裕來廣州後，單身住省城客棧，訪師學習漢語，考察風俗習慣，已能在省內遊歷。相良長裕的偵察重點是中國的軍事，如海陸軍建制、募兵制度、兵器優劣狀況等乙號訓令所規定的內容。對於日本來說，相良長裕當時的工作最為迫切，故命他繼續留在廣州。後來相良長裕又被調到福州，竭力蒐集關於馬尾造船和福建水師的情報，隨時報告參謀局，使其時刻處於日人的嚴密監視之下。

日本雖然先後有計劃地派遣兩批軍事間諜到中國，但他們還稱不上具有近代意義的武官。何謂武官？「所謂武官，就是派駐國外執行公務的軍人，亦可稱為身著軍服的外交官。武官的身分是外交官，在外交場合代表本國軍隊。但武官的任務則是調查蒐集駐在國軍事等方面的情報。」[037] 所

　　　管廣州、瓊州及潮州，由林道三郎任副領事（領事暫缺）。
[035]　到西元 1874 年夏，福建水師已擁有兵船 15 艘，總排水量達到 15,000 噸。參見拙著《晚清海軍興衰史》，人民出版社，1998 年，第 196 頁。
[036]　《對支回顧錄》，下卷，第 132 頁。
[037]　鈴木健二：《神祕的使者——武官》，軍事譯文出版社，1987 年，第 1～3 頁。

第三節　神祕的使者—日本駐華武官

以，武官實際上是具有外交官合法身分的「公開間諜」。無怪乎人們都視之為神祕的使者了。這種「公開間諜」制度，雖然到了近代才正式建立，但是其萌芽卻可追溯到15世紀。「隨著情報在軍事上越來越受重視和軍隊本身的規模越來越大，軍事情報和政治情報開始分開，並轉由軍隊自行蒐集。這便是武官制度的誕生。」[038] 武官制度在歐洲的確立，始於拿破崙時代。日本實行武官制度較晚，是學習西方的結果。最早提出此項建議的正是曾到德國學習軍事的陸軍軍官桂太郎。

桂太郎，山口人，長州藩士出身。幼名壽雄，又稱清澄、左中，後改名太郎，號海城。西元1870年，赴德國留學3年，專門研究軍隊建制問題。1874年初，任陸軍大尉，調入陸軍省第六局。同年，陸軍省第六局改為參謀局，鳥尾小彌太任局長，將桂太郎升為陸軍少佐，擔任諜報提理。桂太郎既負責管理對外諜報工作，以其在歐洲3年的對軍事的學習和考察，深感有向駐外使館派遣武官的必要。於是，他向陸軍卿山縣有朋建議：

> 如欲改革陸軍兵制，雖邀聘歐洲合適之教師固有必要，然選派我邦有為之士赴歐更為重要。且其人選如屬尋常書生，探究彼政府內部諸情恐多困難，宜遣具備適當資格並有相當經驗之武官，令其蒐集各種情況分析對比，再加以探討研究，以獲得我陸軍改革之所需資料。為達到此目的，宜實行武官制度，先向歐美各國之我駐外公使館派遣武官；對清國亦照此辦理。[039]

山縣有朋採納了桂太郎的建議。西元1875年3月，桂太郎毛遂自薦，以陸軍少佐的身分重返德國，擔任駐該國公使館的武官。與此同時，陸軍

---

[038]　鈴木健二：《神祕的使者——武官》，軍事譯文出版社，1987年，第1～3頁。
[039]　《對支回顧錄》，下卷，第213頁。

第一章　日本早期對華諜報活動

大佐福原和勝被派往中國，擔任駐北京公使館武官。其隨員有陸軍中尉古川宣譽等。此時，奉命歸國的島弘毅和向郁又被派回北京，亦歸福原和勝武官節制。桂太郎和福原和勝離開東京赴任前，山縣有朋下達了一份《駐外武官工作守則》，其內稱：

> 凡陸軍參謀部軍官在公使館任職，常駐締交之國，即或出外旅遊觀光，亦須完全置於所在公使館公使領導之下；其所能享受之一切權力應與公使館其他工作人員相同，不得有任何特殊。平素既須認真以此體現天皇陛下與駐在國君主友好交往之信義；同時應謹言慎行，萬不可有損於本邦國格及公使名譽，言談舉止不可粗魯。尤其是身為武官者，更要安分守己，廉潔奉公；一言一行須考慮到我陸軍名譽，不可放任。在駐外期間，起居外出皆應遵守公使館紀律，事事須經公使允許，不可獨斷專行。在調查駐在國情況時，與其軍事制度、戰術相比，更應注重了解其軍事地理及軍隊之政治態度，並按以往在參謀科學習之方法，實地實驗。此外，還應特別注意駐在國與其他國家之外交關係，並將其利害關係和實力強弱等情況呈報國內。所有呈送本大臣之報告，應透過公使館與日本外務省之聯繫管道。一般報告與特別報告，應加以區別。若本大臣下令需要特別報告時，武官應勤勉盡職，悉察其詳委。若事關武器問題，或更新裝備，應將眾說異議通通報回，不可遺漏。[040]

這份工作守則是想從文字上體現外交一元化的原則，即「外交是天皇的大權，由外務省統管，所以儘管武官是軍人，也必須聽命於公使指揮」[041]。但是，這一原則並未被認真遵守。因為這份守則中對調查報告呈送對象的規定模糊不清。事實上，情報主要是透過軍方的管道，而不是

---

[040]　鈴木健二：《神祕的使者——武官》，第4～5頁。
[041]　鈴木健二：《神祕的使者——武官》，第4頁。

第三節　神祕的使者—日本駐華武官

外交的管道。何況武官及其隨員根本做不到「謹言慎行」和「安分守己」。他們為了獲取情報，不惜喬裝改扮，採取各種非法手段，甚至無所不用其極，怎會留意到「陸軍名譽」！所以，山縣有朋制定的這份《駐外武官工作守則》，不過是一紙具文而已。

無論如何，武官制度的確立，使日本對華謀略諜報活動進入了一個新的時期。以此為轉機，日本間諜的對華調查工作迅速開啟了局面。福原和勝作為首任駐華武官，到職後即依照《駐外武官工作守則》的要求勤勉工作。其隨員也都開始積極行動。即以西元1877年、1878年而論，其活動的範圍已擴大了許多。如長瀨兼正在甘肅、山西調查，歷時5個月，撰有《紀行日誌》；大原里賢在陝西、四川調查，歷訪西安、成都、重慶等重要都會，經三峽之險，歷時70幾天，撰成《陝川經歷記》。這些調查報告填補了以往間諜報告的空白。再如島弘毅的東北調查，亦大有突破。雖然在此以前，池上四郎和福原和勝都先後進入過東北，但池上四郎只到了奉天附近，福原和勝也只是稍稍接觸關外的風物而已。島弘毅與其他人不同。他遍歷奉天、吉林、黑龍江三省的主要幹路和城市，訪問各省將軍，與其他軍政要員及地方名流詩酒唱酬；還隨身攜帶《盛京通志》、《聖武記》、《東華錄》等要籍隨時查考研究，對地理、氣候、物產、兵備等的考察可謂咸備，並根據實測訂正地圖的差誤，前後歷時半年，最終撰成《滿洲紀事》兩卷呈送參謀本部管西局。

若遇到突發性事件或需要關注的重要情況，武官必須派專人前往監視和調查。如西元1875年2月發生的馬嘉理事件：英國為打通由緬甸侵略中國西南地區的通道，派一支由陸軍上校柏郎（Horace Albert Browne）率領的武裝探路隊，其隨員馬嘉理（Augustus Raymond Margary）進入雲南後被人殺死，引發了中英交涉。1876年8月，清政府派李鴻章為全權大臣，

第一章　日本早期對華諜報活動

在煙臺與英國公使威妥瑪（Francis Thomas Wade）會談。同年9月13日，清政府在英國的武力威脅下，被迫接受了喪權辱國的《中英煙臺條約》。對於這一突發事件，日本極為關注，特派長瀨兼正前往煙臺，並與再度來華的島弘毅、向郁兩人會合，多方蒐集諜報，寫成一份中英訂約經過的詳細報告，由三人聯名送呈。長瀨兼正以此晉升陸軍中尉。日本當局非常欣賞這份報告，從中體會到了強權政治的威力和影響。此後在與中國的交涉中，日本也對西方列強的霸道行徑亦步亦趨，屢屢得逞。

日本不但極為關切中國與西方國家的外交活動，而且對中國的各個方面，甚至自然災害也十分留意。西元1877年至1878年間，華北一帶發生大旱災：「自去年以來，直隸、山東、山西、河南等省，田禾缺雨，荒旱成災，糧價日增，流民遍野。逮及今年，直隸、山東、河南三省，春麥少有收穫，聞尚未能一律豐稔。而山西一省，荒歉更甚於去年。人情洶洶，朝難謀夕。子女則鬻於路，攘奪或施於里黨。啼飢者遠連數郡，求食者動聚千人。」「往來二三千里，目之所見皆係鵠面鳩形，耳之所聞無非男啼女哭。冬令北風怒號，林谷冰凍，一日再食，尚不能以禦寒，徹旦久飢，更復何從度活！甚至枯骸塞途，繞車而過，殘喘呼救，望地而僵。統計一省之內，每日飢斃何止千人！」[042]這本是一場人世慘劇，日本卻從另一種角度解讀，急派島弘毅調查。島弘毅寫了一份詳盡的《北清饑饉調查》。島弘毅也以《滿洲紀行》、《北清饑饉調查》兩份報告而得到上司賞識，直接被調入參謀局工作。調查華北旱災後，日本當局已經預感到，中國國土遼闊，天災人禍在所難免，每每出現社會不穩定的局面，這就有可能是日本出兵大陸的機會。

我們還應該看到，西元1878年日本對諜報系統的重大改革。當時還

---

[042]　《光緒朝東華錄》，第1冊，中華書局，1984年，總第453、514頁。

第三節　神祕的使者──日本駐華武官

擔任參謀局諜報提理的桂太郎，建議撤銷參謀局，設立直屬於天皇的參謀本部，主管用兵作戰等軍令及諜報事項，政府無權過問。這象徵著「以內戰為目的的軍事體制向以對外戰爭為目的的軍事體制的一大轉變」。同年12月5日，參謀本部正式設立，由山縣有朋任參謀本部部長，桂太郎出任管西局局長，主要分管對中國的諜報工作。早在1874年，山縣有朋便向桂太郎透露過這樣的消息：「對清國兵制及實況的調查，應以緩急之際能夠實地應用為目的。」[043] 對此，桂太郎所見略同，準備堅決貫徹執行。

桂太郎以陸軍中佐的身分就參謀本部管西部之職，上任伊始就確立了對華的正式諜報活動的新制度。從西元1879年起，制定三年規劃，總經費定為80,000日元，作為所派日諜在中國內地旅行的偵探費。根據新的規定，遣華日諜要定期進行內地偵察旅行，並多設常駐日諜的據點。同時，從青年軍官中挑選「俊才」派往中國。3年來，每年選派一批，共計18名，如下表[044]：

時間	姓名	籍貫	年齡	軍銜	駐地
1879年	志水直	愛知	31	步兵大尉	上海
	大原里賢	高知	35	步兵大尉	漢口
	小泉正保	茨城	25	步兵少尉	漢口
	島弘毅	愛媛	36	步兵中尉	天津
	山根武亮	山口	27	工兵少尉	天津
	長瀨兼正	鹿兒島	33	步兵中尉	北京
	花坂圓	巖手	27	步兵少尉	北京

---

[043] 小林一美：《明治期日本參謀本部の對外諜報活動》，滕維藻等編：《東亞世界史探求》，第392頁。
[044] 《對支回顧錄》，下卷，第214、217頁。

第一章　日本早期對華諜報活動

時間	姓名	籍貫	年齡	軍銜	駐地
1879 年	相良長裕	鹿兒島	34	步兵中尉	廣州
	島村幹雄	高知	24	步兵少尉	廣州
	美代清濯	鹿兒島	33	工兵少尉	廈門
	田中謙介	鹿兒島	25	步兵少尉	廈門
	伊集院兼雄	鹿兒島	27	工兵中尉	牛莊
1880 年	酒勾景信	宮崎	不詳	炮兵少尉	牛莊
	玉井曨虎	愛媛	27	炮兵少尉	牛莊
1881 年	柴山尚則	石川	28	步兵少尉	福州
	丸子方	熊本	26	步兵中尉	福州
	松島克己	岡山	30	步兵中尉	廣州
	三浦自孝	巖手	28	步兵少尉	北京

　　西元 1879 年秋，桂太郎決定親自到中國大陸實地觀察。他變裝潛入中國，從華南到華北，並重點調查天津、北京，起草了對華作戰方策——《鄰邦兵備略》。為了準備發動侵華戰爭，他感覺培養軍隊的漢語翻譯人才實有必要，於是於同年末派了 14 名語學研修生到中國。他們分別是川上彥六、杉山昌夫、柴田晃、御幡雅文、關口長之、大澤茂、谷信敬、平巖道知、瀨戶晉、原田政德（木野村政德）、沼田正宣、末吉保馬、草場謹三郎、富地近思。[045] 這批語學研修生享受官費待遇，學資年額 700 日元，赴北京旅費也由官方支出。

　　到西元 1882 年，雖然 3 年派遣日諜計畫已完成，但選派工作還在繼續。同年派到中國的多名日諜，有福島安正、神尾光臣等人。福島安正，長野人。曾在司法省任職數年。1877 年從軍，參加征討鹿兒島士族叛亂的

---

[045]　《對支回顧錄》，下卷，第 214 頁。

西南戰爭。翌年任陸軍中尉，正式列入軍籍。1882年奉命來中國，在山東各地從事調查。旋晉升陸軍大尉，任駐北京公使館武官。在此期間，曾到古北口（今密雲東北）、多倫諾爾（今多倫縣）、張家口等地調查，並編纂《鄰邦兵備略補正》，補充和訂正《鄰邦兵備略》。神尾光臣，也是長野人，與福島安正同鄉。1882年，以步兵中尉奉派來華。同時奉派的還有步兵少尉小野重勤、工兵中尉美代清濯和小田新太郎。其中，美代清濯先於1879年來華後，著重蒐集一般地勢、交通等地志資料，並特別調查臺灣島與外部關係，於1880年年底回國，故此次又奉派來華。他們之間的分工是：神尾光臣、小野重勤駐天津，實地勘查華北一帶的地理形勢；美代清濯、小田新太郎駐寧波，蒐集浙江全省的兵要地志資料，並一一實地探查。

由上述可知，迄於西元1883年，日本對中國的諜報工作已經相當細密深入。之所以能夠如此，與1875年武官制度的確立有很大的關係。其後，日本於1878年對諜報系統的改革及隨之而來次年推行的對華諜報活動的新制度，更大大提高了武官制度的影響和活力。由此不難看出，是日本武官制度的確立，推進了日本對華謀略的諜報工作，從而也加速了日本發動大規模的侵華戰爭。

第一章　日本早期對華諜報活動

第二章
中法戰爭與日本侵華諜報活動

第二章　中法戰爭與日本侵華諜報活動

第一節　趁火打劫正其時

日本侵華謀略諜報活動開始與「征韓論」的興起有關。其後，「征韓論」的激進派雖在朝議爭論中失敗，辭官下野，但其向大陸擴張的侵略野心並沒有沉寂，反倒是在伺機而動。前參議板垣退助和後藤象二郎便是這樣的人物。中法戰爭的爆發，使這些老牌的激進「征韓論」者受到了極大的鼓舞。

先是在西元 1883 年 5 月，法國成立了以茹費理（Jules Ferry）為總理的戰爭內閣，準備擴大侵華戰爭。6 月 13 日，板垣退助所控制的《自由新聞》便刊載文章，大肆鼓吹日本與法國結盟，共同對付中國。

《自由新聞》聲稱：

如果法國占有越南，等於打破中國在越南的宗主權，這和日本對朝鮮的意圖相似。中法戰爭若中國獲勝，將對日本涉足朝鮮產生負面影響；反之，則給日本以主宰朝鮮之絕好機會。日法聯合夾擊中國，乃是徹底解決朝鮮問題之良策。[046]

這一「日法聯合夾擊中國」的建議，並非出自板垣退助等人的一時心血來潮，而是有著深厚的歷史背景。法國駐華公使寶海（Frédéric Albert Bourée）和日本駐華公使榎本武揚，早就私下探討過日法聯合的問題。當時，正在歐洲考察憲法問題的參議伊藤博文，也認為不可錯過這個大好機會，「應聯法攻清」[047]。只是由於日本政府內部意見不一，一時舉棋不定，尚未有決策。

---

[046]　《自由新聞》，西元 1883 年 6 月 13 日。
[047]　信夫清三郎：《日本外交史》，上冊，商務印書館，1980 年，第 200 頁。

第一節　趁火打劫正其時

　　西元1884年6月，中法之間的軍事衝突升級為公開的戰爭。8月23日，法國艦隊在馬江突襲中國艦船，福建水師全軍覆沒。對此，日本朝野的海外擴張論者興奮不已。板垣退助和後藤象二郎便開始策劃在朝鮮發動軍事政變，以配合法軍在中國東南沿海一帶的軍事進攻。當時，後藤象二郎得意忘形，煽動其黨徒說：

　　我們由此也應去占領朝鮮。最重要的是錢，有了錢，就能大量購買武器彈藥，隨後製造一起事件，把支那兵趕到鴨綠江以北去。到那時候，只靠幾支步槍是不行的。對此，大炮最有用。其實，我已向法國訂購大炮。我們準備把朝鮮弄到手，就立即去取支那。[048]

　　後藤象二郎還親自遊說朝鮮親日派開化黨首領金玉均：「我將會提供一百萬日元資金和有志之士趕往貴國，一舉清除搗亂之輩，以安八道之人民，使貴國如泰山之安。」[049] 其後，金玉均果然在日本的支持下發動了政變，但最後以失敗而告終。

　　對於日本當局來說，與法國南北配合，在朝鮮策動政變，自然是樂觀其成，但又考慮不能僅著眼於這一步棋，而應該看得更為深遠。就是說，對華謀略的根本仍在於積極擴軍備戰，等待時機以求一逞。因此，當務之急是要求進一步加強對華諜報工作。當時確定對中國的偵察重點有兩個：

　　第一，觀察中法海戰的實況。日本參謀本部認為，日本必須重視中法海戰，應該跟蹤觀察，以從中汲取經驗教訓。先是在西元1884年4月下旬，太政大臣三條實美即向海軍發出訓令：「今我政府依照英國政府倡議，英、美、俄三國決定共同向清國派遣軍艦。其目的乃因目下發生安南事件，清法失和，萬一事態急變，我之軍艦將與三國軍艦一起，保護居留於

---

[048]　雜賀博愛：《杉田鶉山翁》，鶉山會，1928年，第567頁。
[049]　大町桂月：《伯爵後藤象二郎傳》，富山房，1914年，第543頁。

第二章　中法戰爭與日本侵華諜報活動

清國的中立國人民及其財產。在碇泊清國期間，凡事須與三國水師提督及艦長商議，相互協力，以努力完成任務。當清法兩國開戰之際，我軍艦應嚴守中立國條款，絕不插手其間。」[050] 日本最高當局決定仿效英、美、俄等西方列強的做法，並與它們沆瀣一氣，打著中立國的旗號，其軍艦便可以暢行無阻地進入中國領海甚至內河了。

根據太政大臣三條實美的訓令，日本中艦隊司令官海軍少將松村淳藏乘坐旗艦「扶桑」號即時起碇，僚艦「天城」號艦長海軍少佐東鄉平八郎隨後出發，於5月30日在上海會合。根據當時所得到的消息，中國東南沿海尚無法國艦隊的蹤影，暫時不可能發生海戰，於是松村淳藏命天城艦趁此機會觀察長江險要。天城艦於6月10日自上海出發，溯江而上，於20日抵漢口。此舉實乃日本軍艦溯流長江之嚆矢。25日，天城艦回到上海。翌日，法國政府便決定以孤拔（Amédée Anatole Prosper Courbet）為司令，利士比（Sébastien Nicolas Joachim Lespés）為副司令，率遠東艦隊東航。7月1日，法國新任駐華公使巴德諾（Jules Patenôtre）抵上海，但拒絕進京，以示要挾。7日，茹費理致電巴德諾及孤拔，命其準備派艦前往福州和基隆。13日，法國遠東艦隊有一艘軍艦先行抵達福州。其後，又有數艘法艦陸續開到。進入8月後，孤拔率遠東艦隊主力聚泊於福州馬江，與福建水師對峙，形勢日趨危急，有一觸即發之勢。松村淳藏即命東鄉平八郎乘天城艦駛向福州馬尾，以觀察戰況。23日，法國艦隊發動突襲，福建水師11艘艦船一時俱盡，檣櫓灰飛煙滅。24日，法國艦隊又發炮摧毀馬尾船廠。東鄉平八郎親臨戰地，訪攻防之跡，探勝敗之由，感觸良深。隨後即向松村淳藏提出詳細報告，以為日本海軍之鑑。

中法馬江之戰後，天城艦出閩江口，尾隨法國艦隊南下，一面遊弋於

---

[050]　東亞同文會編：《對支回顧錄》，下卷，原書房，1981年，第407頁。

第一節　趁火打劫正其時

華南沿海各港口。到 10 月初，法國艦隊又麇集於淡水、基隆兩港海面。於是，東鄉平八郎也率天城艦由香港北航，於 10 月 5 日到淡水海面，7 日到基隆海面，拜會了孤拔。8 日，法國軍隊在戰艦炮火的掩護下從淡水登陸，遇到清軍的英勇抵抗，傷亡累累，損失慘重，鎩羽而逃。東鄉平八郎親睹戰況，分析法軍淡水登陸戰失敗的原因，頗有體會。10 年後，日本發動甲午侵華戰爭時，無論對中國大陸的登陸戰也好，還是對臺灣北部的登陸戰也好，一概不正面突擊，而採取遠勢包抄後路的戰術，正是汲取了法國軍隊在淡水之戰中失敗的教訓。

第二，詳細調查中國東南海防設施及駐軍情況。當時，中國東南海防吃緊，戒備森嚴，日本間諜很難完成此項任務。時駐福州的日本工兵中尉小澤豁郎長於交際，早就跟法國代理福州領事館館務的法蘭亭（Joseph Hippolyte Frandin）混得很熟，來往頻繁。法蘭亭正奉命全力蒐集有關福州防務的軍事情報，並偷繪了〈福州炮臺全圖〉。小澤豁郎利用當時日法交好的外交方向，向法蘭亭借得〈福州炮臺全圖〉加以轉錄，輕易得到了這份機密軍事情報。

中法馬江之戰後，閩臺形勢更趨緊張。左宗棠慷慨請行，奉旨為欽差大臣，督辦福建軍務。隨後，左宗棠提軍南下福州，東南人心大定。左宗棠以收復新疆的蓋世之功，名震寰宇，其所統大軍自然成為日諜所亟欲搜尋的目標。小澤豁郎費盡心機，結識了左軍營務處的黃竹齋，並對其以重金賄買，偷得全軍緊要圖冊，將此呈報日本參謀本部。[051]

到西元 1885 年 11 月，中、法兩國互換《天津條約》後，日本不僅沒有停止偵察中國東南海防設施，反而擴大偵察的範圍，從閩省一隅擴大到

---

[051]　《對支回顧錄》，下卷，第 315～316 頁。按：黃竹齋從此成為依附日本並死心塌地為日本人效勞的漢奸，1895 年日本割占臺灣後被召至臺北，繼續為日本人效力。

第二章　中法戰爭與日本侵華諜報活動

整個東南海岸要港。日本參謀本部海軍部特命海軍大尉新納時亮來華，就是典型之例。1886年3月，新納時亮來到上海，住宿於日本人開設的東和洋行。他化名邦山順，行商打扮，祕密調查從長江口到杭州灣一帶的海防設施情況。他迫切需要一名助手。正在此時，恰與當時浪跡上海的日本浪人川島浪速不期而遇，兩人氣味相投，一拍即合。於是，川島浪速成為新納時亮執行此項任務的得力幫手。

提到川島浪速，很容易聯想到著名的男裝女諜川島芳子——金璧輝。芳子本名顯玗，是肅親王善耆的第十四王女。其父勾結日本勢力，把她送給川島浪速當養女，在川島浪速的薰陶下成為一個沒有日本國籍的日本女間諜。川島浪速是一個十分頑固的侵華分子。他本是日本古代名將北條時宗的後裔，到他出生時早已家道中落。他幼時曾聽其母親講昔日豐臣秀吉母親曾夢見日輪入懷，因而有孕，生下秀吉；而他母親也夜做奇夢，夢見日月同時從東山升起，忽然又向下墜落，不禁驚叫起來，被父親喚醒，從此懷上了浪速。[052] 這些夢話竟影響了川島浪速幼小的心靈。他少年時便自命不凡，頑劣異常。後其全家搬到東京。當時，副島種臣等人成立興亞會，鼓吹興亞主義，使川島浪速深受感染，從此決心要走「大陸雄飛」的道路。他認為「亞洲的局勢已受到白種人的威脅，中國、朝鮮和日本只能勉強維持其獨立而已」。為了挽救這種局面，「必須首先防止中國之滅亡」[053]。就是說，他認為只有由日本來控制中國，才能避免亞洲淪於西方列強的統治之下。川島浪速愛好格律詩，17歲時即作有「何時鞭起鐵蹄馬，踏破堅冰鴨綠江」的詩句。正由於此，他考入東京外國語學校之後，一反當時的時尚，沒有進人們引以為榮的英文班、法文班，而不顧旁人訕

---

[052]　黑龍會編：《東亞先覺志士記傳》，中卷，原書房，1933年，第214～215頁。
[053]　上阪冬子：《男裝女諜——川島芳子傳》，解放軍出版社，1987年，第35頁。

第一節　趁火打劫正其時

笑進了中文班。在此期間，他廣泛涉獵兵法、歷史、地理、天文等方面的書籍。他有兩大愛好：一是喜讀《史記》，每天都要朗誦〈項羽本紀〉、〈高祖本紀〉、〈刺客列傳〉等篇，對項羽、劉邦、荊軻等人心嚮往之；一是愛讀中國古代兵法經典「武經七書」，特別精讀《孫子》、《吳子》、《三略》和《六韜》。西元1885年，東京外國語學校與東京商法講習所合併，改名為東京商業學校，以商業教育為主，而且規定學生都要專學英文。川島浪速對此項規定極為不滿，以輟學表示抗議，決定隻身獨闖中國大陸，懷著「誤憂天下事，拂淚上征舟」[054]的心情來到上海。不久，便發生了在東和洋行與新納時亮邂逅的一幕。新納時亮的第一步計畫，是偵察澉浦和乍浦兩座炮臺。這兩座炮臺皆位於杭州灣北岸，澉浦在海鹽縣西南方，乍浦在海鹽縣東北方，與他們相隔皆數十里之遙。新納時亮和川島浪速為掩人耳目，便於活動，都裝扮成釣魚人。[055]川島浪速為仿效中國人的辮髮，在離開日本之前就開始蓄髮，因為頭髮長得不夠長，這次還用了假髮。[056]來到澉浦炮臺附近，見炮臺門前只有一名清兵持槍站崗，川島浪速故意上前問：「這是什麼地方？」清兵告知這是炮臺。又問：「有隊伍把守嗎？」清兵答道：「營房不在此處，每天輪流派一人來站崗。」川島浪速突然拿出獵槍對準清兵，與新納時亮迅速進入炮臺，觀察其內部構造，並對炮臺胸壁的厚度、大炮射角大小及其口徑等，都一一做了精確的測量。在川島浪速的協助下，新納時亮還調查了吳淞、江陰、鎮江等處炮臺，並實測繪圖。[057]其後，新納時亮又將所獲之調查資料編成《中國沿岸紀要》，為日本參謀本部重視。甲午戰爭爆發時他調大本營任職，參與謀劃作戰方策，

---

[054]　《東亞先覺志士記傳》，中卷，第221、227頁。
[055]　王振坤、張穎：《日特禍華史——日本帝國主義侵華謀略諜報活動史實》，卷1，群眾出版社，1988年，第188頁。
[056]　上阪冬子：《男裝女諜——川島芳子傳》，解放軍出版社，1987年，第37頁。
[057]　《東亞先覺志士記傳》，中卷，第232～233頁。

045

第二章　中法戰爭與日本侵華諜報活動

建言頗多。[058]

　　以上所述都是日本軍事間諜活動之例。當然他們也有失手之時。如東靖民間諜案即典型的案例。東靖民，在清朝檔案中稱東敬名，是一名日本軍官，但在日文資料中沒有找到他的傳。現據總理衙門檔案，知道他是先被派到北京，於西元 1884 年 3 月從北京到天津，又乘船去營口，從此在東北三省調查軍事設施及清軍駐防情況，為時達 1 年之久。

　　西元 1885 年 2 月至 3 月間，當東靖民潛入寧古塔駐軍防地時，副都統容山所部見其形跡可疑，將其拿獲。[059]容山見是日本奸細，不便處理，派人送交營口道臺衙門，又轉送上海道臺衙門。上海道黃承乙並未將此事上報，為討好日本，竟將東靖民釋放回國。[060]

　　日本參謀本部在確定偵察重點的同時，更從策略上著眼於未來，其目的性在此期間更趨於明確，即為發動一場入侵中國大陸的戰爭而做準備。為此，自中法戰爭爆發後，日本的對華諜報工作出現了一些新的特點：

　　（一）開始更注意間諜潛伏的時長。如海軍中尉安原金次化名武富春，在福州開設日本雜貨店，前後有 5 年；海軍中尉關文炳化名積參助，在天津北洋大臣衙門附近開設書店，前後有 7 年；陸軍中尉小澤德平在天津開設樂元堂藥鋪，前後達 18 年之久。

　　（二）日本間諜的分工更為具體細緻。如工兵中尉石川潔太在京 5 年，專門從事華北一帶地理的實地調查和測繪製圖，最後編成一份《華北兵要地志資料》上報；陸軍中尉青木宣純與柴五郎一起，以遊歷為名，詳細勘測了北京附近的地形，並繪製了精密的京郊地圖，這是日本第一次得到北

---

[058]　《東亞先覺志士記傳》，下卷，第 86 頁。
[059]　《中日戰爭》(中國近代史資料叢刊續編)，第 5 冊，中華書局，1993 年，第 397 頁。
[060]　《對支回顧錄》，下卷，第 275 頁。

京郊區地理圖；時任駐北京武官的陸軍大尉福島安正則從事「征清」方策的研究，曾於西元 1885 年向參謀本部提出一份《征清意見書》，全面論述有關對華作戰事項，並提出了相應的建議。

（三）考慮到未來對華開戰時海軍情報的重要性，決定在北京公使館增設海軍武官。因為海軍武官之設比陸軍武官晚了 10 年，所以對人選的確定比較慎重。最後決定派海軍大尉日高壯之丞擔任此職，以海軍中尉馬場練兵為其副手，專門研究中國海軍問題。

（四）預計未來對華作戰時渤海灣及其沿岸地方將成為主要戰場，決定將諜報工作的重點北移。如派步兵少尉鈴木信駐牛莊，以此為根據地開展活動，一面努力蒐集東北各地的兵要地志資料，一面詳細調查遼河的水運情況；將海軍大尉安原金次從福州調到煙臺，花 1 年時間偵察山東省沿岸水路，並竊取了北洋海軍的信號書；尤其是派陸軍中佐山本清堅、陸軍大尉藤井茂太等多名情報軍官，由山海關沿洋河、灤河、北塘河、白河至大沽口一帶長達 100 多公里的海岸線附近調查，以確定渤海灣的最佳登陸地點，並研究軍隊運送方法，以及部隊上陸後的策略目標和地形選擇等。

上述情況表明，日本企圖利用中法戰爭之機趁火打劫沒有成功，但大大加強了對華謀略的諜報活動，並將謀略諜報工作的重點從中國東南沿海轉移到渤海一帶，這預示著由日本發動的一場更大規模的侵華戰爭已經在醞釀之中了。

第二節　廬山軒照相館

　　坐落在福州城裡的廬山軒照相館，在日本情報機構內部叫做「福州組」，被日本浪人稱為在中國進行諜報活動的「先驅」[061]。

　　廬山軒照相館的主人木村信二，是一個典型的日本浪人。他出生在舊會津藩士家庭，及長到東京遊學，很敬仰「征韓論」的激進派首領西鄉隆盛。西元 1873 年秋，西鄉隆盛失勢下野，木村信二心中久久不平。1876 年 10 月，前兵部大輔前原一誠在萩發動了反對政府的武裝叛亂，木村信二十分同情，與同鄉永岡久茂等商議舉事響應。他們計劃乘船到千葉，當行至思索橋時，遭到警察的襲擊，幾乎被一網打盡。木村信二僥倖逃脫，到處躲藏隱匿，後被搜出，被判處 10 年徒刑。1882 年 2 月，木村信二被特赦出獄。其後，他航渡中國大陸，來到福州，開了這家廬山軒照相館。從此，這裡成了日本情報軍官和大陸浪人的聚會之所。他們皆自況為梁山好漢，稱此處為「梁山泊」。

　　廬山軒照相館之所以被人們關注，主要是兩個人的緣故。這兩個人，一個是浪人山口五郎太，一個是日本陸軍中尉小澤豁郎。山口五郎太出生於佐賀鍋島藩士家庭，原姓藤崎，後被養於山口家，所以改姓。少時曾入藩校弘道館學習漢籍。明治初加入兵隊。又於西元 1874 年跟隨西鄉從道入侵臺灣。同年 10 月，山口五郎太經上司允准內渡廈門，隨廈門領事福島九成研究中國問題。從 1879 年起，日本開始派陸軍留學生赴華，當時山口五郎太已經 29 歲，也享受每年補助金 700 日元的待遇，仍留在廈門。1880 年 2 月，山口五郎太從廈門移住福建省會福州，化名蘇亮明，一身中

---

[061]　王振坤、張穎：《日特禍華史——日本帝國主義侵華謀略諜報活動史實》，卷 1，第 33 頁。

國人打扮，看起來完全像是一個中國人。從此，他廣泛結交各階層人士，特別是深入民間祕密結社，並與哥老會的首領彭清泉結交。

中法戰爭的戰火燃燒到中國東南沿海以後，山口五郎太認為自己一展身手的機會終於來了。這時，他萌生了一個想法，就是藉助於哥老會的力量起事，以實現「改造」中國。據考察，哥老會發源於乾隆初年。嘉慶、道光年間，天地會勢力北移，與川楚一帶白蓮教嘓嚕黨勢力相會合，它們彼此之間相互影響，漸漸融合為了哥老會。[062]進入西元1870年代，哥老會向南北各省，特別是長江中下游地區迅速蔓延。各地哥老會多係營伍出身，「多係獷悍之士，不能斂手歸農哥匪名目因之乘之以興」[063]。連一些封疆大吏也為之束手，哀嘆：「剿之而不畏，撫之而無術。」[064]正由於此，山口五郎太認為，按中國目前之狀況，外則強敵壓境，內則伏莽遍地，只要有人登高一呼，天下必雲集響應，中國將土崩瓦解，而這正是「改造」中國的難得良機。他向小澤豁郎提出聯繫哥老會舉事的想法，立即得到了後者積極贊同，並共同商量實施的辦法。

小澤豁郎是長野人，少時遊學東京，學習法語。後考入陸軍士官學校。西元1879年任陸軍工兵少尉。1883年調入參謀本部管西局。1884年中法戰爭爆發後，中國東南沿海吃緊，管西局以小澤豁郎熟悉法語，便調他到福州，以便執行特殊任務。小澤豁郎不辜負上司的期望，來到福州不久，就結交了法國駐福州代理領事法蘭亭，並從法蘭亭那裡拿到了〈福州炮臺全圖〉。後又透過賄賂竊取了清軍的緊要圖冊，以此晉升中尉。小澤豁郎步步得手，更加得意忘形，認為清政府腐敗無能，「前途未卜」，這正

---

[062] 蔡少卿：《中國祕密社會》，浙江人民出版社，1989年，第50頁。
[063] 劉崑：《劉中丞奏稿》，卷7，光緒乙未上海刻本，第40頁。
[064] 《曾文正公全集》，書劄卷27，光緒二年傳忠書局刊本，第13頁。

第二章　中法戰爭與日本侵華諜報活動

是對其「大改造」的時機。[065] 當山口五郎太提議利用哥老會發動叛亂時，他們兩個人一拍即合。

當然，小澤豁郎之所以毫不遲疑地贊同利用哥老會發動叛亂，也絕非一時的心血來潮，而是過於看重某些不太確定的有利因素。這些有利因素如下：

其一，策動哥老會起事以後，不僅閩、浙及長江中下游各省的哥老會能夠群起響應，而且西南的劉永福黑旗軍也有可能呼應。劉永福曾參加天地會起義，後轉移越南境內，於西元 1867 年建立黑旗軍。1870 年代後，黑旗軍配合越軍抗法，屢次取得重大勝利，如 1883 年 5 月 19 日的紙橋之役。黑旗軍也因此名聲大振。當時，日本有一位異人，名叫今野巖太，是福島人，出生於會津藩士家庭。他在東京與荒尾精相識，聽荒尾精講述「東亞經綸」之理，大受鼓舞。遂決定辭親離家，走上海外萬里之旅。[066] 他從北海道渡庫頁島，轉經西伯利亞，由蒙古進入中國，再橫貫印度，入波斯境。此時，他突然染上重病，幾乎喪命，幸得波斯國王救助（為其治病，並贈送旅費），從孟買乘船回國。今野巖太的冒險經歷，當時在日本尚無第二人。因此，在小澤豁郎等人的眼裡，今野巖太是打入黑旗軍內伺機行事的最佳人選。今野巖太不負所託，潛入雲南，加入了劉永福的黑旗軍。他精於謀略，不久被任命為參謀。[067] 派今野巖太打入黑旗軍是小澤豁郎所下的重要的一步棋，雖然實踐證明並無多大的效果，但起初是相信此舉能夠成功的。

其二，在今野巖太打入黑旗軍的同時，還要在中國北方號召起事，以

---

[065]　《對支回顧錄》，下卷，第 315 頁。
[066]　《對支回顧錄》，下卷，第 515 頁。
[067]　《東亞先覺志士記傳》，下卷，第 575～576 頁。

第二節　廬山軒照相館

使清政府顧此失彼，無力南顧。小澤豁郎認為，在中國北方能夠承擔號召起事責任者，只有「芝罘組」。芝罘又作之罘，即今之煙臺市。正像「福州組」的核心人物是小澤豁郎中尉一樣，「芝罘組」的核心人物是南部次郎領事。南部次郎，字政圖，幼名繼彌，後改名次郎。又自稱龍，號應齊。他出身名門，但5歲時其父肇禍切腹自殺，被藩主收回家祿，禁姓南部，改姓東氏。及長，因「夙修儒學，學識拔群」，又推動藩籍奉還有功，被任命為盛岡縣大參事。後曾遊學歐洲，眼界大開。又因受到「興亞」思潮的影響，便辭去盛岡縣大參事之職，等待機會航渡中國大陸。當西元1874年日本發兵入侵臺灣時，南部次郎親自拜見主管侵臺事務的大藏卿大隈重信，提出一旦戰爭發展為「征清之役」，願意率舊南部藩士500人攻清國一地，希望能夠得到批准，允許便宜行事。大隈重信上報右大臣巖倉具視，巖倉具視頗嘉許之。於是，南部次郎留東京以待命。隨後又到上海等待機會，但因日本從臺灣撤兵而不得不回國。據南部次郎觀察，清國王道久廢，非加以「改造」不可。因此，他決定再次來華，在北京視察政局，一住就是3年。1882年朝鮮王午兵變後，大院君李昰應被移居保定。日本外按：或謂今野巖太「戰後返回日本，成為有名的中國通」（見前引王振海、張穎書第33頁）。此說似無確鑿根據。《對支回顧錄》稱：今野「晚年經歷及生卒年，皆不清楚」，故其「實為『碧落無碑之人』」（見該書下卷第515～516頁）。《東亞先覺志士記傳》則稱：「（今野）後來消息斷絕，生死不明，或謂後被劉永福識破遇害；或謂逃入印度客死異鄉。」（見該書下卷第576頁）可見，今野不可能在戰後返回日本。

務省為證實此事，特命南部次郎設法前往省視。南部次郎透過署理直隸總督張樹聲的幕賓，假扮中國官員，夜間親至大院君居處相見，並攝其小照為憑。外務省十分欣賞南部次郎的才幹，決定派他為駐朝鮮釜山領

第二章　中法戰爭與日本侵華諜報活動

事。他赴任後，感到此職與其志向相違，上書稱：「山東省之芝罘，前臨渤海，乃清韓交通往來的必經之港，故一旦有事此港尤為重要之地。前英國已在該地設有領事館，至望中國亦設領事館於此港，小官願充領事之任。」南部次郎的建議受到外務省的重視，命令他回國待命。西元 1883 年，外務卿井上馨命南部次郎赴芝罘辦理開館事宜，並傳內旨曰：「領事日常事務可由書記生處理，君則留心政局，以大要上報。」南部次郎蒞職芝罘領事後，日以「改造」中國為念，多有「興亞」志士寄足此間，故領事館又有「芝罘組」之稱。1884 年，中法戰爭全面爆發，福建水師全軍覆沒。法國艦隊占領澎湖，並聲言北擾天津。南部次郎大為興奮，說：「此時清廷無暇內顧，乃起事之良機，正『改造』中國之秋也。」小澤豁郎熟知南部次郎的為人，故決定聯繫他，商量同時舉事，致書稱：「我將於福州舉兵，足下亦從貴地起事，南北相應，成犄角之勢，則清國之覆亡必矣。」[068] 在小澤豁郎看來，一旦南北同時舉事，「四百餘州雲合響應，成就『支那大改造』之偉業指日可待」[069]。

其三，也是非常重要的一條，就是此計畫得到了日本駐上海武官海軍大尉曾根俊虎的全力支持。曾根俊虎出生於舊米澤藩士家庭，他的父親敬一郎號魯庵，是知名儒者。故曾根俊虎培養了優良的漢文基礎。後到江戶（今東京都）學習洋學。西元 1871 年投身海軍。1873 年，外務卿副島種臣出使北京，曾根俊虎以隨員同行。1874 年西鄉從道入侵臺灣時，曾根俊虎被派到上海執行特殊任務，以策應侵臺日軍，同時採購軍需品源源不斷地運送到侵臺軍中。其後即常駐上海，成為日本海軍在上海的早期諜報人員。在此期間，他遊歷中國東南各港口，到處調查兵要地志，編有《中國

---

[068]　《東亞先覺志士記傳》，下卷，第 367～369 頁。
[069]　《東亞先覺志士記傳》，下卷，第 315 頁。

第二節　廬山軒照相館

近世亂志》、《諸炮臺圖》等。[070] 此事為明治天皇睦仁得知，特御前召見，令其當面講述中國情況。曾根俊虎有很深厚的漢籍素養，擅長詩文，故在中國結交頗廣，又多有手腕，皆有利於情報的蒐集。海軍大臣川村純義特別信任曾根俊虎，給予便宜行事之權。曾根俊虎是一個狂熱的「支那改造」論者，他有一個基本的認知：「改造」必流血，否則不可能。[071] 所以，當他聽到小澤豁郎的舉事計畫後，毫不猶豫地大力支持和鼓勵。有了曾根俊虎的撐腰，小澤豁郎的膽氣更壯，信心也更足了。

但是，主要的問題在於，小澤豁郎的暴亂計畫不過是一廂情願，事實並不像他想的那樣簡單。且不說哥老會是否會受日人利用，還有黑旗軍是否會聽其驅使，即從日方來看，意見也遠難統一。南部次郎雖然主張「改造」中國，但作為外交官要聽命於政府，對如此重大的事情不能貿然行事。南部次郎接到小澤豁郎的來信後，首先考慮的是突然舉兵有無成功的把握。因此，南部次郎特派最親信的浪人白井新太郎前往福州，以了解確實情況。臨行前，南部次郎囑咐白井新太郎說：「小澤與志士共謀舉兵，到底實際情況如何？你親去了解，可則答應，不可則制止；否則，輕舉妄動必誤大事。重要的是，兵備齊全否？」[072]

白井新太郎受命後立即南下，路經上海，適與陸軍中尉柴五郎相遇。柴五郎是受參謀本部派遣，到華南一帶從事諜報工作的，但因為他是木村信二的叔輩，故特別關心「福州組」的事情。他從白井新太郎那裡聽到小澤豁郎策劃暴亂的事，立即告訴了時駐上海的陸軍少佐島弘毅。島弘毅認為時機並不成熟，招白井新太郎來，囑二人加以規勸。柴五郎和白井新太

---

[070]　王振坤、張穎：《日特禍華史——日本帝國主義侵華謀略諜報活動史實》，卷1，第47頁注〔1〕。
[071]　《東亞先覺志士記傳》，下卷，第316頁。
[072]　《東亞先覺志士記傳》，下卷，第369頁。

第二章　中法戰爭與日本侵華諜報活動

郎來到後，皆勸小澤豁郎務必慎重行事。柴五郎說：「一旦舉事，來投者能有多少？操何勝算？」勸之再三，小澤豁郎仍固執己見。白井新太郎請小澤豁郎至內室，敞開心扉交談。

小澤：「有輪船二艘泊在閩江，可隨時為我所用；有稻米數百石儲存在一處山寺，可隨時取來做兵糧。混入清軍中的哥老會會員，皆私下與我有約，一旦舉事則作為內應，聽我號令。我目睹馬江之役戰況，深知清兵作戰能力，今我起而一呼，必如疾風掃落葉一般席捲十八省。」

白井：「如君所言，則是反客為主，難以有為，竊以為不可。何況欲『改造』清國，必清人為主，我為客加以扶助，這才是順乎道理的可行之策。哥老會首領果真與君盟約，那麼他們可先行舉事，然後我再響應。」

小澤：「他們為主不成問題。我們一起，他們也會起來。」

白井：「此輩怎能共謀大事！君應暫時放下此事，以等待時機。」[073]

在這種情況下，小澤豁郎雖然還不死心，但也只好同意。白井新太郎完成了任務，便離開福州北上，向南部次郎覆命。

西元 1885 年春，伊藤博文以特命全權大臣來華，在天津與李鴻章進行談判，結果難以預料。對此，小澤豁郎極為關心。期間有談判即將破裂、中日或將兵戎相見的消息傳來，小澤豁郎認為策動暴亂的時機終於來到了。根據小澤豁郎本人的親筆手記，可以窺見當時的他是怎樣一種心情：

十八年三月（西元 1855 年 3 月）接報，朝鮮京城發生動亂，日本將有事於中國。余聞之欣然。未久，又聞伊藤（博文）大臣奉命赴天津。余慨然曰：「此行又是和平了局。」時上海島弘毅飛報：「談判極端困難，若終

---

[073]　《東亞先覺志士記傳》，下卷，第 370 頁。

至破裂，足下宜善自處。」余為之雀躍不已。柴五郎則磨其劍，整日舉酒為祝，曰：「一旦談判破裂，則回長崎軍中，跟隨山地（元治）將軍進擊北京。」又過十日，島氏報曰：「《天津條約》業已簽訂。」余嘆息久之。[074]

小澤豁郎策動暴亂的計畫終於流產。

在此以前，日本政府已獲悉小澤豁郎準備在福州策動暴亂的消息，大吃一驚，擔心此舉會過早地暴露日本的侵華陰謀，急令派軍艦押送小澤豁郎回國，聽候處分。小澤豁郎聞訊，立即逃到煙臺，由南部次郎匿藏起來。恰在此時，陸軍大尉福島安正自北京來煙臺，宿於芝罘領事館，南部次郎將小澤豁郎事相告，福島安正即電參謀本部，請求寬大處理。參謀次長川上操六也很同情小澤豁郎，認為派軍艦押回處分太重，為之說情，最後以改派香港了事。

第三節　創辦上海東洋學館

中法戰爭的爆發，不僅使失勢的激進的「征韓論」者又粉墨登場，而且使成立不久的民間浪人組織也活躍起來。西元 1881 年在九州福岡成立的玄洋社，就是當時一個典型的浪人組織。

所謂「玄洋」，乃是自福岡附近之玄海灘跨越遠洋之意。據日人木下半治的解釋，此名表示「越玄海灘而向亞細亞大陸進取」的意思。[075] 這道出了創辦玄洋社的宗旨。進入 19 世紀下半葉，在日本興起一種「大陸經營」論或「大陸雄飛」論思潮。這種思潮認為日本國土狹小，與歐美諸國

---

[074]　《對支回顧錄》，下卷，第 316 頁。
[075]　鍾鶴鳴：《日本侵華之間諜史》，華中圖書公司，1938 年，第 26 頁。

第二章　中法戰爭與日本侵華諜報活動

比，國力微弱，以狹小之國土、微弱之國力與世界強國對峙，難保國家的真正獨立。那麼，日本的出路在哪裡？若在往時四海波靜的時代，視中國、朝鮮為友邦，相互攜手，與歐洲諸國並峙，尚可保全獨立；如今四海波濤洶湧，東亞安危朝夕難測，鄰邦清國腐朽不堪，勢將傾覆，中朝關係雖如唇齒輔車，共為列強俎上之肉，其餘波所及，日本之存立亦受到威脅。為今之計，只有走「略取支那」之路。即先發制人，走在歐洲虎狼之國前面，先將中國掌握在日本手中，以抗拒虎狼之國的侵略。這是保持東亞安全的最上之策。[076] 玄洋社正是這一思潮推動下最早成立的一個民間右翼團體。

玄洋社的主要創始人是頭山滿，公開出面活動的社長是平岡浩太郎。他們在日本國內以「尊皇主義」和「國家主義」者的面目出現，鼓吹「絕對主義天皇制論」，全力支持明治政府的對外侵略擴張政策。他們還與日本軍方密切配合，為日本中央情報指揮機關效力。從此時起，他們成為大陸浪人的總代表一段時間。[077]

西元 1882 年朝鮮發生壬午兵變後，日本透過《濟物浦條約》取得了在朝鮮駐兵的權利。這是近代日本首次獲得在朝鮮大陸的駐兵權。儘管如此，日方並不滿足，因為它還不能完全控制朝鮮。這時，日本的「大陸經營」論者開始感覺到，要想改變局面，必須解決好「征韓」與「略取支那」孰先孰後的問題。事實證明，先「征韓」很難成功。唯一的辦法是首先「略取支那」。其代表人物有：熊本縣的宗像政、鹿兒島縣的長谷場純孝、和泉邦彥、高知縣的中江篤介、愛媛縣的末廣重恭、三重縣的栗原亮一、奈良縣的樽井藤吉等。他們與玄洋社交流看法，並徵求意見。平岡浩太郎

---

[076]　《東亞先覺志士記傳》，上卷，第 311～312 頁。
[077]　王振坤、張穎：《日特禍華史——日本帝國主義侵華謀略諜報活動史實》，第 14～15 頁。

第三節　創辦上海東洋學館

鑑於以往侵朝計畫受挫[078]，非常贊同他們的看法。頭山滿也十分肯定他們的看法，說：「若先取大者，則小者可不勞而獲；若先取中國，則朝鮮可不招自來。故與其先向小小的朝鮮下手，不如先處置龐大的中國。」[079]經過此番計議，玄洋社進一步明確了以侵略中國為主要目標的方向。從此，玄洋社大力配合日本軍方，開展在中國大陸的謀略諜報活動。情報軍官與大陸浪人攜手合作，正是中法戰爭期間日本對華諜報工作的一個新特點。

中法戰爭的爆發，提供了大陸浪人開展活動的機會，故這時渡華者人數大增。這些大陸浪人都是激進的「大陸經營」論者，希望藉經略中國而建功立業，其中有的準備參加「福州組」策動的暴亂，有的則考慮經略中國的長遠計畫。當時的一些在野政客，如末廣重恭、佐佐友房、長谷場純孝、中江篤介、栗原亮一等，都主張對中國採取積極方針，著眼於未來，認為可在上海創設東洋學院，以此作為培養日本侵華情報人才的機構。並決定徵詢平岡浩太郎的意見，希望玄洋社為其後援。

於是，末廣重恭等人商派日下部正一去見玄洋社社長平岡浩太郎。

日下部正一與樽井藤吉等志同道合，都是激進的「大陸經營」論者，且與同在中國活動多年的山口三郎太關係密切，故被認為是最合適的說客。這時，平岡浩太郎恰好來到長崎，日下部正一趕去會見，說：「上海乃東洋第一要港，在此地創設學校，培養通曉中國語言和國情的有志青年，為他日經略大陸計，極有必要。」[080]平岡浩太郎認為此話很有見地，

---

[078]　朝鮮發生壬午兵變，頭山滿和平岡浩太郎大為高興，曾組織「征韓義勇軍」。其先鋒 80 人，裝扮為商人、官吏或平民，由博多乘開往大阪的此花丸，途中劫持輪船，強迫船長將輪船開往對馬，但在對馬被官憲發現，予以解散（見升味准之輔著《日本政治史》，商務印書館，1997 年，第 1 冊，第 185～186 頁）。
[079]　《東亞先覺志士記傳》，上卷，第 310 頁。
[080]　《東亞先覺志士記傳》，上卷，第 318 頁。

第二章　中法戰爭與日本侵華諜報活動

表示願意助成此事。

為落實籌建學館事宜，平岡浩太郎偕末廣重恭、宗像政、樽井藤吉、中江篤介、杉田定一、日下部正一親自來到上海。經過一番實地考察，最後在上海崑山路找到一所房子可作學館用。對此，平岡浩太郎非常滿意。他想像著東洋學館開館之後，許多日本有為青年濟濟一堂，各懷氣吞「支那四百餘州」的豪情，「龍吟虎嘯而喚起風雲驟起於大陸」的景象。想到這裡，平岡浩太郎趾高氣揚，甚至得意忘形，對宗像政等說：「清國政府已經腐敗透頂，將其顛覆則若摧枯拉朽，而吾輩七人足矣。」中江篤介也有同感，在旁應聲道：「英雄豪傑之士登高一呼，則天下如響斯應，此中國人之本色。清國真乃英雄成大業之地也。」[081] 他們的這番話，道出了創辦東洋學館的真實目的。

東亞同文書院

---

[081]　《東亞先覺志士記傳》，上卷，第 318～319 頁。

第三節　創辦上海東洋學館

　　東洋學館終於創辦了。東洋學館以末廣重恭為館長，其實際經營者則為宇都宮平一、大內義映和山本忠禮。另外，由宗像政和新井毫擔任監督人。當時，從日本招來學生三四十人。東洋學館為民間集資籌辦，沒有穩定的經費來源，創辦僅一年即因經費不繼而關閉。

　　雖然東洋學館存在僅一年光景，但在學生當中有不少人後來成為在華活動的重要間諜，如山內嵩、高橋謙、荒賀直順、隱岐嘉雄、松本龜太郎、尾本壽太郎、中野熊五郎等。更為重要的是，上海東洋學館的創辦，成為後來的日清貿易研究所和東亞同文書院的先聲。直到若干年後，一些日本的當事人回顧當年的這段歷史時，仍然認為：「本學館存在日期雖如此短促，但它開天下風氣、啟迪後繼的功績，實在是不可磨滅的。後人回顧當時，不得不追認它具有可資尊貴紀念的存在意義。」[082]

---

[082]　東亞同文會編：《對華回憶錄》，商務印書館，1959 年，第 482 頁。

第二章　中法戰爭與日本侵華諜報活動

第三章
漢口樂善堂大揭祕

第三章　漢口樂善堂大揭祕

■ 第一節　荒尾精的「興亞」思想

　　在近代中日關係史上，荒尾精可算是一個十分神祕的人物。其人之所以神祕，是因為他在中國進行了大量的祕密偵察活動，推動了日本侵華謀略諜報工作的發展。因此，荒尾精特別受到日本朝野的推崇。荒尾精是日本名古屋藩士荒尾義濟的長男，於西元 1858 年生於尾州琵琶島。其父原姓福田，名善十郎，後過繼給同藩荒尾家，改名義濟。荒尾精乳名一太郎，後名義行，又改名精，號耕雲，到晚年專以東方齋為號。其父於明治維新後歸還食祿，舉家遷至東京，經營小本雜貨生意，然入不敷出，生計艱難。1873 年，荒尾精年屆 16 歲，為住在同區的鹿兒島人、時任東京麴町警察署警部的菅井誠美所撫育。菅井誠美將荒尾精送入麴町的私立學校學習漢學、英語、數學等課程。當時，「征韓論」在日本興起。「征韓論」的本質，是以中國為主要侵略目標的海外擴張論。如久留米藩士佐田白茅建白書所說：「全皇國為一大城，則若蝦夷、呂宋、臺灣、滿清、朝鮮，皆皇國之屏藩也。」[083] 時任外務大丞的柳原前光說得更清楚：「皇國乃是絕海之一大孤島，此後縱令擁有相應之兵備，而保周圍環海之大地於萬世始終，與各國並立，弘揚國威，乃最大難事。然朝鮮國為北連滿洲、西連韃清之地，使之綏服，實為保全皇國之基礎，將來經略進取萬國之本。」[084] 可見，「征韓論」者的主要圖謀，是要先征服朝鮮，再征服中國，然後與西方列強抗衡，爭霸世界。在這種黷武主義的影響下，荒尾精耳濡目染，開始萌發了「雄飛海外」的思想。1877 年，西南戰爭爆發，西鄉隆盛敗亡，反而激發荒尾精下定了輟學從軍的決心，藉此學習軍事並研究中

---

[083]　王芸生：《六十年來中國與日本》，三聯書店，1979 年，第 117 頁。
[084]　日本外務省編：《日本外交文書》，卷 3，1938 年，第 149 頁。

第一節　荒尾精的「興亞」思想

國問題，以備他日赴華之需。

　　西元 1878 年，荒尾精考入陸軍教導團炮兵科。翌年，荒尾精從教導團畢業，被派到大阪鎮臺任陸軍軍曹。1880 年，又被選拔進入陸軍士官學校步兵科學習。1882 年，從士官學校畢業，授陸軍少尉。同年，朝鮮發生壬午兵變，日本駐朝公使花房義質逃回日本。荒尾精大受刺激，認為這是日本的恥辱，亟欲西渡中國，以便有所作為。於是，他去拜謁陸軍卿大山岩，陳述自己前往中國的志向。大山岩問：「目前一般俊傑都爭先留學歐美，足下為何卻急欲到落後的中國去？」他答道：「正因為大家都醉心於留學歐美，卻對中國不屑一顧，所以才想去中國。」又問：「足下去中國的目的何在？」他笑著回答：「取得而統治它，以便振興東亞。」[085] 此時，荒尾精的「興亞」思想已經初步成形了。

　　西元 1883 年，荒尾精被分派到熊本步兵第十三聯隊。在此期間，他仍念念不忘前去中國。曾馳書任職東京的朋友強調：「中國距日本僅一衣帶水，然身似籠中之鳥，無法展翅高飛，徒然對四百餘州魂牽夢縈。嗚呼！吾離京已歷兩度春秋，東亞大局日非，何日宿志得伸？寧願決然棄官乘槎而去！」為了赴華，特拜任職於熊本鎮臺的日本第一批留華學生御幡雅文為師，學習漢語。

　　兩年後，荒尾精被調到參謀本部中國課。他利用職務之便，遍閱有關中國的典籍、輿圖及各種機密檔案，並廣交志同道合者。參謀次長川上操六特別賞識他。據荒尾精的契友小山秋作回憶，川上操六與其他將領談話時，如荒尾精求見，必離席予以接見；如川上操六正與荒尾精談話，而其

---

[085]　井上雅二：《巨人荒尾精》，左久良書房，1910 年，第 12 頁；東亞同文會編：《對支回顧錄》，下冊，原書房，1981 年，第 463 頁。

第三章　漢口樂善堂大揭祕

他將領求見,則必等談話結束才肯接見。[086] 這一方面說明川上操六對中國問題的濃厚興趣,另一方面也表明了川上操六對荒尾精的器重。

從「興亞」的思想淵源來說,對荒尾精影響最大的是佐佐友房。他們兩個人一見如故,不但交情深厚,而且「對華意見有靈犀相通之處」。佐佐友房是熊本藩士佐佐有無的次子,乳名寅雄,後改名坤次郎,字亮卿、克堂,號鵬洲。年8歲時,即進入藩校實習館學習漢學。及長,跟隨國友古照軒專習漢學,聽到水戶學派之說,非常興奮,對水戶學前輩學者藤田東湖等人產生仰慕之情。水戶學融儒家思想和國家意識為一體,主張尊崇天皇、護持君主國體、君臣大義名分等,這些主張引起了他的強烈共鳴。於是,他離開家鄉前去水戶,寄居在水戶任職的前輩同鄉田通道翁家中,致力於水戶學研究。當時,日本的社會思想流派很多,對國家應取何種政體議論不一,或宣傳法國思想家盧梭(Jean Jacques Rousseau)的《民約論》(*Du contrat social ou Principes du droit politique*),強調民主主義;或標榜帝政主義,主張天皇親政論。佐佐友房則提出,以水戶學的「皇道精神」為根本,「奠定皇室中心的國是,向創立欽定憲法邁進」[087]。他的對外思想,見其《東亞經綸》,認為日本有志之士必須將眼光轉向國外,擴張海外,「以護持皇室於無窮,宣揚國威於八表」[088]。其要圖是「經略大陸」。所以,後來他在擔任濟濟黌校長時,專設漢語一科,其目的即在於此。

其實,《東亞經綸》所表述的基本思想,並非佐佐友房的獨創,而是來自副島種臣的觀點。說起副島種臣這個人,其身世和來歷極不尋常。其

---

[086]　井上雅二:《巨人荒尾精》,第245～246頁。
[087]　平山岩彥、緒方二三、深水清、阿部野利恭合撰:《我們的回憶錄》,《九州日日新聞》,1934年9月連載。見吳繩海、馮正寶編譯:《宗方小太郎與中日甲午戰爭》,未刊稿。
[088]　《對支回顧錄》,下冊,第355頁。

第一節　荒尾精的「興亞」思想

先祖為東漢靈帝劉宏的曾孫，曹氏稱帝後避禍東渡日本，居住枝吉，因以枝吉為姓。副島是佐賀藩儒枝吉種彰的次子，乳名龍種，通稱二郎，號蒼海。少時出嗣副島利忠家，故以副島為姓。其父枝吉種彰曾任藩校弘道館教諭，歷 40 年之久，宣揚皇國精神，主張君臣主從大義名分截然有別。曾作《日本天子一君、主從非君臣論》。其兄枝吉經種承襲其父的思想又有所發展，其尊王賤霸之大義名分論，成為水戶學尊王賤霸主義的主要來源。當時，許多「勤皇家」都出於他的門下，如大木喬任（曾任參議、司法卿）、大隈重信（曾任大藏卿）、江藤新平（曾任左院副議長、司法卿）等。副島種臣深受其父兄思想的影響，很早即與尊王攘夷派志士相結交。西元 1871 年就任明治政府的外務卿後，便策劃改琉球為日本藩屬，以作為吞併琉球的第一步。

西元 1873 年，他乘艦來華互換《中日修好條規》，途中賦詩云：「風聲鼓濤濤聲奔，火輪一幫艦旗翻。聖言切至在臣耳，保護海南新建疆。」[089]「保護海南新建疆」一句，既流露出即將吞併琉球之意，又表明此次使華也是為日本侵略臺灣預做外交準備。不僅如此，副島種臣還是侵略中國大陸的積極鼓吹者。他在《大陸進出意見》中指出：

> 日本四面環海，若以海軍進攻，則易攻難守。若甘處島國之境，則永遠難免國防之危機，故在大陸獲得領土實屬必要。如欲在大陸獲得領土，由於地理位置的關係，不能不首先染指中國與朝鮮。今日欲將朝鮮占領，中國絕不會袖手旁觀，則我勢必依靠武力決戰以獲得朝鮮，此外別無他途。此非師出無名，依靠戰爭使國家強盛，係確保國家獨立之道，亦係對君主盡忠之道，故必須認為此乃國家之正理。中國若將朝鮮作為屬邦，則

---

[089]　《對支回顧錄》，下冊，第 102 頁。

第三章　漢口樂善堂大揭祕

對保全我之獨立不利，故為消除此一不利而訴諸戰爭，乃符合國際公法所謂「均勢」之含義，應當視為正當的權利。[090]

可見，佐佐友房的《東亞經綸》不過是副島種臣《大陸進出意見》的翻版而已。

荒尾精的「興亞」思想，可以說與副島種臣、佐佐友房一脈相承。荒尾精一面宣揚皇國精神，撰有《宇內統一論》；一面鼓吹侵華，撰有《興亞策》。《宇內統一論》與《興亞策》，二者互為表裡，相輔相成。荒尾精在《宇內統一論》中極力讚美日本的「萬世一系」，宣稱：「在宇宙內只有中國擁有萬世一系的皇室，中國所以具有完美的國體，乃是上天之意，也是上天特別眷顧中國，故完成一統六合，奄有四海之宏猷遠謨，是為上天賦給中國的天職。」在《興亞策》中則提出：日本應「內振綱紀，外宣威信，使宇內萬邦永久瞻仰日本皇祖皇宗之懿德」，以「挽回東亞之頹勢，重振東亞之聲威」。並強調：日本一旦將中國掌握手中，「以其財力，養一百二十萬以上之精兵，配備百艘以上的堅艦而綽綽有餘，若再將日本的尚武精神與中國的尚文風氣相融合，並行不悖，相輔而進，則東洋文明必將發揚於宇內，宣示亞洲之雄風於四海」[091]。對此，宮崎滔天稱之為「占領中國主義」[092]。

正是在這種「興亞」思想的支配下，荒尾精才迫不及待地要來中國。

---

[090]　平山岩彥等：《我們的回憶錄》，《東亞先覺志士記傳》，上卷，第 88～89 頁。
[091]　《東亞先覺志士記傳》，上卷，第 364～365、第 361～362 頁。
[092]　宮崎滔天：《三十三年之夢》，平凡社，1967 年，第 41 頁。

第二節　漢口樂善堂的籌辦經過

　　荒尾精為參謀次長川上操六所賞識和關注。在川上操六的支持下，荒尾精渡華的機會終於來到了。

　　西元1886年春天，荒尾精奉日本參謀本部之命來華執行特殊使命。雖說這時荒尾精已晉升陸軍中尉，但為執行祕密任務方便起見，便脫掉軍服裝扮成一個普通旅客，由日本乘船抵達上海。荒尾精初到上海，要考慮如何才能立足，以便開展活動。於是，他首先拜訪了聞名已久的樂善堂主人岸田吟香，請求指點迷津。岸田吟香聽了荒尾精的陳述，對其遠大抱負頗為敬佩，答應盡量給予幫助。

　　岸田吟香既是日本近代新聞事業的創始人，又是有名的新聞記者；既精於漢學，又是經商致富的巨賈。岸田吟香死後，三島中洲為其所撰碑銘有云：「維新諸業，翁實倡始。見機制先，百蹶弗已。及事就緒，模效競起。後者勝先，功讓嚆矢。」所以，日人將岸田吟香與福澤諭吉並稱，說：「福澤介紹西洋事情，破除舊有之陋習；岸田消化西洋事物，直接移植於日本。」人們可以列舉許多岸田吟香在日本得著先鞭的各種事業，如：創始新聞事業，編纂《和英辭典》，創立盲啞學校，始辦海運業，計劃採掘石油，製造販賣西藥等等。最令日本軍政界人士難以忘懷的，是岸田吟香資助日本侵華諜報人員。[093]

　　岸田吟香，原名國華，乃岸田德義的長子，故幼名太郎。後自稱銀次，人戲稱「銀公」，因日語「銀公」與「吟香」讀音相同，乾脆以吟香為號。[094] 幼而聰穎，有「神童」之稱。曾入津山藩儒昌谷精溪主持的赤松塾

---

[093]　《對支回顧錄》，下卷，第1～2頁。
[094]　黃福慶：〈甲午戰前日本在華的諜報機構——論漢口樂善堂與上海日清貿易研究所〉，《近代

第三章　漢口樂善堂大揭祕

學習漢籍。17歲時，經昌谷精溪推薦，到江戶拜於林圖書頭門下，鑽研漢學。數年間，學業大進，因得時常代替業師到水戶侯及秋田侯的府邸講學，並與水戶學泰斗藤田東湖等結識。西元1855年，岸田吟香又前往大阪，一面投藤澤東畡門下繼續研究漢學，一面師從緒方洪庵學習蘭學。在此期間，他又結識了木戶孝允、西鄉隆盛等人。透過學習蘭學，他開始對外國問題感興趣。

西元1864年，對於岸田吟香來說，是他一生命運發生重要轉折的一年。在此前5年間，岸田吟香因罹文網之禍而被逐出江戶，頓時窮困潦倒。後雖潛回江戶，然生活無著，無奈到妓院做僕人。他苦做5年，幸經知友箕作麟祥介紹，認識了美國傳教士赫本（James Curtis Hep-burn）。赫本是賓州大學醫學博士，當時在橫濱開設診所，並從事傳教活動，需要有一位日本學者協助他編纂《和英對譯辭典》。於是，岸田吟香便成為赫本的助手。1866年，《和英對譯辭典》稿成，岸田吟香隨赫本乘輪船到上海，以接洽付印事宜。這是岸田吟香首次渡華，也是他與中國結緣的開始。當時的上海已是中西文化交會的都市和繁華的商業城，岸田吟香這次旅居9個月，眼界大開。

更為重要的是，岸田吟香從赫本那裡得到莫大的啟示。於是，他開始向濱田彥藏學習英語。這時，岸田吟香了解到美國報業的一些近況，從而激起了創立報紙的興趣。西元1864年，即與本間潛藏共同辦了一份旬刊報紙《海外新聞》。1868年，又發行《橫濱新報》。1872年，《東京日日新聞》創刊，岸田吟香被聘請擔任主筆，與成島柳北、福地櫻痴、石井南橋並稱為日本四大記者。1874年，日本發兵侵略臺灣，岸田吟香作為從軍記者隨軍採訪，他所寫的《戰地通信》甚受讀者歡迎，使《東京日日新聞》銷

史研究所集刊》，臺北，1984年，第13期，第307頁。

第二節　漢口樂善堂的籌辦經過

路大增，創下發行量 15,000 份的紀錄。[095]

　　正當岸田吟香在新聞事業上如日中天之際，他卻突然辭掉了《東京日日新聞》的職務。此事的原委是：赫本因岸田吟香協助編纂《和英對譯辭典》，為表示酬謝之忱，便將一種製造眼藥的祕方傳授給岸田吟香。岸田吟香根據這種祕方製造的眼藥水，起名為「精錡水」，並利用擔任《東京日日新聞》主筆之便，在該報刊登廣告，結果非常暢銷。於是，於 1877 年索性辭去主筆職務，在東京銀座開設樂善堂，除主要販賣「精錡水」外，還銷售雜貨、書籍等。由於生意興隆，不出一年，岸田吟香頓成鉅富，便決定向中國大陸發展。

岸田吟香

　　西元 1878 年，岸田吟香又來到上海，在英租界河南路的繁華區開設了樂善堂上海分店。在以後近 30 年的時間裡，這裡成為岸田吟香在華活動的主要據點。樂善堂上海分店除出售「精錡水」外，還販賣各類藥品達數十種。岸田吟香特用中文寫成《衛生寶函》一書，加以介紹和宣傳，效果頗佳。岸田吟香很有商業頭腦，能夠瞄準商機。他看到中國參加科舉考

[095]　《對支回顧錄》，下卷，第 3～4 頁。

第三章　漢口樂善堂大揭祕

試的士子所用的書籍都是木刻版本，因其卷帙浩繁，部頭龐大，攜帶不便，便改用銅刻細字的活字版印刷，裝訂成袖珍本。這樣，原來龐然巨帙的諸子百家的書籍變成了小型書冊，攜帶十分輕便，甚受讀書人的歡迎，因此暢銷全國各省，為樂善堂上海分店帶來了鉅額的利潤。[096]

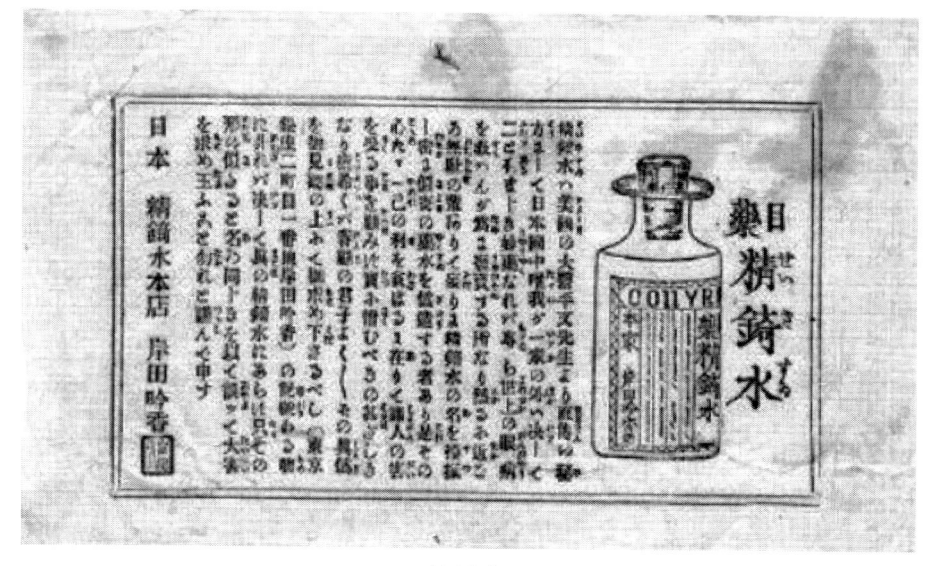

精錡水

岸田吟香接受前此以文字招禍的教訓，視官場為畏途，因此絕不做官。木戶孝允、寺島宗則等人曾推薦岸田吟香出任縣知事，他一口回絕說：「我雖窮也不願為五斗米而折腰！」[097] 應該看到，岸田吟香絕意仕途，一心發展在中國的民間事業，是有其深刻的用意的。在他看來，這樣比起做官更能報效國家，並以此而感到自豪。從岸田吟香留下的一些詩作看，早在隨赫本初渡上海的時候，他就確立了這一理想。當時他有一首七律

---

[096] 《東亞先覺志士記傳》，上卷，第 340～341 頁；《對支回顧錄》，下卷，第 5 頁。
[097] 《東亞先覺志士記傳》，下卷，第 660 頁。

第二節　漢口樂善堂的籌辦經過

寫道：

折花須折未開時，莫折春風落後枝。

笑殺湖州狂刺史，十年空賦綠陰詩。

此詩前兩句是用唐代杜秋娘〈金縷衣〉詩「花開堪折直須折，莫待無花空折枝」句之意。清代蘅塘居士解曰：「即聖賢惜陰之意，言近旨遠。」近人喻守真亦謂其「有『少壯不努力，老大徒傷悲』之意」。這兩句詩是用來自勉的。後兩句是寫宋代蘇軾因詩作被彈劾的遭遇。當時，蘇軾正在湖州刺史任上，被捕入御史臺獄，數月後被釋放，貶至黃州、汝州等地，一貶就是 10 年。所以，蘇軾寫有「十年江海寄浮沉，夢繞江南黃葦林」、「十年髀肉磨欲透，那更陪君作詩瘦」等詩句。這兩句詩是說蘇軾寫詩被貶，空有抱負而難以施展。全詩的意思是，應以蘇軾的宦海浮沉為戒，走另外的一條道路，相信只要肯發奮努力，仍可大展宏圖。可能是因為岸田吟香從蘇軾的經歷得到了啟迪，所以才堅定了從商的決心。

不過，岸田吟香開設樂善堂上海分店，絕不是單純以獲取商業利潤為主要目的，而是有著更深遠的打算。事實上，岸田吟香在上海樂善堂步入正軌之後，將大部分精力和財力運用在其他地方[098]：

第一，為了遏阻已經占領中國市場的歐美經濟勢力，岸田吟香率先開拓中國市場，為日本商品打入中國市場開路。為此，他經常在《橫濱新報》上介紹上海的商情，以推動日本對華貿易的發展；同時還將振興對華貿易的意見寫成建議書，以供日本政府採納。

第二，岸田吟香還親自遊歷中國各地，甚至跋山涉水，詳細考察地理形勢及風土人情，並將所見所聞寫下提交給日本軍事當局，以在未來發動

---

[098]　《對支回顧錄》，下冊，第 4～5 頁，《東亞先覺志士記傳》，下卷，第 660 頁。

第三章　漢口樂善堂大揭祕

侵華戰爭時作為參考。他實際上已經是日本軍方的義務諜報人員。

第三，更為重要的是，岸田吟香以上海樂善堂商號為掩護，接待來自日本國內的所謂「東亞先覺志士」，其中既包括大陸浪人，也包括參謀本部派遣來華的軍事間諜。當時，岸田吟香在樂善堂上海分店附近租借了一處住所，常有食客數十人入住。日人說這是仿效當年孟嘗君、春申君等公子的故事。因此，當時日本有志於「雄飛大陸」的人士，紛紛徒手渡華，投入樂善堂門下，從而使樂善堂上海分店成為大陸浪人和軍事間諜的麇集之所。

正是在這種情況下，岸田吟香不僅熱情接待荒尾精，而且還答應將全力支持其工作。由於岸田吟香的大力協助，荒尾精便由上海溯江而上，抵達湖北漢口，靠岸田吟香從上海提供的藥品、書籍等貨物，在漢水岸邊開了一家樂善堂漢口分店。

第三節　樂善堂漢口分店掛牌開張

西元 1886 年春天，在荒尾精主持下的樂善堂漢口分店終於掛牌開張了。

荒尾精為什麼要將樂善堂的分店設在漢口呢？因為荒尾精本是日本派駐中國大陸的諜報武官，所設樂善堂漢口分店實際上是日本參謀本部的一個間諜機構，所以選址要考慮到便於開展活動這個重要條件。漢口的地理位置和形勢完全符合這個條件。按長江水路計算，上海至漢口為 2,925 公里，南京至漢口為 1,875 公里，輪船往來，非常便利。從漢口過漢水，對面便是漢陽，臨長江可望武昌，三地恰成鼎足之勢。特別是漢口位於中國

第三節　樂善堂漢口分店掛牌開張

中樞之區，地當要衝，近則與湖北、湖南、河南、江西諸省沃野相連，遠則可到四川、貴州、雲南、陝西、甘肅等西南、西北內陸地區，水陸交通四通八達，自古以來即成為九省之會。離日渡華之前，荒尾精經過反覆研究，即選定漢口為未來「興亞」的策源地。他認為，一旦取得湖北、湖南、河南、四川、陝西等省，以其人口之眾、財富之饒，足以號令天下。

漢口樂善堂既已開張，荒尾精又胸懷計畫，就是要深入調查中國，無奈手下缺少人手。於是，他想到了當時居留於上海、天津等地的日本大陸浪人，連忙馳書相招。這些大陸浪人紛紛到漢口來投。最先投到荒尾精麾下的是井深彥三郎、高橋謙、宗方小太郎、山內嵓四人，以後陸續到達的有浦敬一、山崎羔三郎、藤島武彥、中野二郎、中西正樹、白井新太郎、石川伍一、片山敏彥、維方二三、井手三郎、田鍋安之助、北御門松三郎、廣岡安太、松田滿雄、長谷川雄太郎、大屋半一郎、黑崎恆次郎、前田彪、成田煉之助、伊藤俊三、荒賀直順、河原角次郎、淺野德藏、吉澤善次郎等。這些大陸浪人大都出身於藩士家庭，而且有良好的文化素養，特別是對漢學有一定研究，會說中文。他們都很年輕，年齡較大的不過20多歲，小的還不滿20歲。據日人回憶，這些「興亞志士」個個「議論風發，意氣縱橫」，「大有氣吞四百餘州之概」。[099]

漢口樂善堂既是以商店為掩護的間諜機構，為了日常應付門面，除招攬上述「興亞志士」外，還招收了部分店員。其中，有日本人七八名，中國人五六名。日本店員一般是來中國謀生者，有一定的文化基礎，熟悉中國。如井上清秀就是其中頗具代表性的典型。他是日本大分縣人，初名彌三郎，後改名清秀，號如是居士。少年時曾到東京，入斯文黌學習。不久，乘船到上海，尋求謀生之道。得同鄉實相寺貞彥幫助，為日本海產公

[099]　《東亞先覺志士記傳》，上卷，第 344 頁。

第三章　漢口樂善堂大揭祕

司推銷產品，攜帶幻燈片（編按：一種發明於 17 世紀的成像機器，主要由一個或數個透鏡以及光源構成）跋涉中國各地宣傳，這使井上清秀能實際了解中國的風土人情。

後經岸田吟香介紹，到漢口樂善堂負責四書、五經袖珍本的專賣。甲午戰爭爆發後，井上清秀被徵為陸軍通譯官，隨日軍轉戰遼東各地。[100] 可見，在樂善堂漢口分店內部，儘管一般日本店員的地位比不上那些「興亞志士」，但是在為日本侵略中國效力這一點上，他們彼此之間是不分軒輊的。

荒尾精作為漢口樂善堂主人，自稱堂長，特制定《堂規》七條，以規範堂內所有人員的言行舉止。《堂規》第一條是總則，對漢口樂善堂成員的基本要求，稱：「我黨目的極大，任重道遠，豈輕易所能致？其關係國家興亡者實非鮮淺，亟宜深謀遠慮，慎其行蹤，重其舉止，做到萬無一失，以俟其機，然後採取迅雷不及掩耳之手段，務期達其目的。」其餘諸條還規定了「堂員分外員與內員，由堂長總轄」、「每年春季各外員齊集總部開會」等。此外，荒尾精又制定了《內員須知》和《外員探查須知》，規範了內員、外員的工作及活動。

《內員須知》規定，內員分為理事、外員股、編纂股三個部門。理事的專職是經營，綜理日常商業、會計等一般事宜。外員股負責與外員保持聯繫，向外員通報各在外幹部的情況、國內外形勢及有關報紙摘要等，以提供給所有外員參考。編纂股負責蒐集各地的探查報告、有價值的東西洋新聞等，加以摘要編纂，漸次彙編成冊，以備他日參考。

《外員探查須知》對外員的活動、偵察對象都有詳細規定和要求。如

---

[100]　《對支回顧錄》，下卷，第 669 頁。

第三節　樂善堂漢口分店掛牌開張

其中的「人物之部」，將外員的偵察對象規定為六類，即君子、豪傑、豪族、長者、俠客和富豪，要求詳細記錄其住所、姓名、年齡、行跡等。而且規定了對這些人物偵察的範圍和重點。如將君子分為六等，其第一等是志在以學說拯救世界，第二等是志在振興東亞，第三等是立志改良政治以救國，第四等是教育子弟以傳道於後世，第五等是志在立朝治國，第六等是獨善其身待價而沽；將豪傑則分為四類，其第一類是志在顛覆政府改立新朝，第二類是志在起兵割據一方，第三類是憤於洋人跋扈而志在逐洋，第四類是為了軍事等目的而欲取西洋之利器。再如對於長者和俠客，則說明對他們的作用不可小覷，因為「長者為一鄉所仰望，得一人即得一鄉」，「俠客仗義疏財濟貧，為常人所尊敬，為少年所仰慕，得一人即得許多人」。按此原則，凡哥老會、九龍會、白蓮會之類祕密結社及馬賊等，都在偵察之列。另外，在偵察各類人物的同時，還要求外員調查與軍事和經濟有關的事物，舉凡山川土地的形狀、人口的疏密、風俗的良否、民生的貧富、軍營的位置、兵工廠的情況、糧秣運輸等不論鉅細，都要詳細偵察。[101] 所有這些，都是為了日本發動大規模侵華戰爭的準備而周密制定的。

按照荒尾精的計畫，漢口樂善堂的偵察觸手要遍及中國大陸各處，包括西北與西南邊遠地區。面對中國幅員遼闊的現實，為使外員有落腳和開展活動的據點，荒尾精決定將樂善堂漢口分店作為本部，另在其他適當地方設立若干分部。其主要者有：

一、湖南分部：西元1887年設於長沙，先由高橋謙主持，後改派山內嵓負責。湖南省人傑地靈，為晚清「中興」名臣曾國藩、左宗棠、胡林翼、彭玉麟等人的出生地，人才薈萃，名人輩出，與中國未來的前途息息

---

[101] 《東亞先覺志士記傳》，上卷，第347～353頁。

第三章　漢口樂善堂大揭祕

相關。該省雖早有西方傳教士進駐，但屢次遭到當地士紳及民眾的抵制，其活動收效不大。因此，外人來此者也就不多。越是這樣，越增加了湖南的神祕感，使荒尾精感到更富有調查價值，極想完成西方傳教士所未能完成的事，即開啟這座「鐵門之城」[102]。最終由於湖南排外勢力很強，開展工作不易，荒尾精便決定將中國西南調查的據點改設在重慶。

二、四川分部：西元1888年設於重慶，將高橋謙從長沙調來主持工作。荒尾精十分看重四川分部的設立，並寄予厚望。四川乃古巴蜀之地，僻處中國西隅，形勢險峻，有天然屏障，故李白詩有「蜀道之難，難於上青天」之句。荒尾精認為，該省可成為經營中國大陸的樞要之區，選擇此處為據點，將來就是理想的舉事之地。四川分部的成員，除主持人高橋謙外，還有石川伍一、松田滿雄、廣岡安太等人，調查範圍包括四川、貴州、雲南、西藏等。

三、北京分部：與四川分部同年設立，派宗方小太郎主持。北京是中國首都和中樞機構所在地，在此設立分部，極為方便及時掌握清政府的政治動向。同時，還可以就近將調查範圍擴展到直隸、山東、山西及東北諸省。荒尾精決定派北御門松二郎、河原角次郎、井手三郎、荒賀直順等到北京，參加宗方小太郎所負責的北京分部工作。

四、天津分部：荒尾精在決定設北京分部的同時，又考慮到天津是北洋大臣兼直隸總督的常駐地，而時任此職的李鴻章又集軍事、外交大權於一身，從而使天津的地位倍加重要，所以決定加設天津分部。天津分部與北京分部一起統歸宗方小太郎負責。設天津分部還有一個好處，就是可以讓北京分部專門偵察清政府的內部情形，而讓天津分部負責直隸、山東、山西、東北各省，甚至蒙古的調查事宜。

---

[102]　戚其章、王如繪主編：《晚清教案紀事》，東方出版社，1990年，第187頁。

第三節　樂善堂漢口分店掛牌開張

五、上海分部：設在樂善堂上海分部內，由山內嵩主持，兼負責對其他分部貨品的供應。

荒尾精特別重視各分部的工作，認為分部工作成效如何，直接關係到「興亞」事業的成敗。他在給宗方小太郎的一封親筆指示信中指出：

> 對於我黨事業務必熱心奮勵，無論任事何處皆屬相同。其中尤以兄等任事彼地，其責任不得不謂為甚重。何以故？蓋彼地為他日我黨演戲之首要地方故也。此次急遽設置該部之目的，在於無論遭遇任何時勢之變遷，得以及早透露其機於未顯之先，以使我黨不失其機先也。願我兄善體此意，儘速訂定建立基礎之方案。若有所躊躇貽誤時日，則將使我黨遭遇不幸亦未可知也。強烈之事業，其關係誠屬廣泛，小之有關日本，大之有關世界。故宜自覺其責任之重大，百折不撓，小心膽大，巧裝俗態，以避內外人之疑。若受有嫌疑，則不便殊多也。各事言不盡意，至囑至囑！[103]

此信雖主要突出設立北京分部的意義，但也表明在中國大陸分設若干分部有其必要性和重要性。

在漢口樂善堂設立後的最初兩三年內，建設分部始終是其工作的重點。為此，荒尾精作為堂長，殫精竭慮，煞費苦心，對每個分部的偵察目標、活動範圍及方法等都提出了明確的要求。如對天津分部，荒尾精確定的偵察目標是：（一）「探究朝野人物及馬賊、白蓮會等的蹤跡和實情，善收其人心，以及他日能為我所用之方法。」（二）「細查豪族的系統，同時訪求他日足為我之妨害的朝野人物，以及除去彼等的方法。」（三）「偵察兵器、彈藥、糧餉、銀錢等各種水陸軍務上必要之器材物料。」（四）「偵探中國對內對外之各種處置及各種事項的計畫。」（五）「偵察各外國對中

---

[103] 〈荒尾精緻宗方小太郎親筆指示信〉，見《宗方小太郎與中日甲午戰爭》。

第三章　漢口樂善堂大揭祕

國之政略及其計畫。」對其相關事項也有具體規定。如：「該部之管轄區域：定為直隸、山東、山西、遼東。但以後得根據情況在遼東另派一幹部，使之獨立工作；或不僅限於遼東，蒙古部之設立亦有必要。」「該部之許可權：小事得適當處理，然大事及分部之設立、人員之進退等，必須經過本部計議。但有關事業上已處理之事件，須具報其理由及目的等。」「對本部之報告：每年分春夏秋冬四季進行；在冬季終了時，須將該年內各事詳細報告。緊要事件得從速報告。報告務必注意，應忌避之文字則用『假名』或暗號，不可引起一切內外人之嫌疑。」[104]

其後，荒尾精又感到對設立天津分部的規劃還太粗略，又做了新的重要補充，並提出了新的要求。其主要內容如下：

一、在天津分部的轄區內，包括北京在內共設13處分店，其名號為書藥鋪、鴉片館或客店。在天津、北京、保定府、盛京、太原府、濟南府、德州、承德府、錦州府設立書藥鋪；在平陽府、順德府、宣化府設立煙館兼客店；在山海關設立客店。並說明所以設鴉片館及客店的理由有三：「第一，以打通內外各路聯繫為首要著眼點；第二，若在不甚熱鬧的地方開設書鋪藥局，徒然耗費資金，得不償失；第三，上述設客店的地方多位於各地進京之要路，官吏、商賈往來頻繁，因此有助於接觸各種人物，多少可獲悉一些情況；尤以煙館為土人、過客或兵卒、無賴之徒的聚集之所，頗利於偵探。」

二、若想偵察特定對象，就要特別講究方法，而「方法手段不一而足，全在主其事者之如何用其智術而已」。如對待在野的不得志人士，可「派遣適當人選長期偽裝土著，審視其土俗民情，結交邑長豪族，以獲得彼等之歡心；或偵求革職、候補等官吏，以及蟄伏於巖穴間而不得志於當

---

[104]　荒尾精：〈設置天津支部的目的〉，《宗方小太郎與中日甲午戰爭》。

第三節　樂善堂漢口分店掛牌開張

世之人士，與之深訂交遊，細查其為人及其真意所在，由淺入深，由粗及密，推衣分食以表情義，千方百計以委婉曲折之手段，漸次詢以我所欲知之事，使彼知悉我之足以信賴。及至彼我之間不存一絲界限之時，始向彼探聽我所欲探求者，圖謀我所欲圖謀者」。

再如對待九龍會、哥老會、白蓮教及「發賊」餘黨之類的「不平黨」，則要採取蓄積力量的策略。「試觀中國之所謂『不平黨』，其種類殊為不少，然多為無賴者之集合體，由於無策無術，輕舉妄動，羽翼挫折，黨勢衰落，不免有支離破碎難以收拾之虞。此無他，統馭不得其人也。苟有英邁雄略一世之士為其魁首，收集黨羽，抑暴制橫，祕其蹤跡，慎其舉動，藏形於地下，暗中養其黨力，聯合統一九龍、哥老、白蓮諸會黨及『發賊』餘黨，俟籌劃成熟之後再行舉事，則其勢力無人可動搖之。故曰：探索不平黨之蹤跡不如採取提綱舉目之策，至於自始即嘯聚多數黨羽，反足以壞事，實為策之最下者也。」

又如對待「馬賊」，更須採取不同的辦法。「蓋馬賊者，以東三省中之黑龍江、吉林二省為多。其巢穴在黑龍江省三姓及吉林省長白山地方；此外自盛京省西北部起，沿長城以外，至直隸省張家口，亦時時有其蹤跡。馬賊與哥老會、白蓮教等祕密結社完全不同，無一定組織，亦無顛覆政府之雄心，或係地方土民，或係山東、北直地方無業者遠走邊外，流為匪賊，唯以搶劫行旅財物為滿足而已。然在平時，彼等亦開墾、畜牧以為生計，難以分別孰為良民，孰為馬賊。故如何利用馬賊，應與處理內地不平黨之方法有所區別。其方法為先派壯士二三名遊歷吉林、黑龍江二省，熟悉土俗民情，初步發現馬賊之巢穴後再派遣膽大而能耐苦者數人至該地，從事開墾畜牧。俟訪得其巨魁後，處理方法可大致與上述手段相同。事若至此，比之駕馭中國本部之不平黨當較易也。一俟馬賊為我掌握，可以奉

第三章　漢口樂善堂大揭祕

天府為經略東三省之本部,並在興京設立聯繫部,然後在吉林、三姓二城設立小屯所。至於自奉天至北京之聯繫照應,可由錦州、山海關的分店辦理,以資往來迅速。」

三、建立巡迴員制度。「當直隸、山西、山東、東三省四區域內店鋪配置就緒後,可在天津分部內設巡迴員兩名,預定每年在四區域內巡迴數次,與各店主任商量有關事宜,使活動方式更加靈活,以免鞭長莫及之虞。巡迴員返回天津後,應詳盡報告各分店的情況及地方情勢,然後再由天津向漢口報告,由此可詳悉掌握中國北部之形勢。」[105]

這樣,在荒尾精的精心設計和組織下,以漢口樂善堂本部為中心、若干分部和為數眾多的店鋪為聯結點,一張覆蓋中國全土的細密間諜網終於結成了。

第四節　「四百餘州探險」(之一)

在當時日本人的語彙裡,「四百餘州」指的就是中國大陸。當日本發動甲午侵華戰爭之初,其國內輿論即赤裸裸地煽動將戰火擴大到中國:「日本刀,日本膽,何不蹂躪四百州?」[106] 在這裡,是因詩的句式所限而略去了「餘」字。為發動大規模侵華戰爭,漢口樂善堂決定將偵察活動擴展到整個中國大陸。

西元 1888 年,漢口樂善堂下屬的幾個主要分部已經整備完畢,便準備進行所謂「四百餘州探險」了。按照《堂規》的規定,凡是漢口樂善堂的

---

[105]　荒尾精:〈設置天津支部的目的〉,《宗方小太郎與中日甲午戰爭》。
[106]　《日清戰爭實記》,博文館,西元 1894－1896 年,第 2 編,第 82 頁。

第四節 「四百餘州探險」（之一）

外員都要在每年春季回到本部，一來總結上一年調查工作的問題，二來研究並部署本年偵察活動的目標及人員的分派。

西元1888年春，漢口樂善堂的外員都按規定回到本部，舉行例會。恰在這時，日本駐德國公使館武官福島安正陸軍少佐[107]的來信提供了最新的歐洲動向。說起這個福島安正，他跟漢口樂善堂的關係非同一般。福島安正是一位軍事間諜。早在1882年，他就被派到中國來偵察，並一度擔任駐北京公使館武官。1885年，還向日本參謀本部提出了一份關於發動侵華戰爭的意見書。1887年，福島安正調任日本駐德國柏林公使館武官，但他同漢口樂善堂始終保持著聯繫。據當事人回憶，當時大家對福島安正的「特別通信」非常感興趣，因為透過這些信能夠及時了解歐洲的情況。這次福島安正來信帶來的消息卻是大家所萬萬沒有想到的。福島安正報告說，俄國御前會議已經決議通過興建西伯利亞大鐵路的宏偉計畫，而且這條鐵路還要向伊犁延伸。這個消息使漢口樂善堂諸人大吃一驚，一時議論紛紛。但所有人都明白，俄國本來企圖南下巴爾幹，又想窺伺印度，因遭到英國的遏阻，故將擴張的重點轉向東亞；一旦西伯利亞大鐵路建成，俄國將可從中國東北和伊犁兩個地方出兵，使中國腹背受敵，難以自保。「中國有如一棵空心的參天大樹，一經大風便會倒地枯死。但在三五年內我們不可能實現既定的方針。若俄國在此期間逐漸實施其經略東方的計畫，則我等之宿志與使命將不能完成。」[108]他們十分擔心，俄國會對中國先下手為強，使日本的侵華圖謀化為泡影。根據這一新的情況，如何防止俄國吞噬中國這一議題，倒成了這次漢口樂善堂會議討論的重點。

---

[107] 平山岩彥等人的《我們的回憶錄》記福島安正此時為陸軍中佐，應是記憶有誤。據《福島安正傳》載，福島安正是在1893年回國途中才晉升為陸軍中佐的（見《對支回顧錄》下卷，第271頁），故此時福島安正應為陸軍少佐。

[108] 平山岩彥等：《我們的回憶錄》。

第三章　漢口樂善堂大揭祕

　　當時，在荒尾精的主持下，與會的外員有：浦敬一、宗方小太郎、山內嵓、中野二郎、藤島武彥、高橋謙、白井新太郎、石川伍一、廣岡安太、中西正樹、井深彥三郎、井手三郎、荒賀直順、片山敏彥、松田滿雄、山崎羔三郎、北御門松次郎、河原角太郎、緒方二三、前田彪、大屋半一郎、高橋源助、黑崎恆次郎等，共20餘人。經過反覆討論，最後形成如下決議：

　　一、「將來俄國西伯利亞大鐵路建成後，其勢力必向中國擴張，必須採取堅定的防遏之策，並付諸實施。以此之故，最遲在十年之內『改造』中國。」

　　二、「為對俄國的東侵實行防遏方策，派遣浦敬一前往伊犁，以便臨機處置。」

　　三、「在湖南分部之外，繼在四川省重慶府設置分部，以調查中國西南地區的情況。」

　　四、「除偵察清國中央政局情況、包括北京宮廷人物行動外，還要調查遠至關外滿洲的形勢。」[109]

　　根據以上決議，在人員派遣一般不必多費斟酌，如宗方小太郎負責中國東北方的調查，石川伍一、松田滿雄、廣岡安太、山崎羔三郎四人負責中國西南諸省的調查。最難確定的是派往新疆的人選。此行要橫穿絕漠，是一項十分危險的任務。據與會者回憶，當時環顧全場，「足以擔負此重任者，除學養有素、識見卓越的浦敬一外，別無他人。浦敬一也悲壯地下了決心，挺身擔此重任」[110]。

　　浦敬一，本是九州肥前平戶藩士坂本琢左衛門的長子，襁褓中即為當

---

[109]　《對支回顧錄》，下卷，第503頁。
[110]　平山岩彥等：《我們的回憶錄》。

第四節 「四百餘州探險」（之一）

地藩士浦貞元收為養子，幼名省三，後改名敬一，字子和。少年時酷愛讀書，手不釋卷，尤愛讀南宋陳亮之遺著《陳龍川文集》。陳亮之為人，倜儻不羈，自以豪俠自居，嘗自言其所學：「研窮義理之精微，辨析古今之同異，誠有愧於諸儒；至於堂堂之陣，正正之旗，風雨雲雷交發而並至，龍蛇虎豹變現而出沒，能推倒一世之智勇，開拓萬古之心胸，自謂差有一日之長。」浦敬一每讀至此，則擊節而朗其聲，並高呼「快哉！快哉！」[111] 後進入專修學校專攻政治法律之學，為該校高材生，以優等成績畢業。當時，有朝野人士500多名參加該校畢業典禮，浦敬一代表優等生演講〈權利論〉，批判自由民權論，高倡非民權論，受到與會者的矚目。畢業後，他又一面在講耨義塾學習德語，一面從陸軍士官學校教官學習兵學，並研究用兵之道，以為他日雄飛之資。在此期間，他曾拜謁副島種臣等人，請給予指引，大受啟發，從此堅定了渡華發展之志。這時，浦敬一已小有名氣，後來與平戶出身的同鄉稻垣滿次郎、菅沼貞風並稱為「平戶三傑」。1885年冬，內閣官報局長青木貞三特別賞識他的志向，推薦到大阪內外新報社任職。此後，浦敬一便積極準備渡華。1887年秋，從長崎乘船西渡。臨行前，他曾作詩云：

君不見東漢英豪班定遠，壯圖投筆平北邊。

⋯⋯

丈夫豈無功名地，嗟他垂頭乞人憐。

俯仰感來意氣奮，叱咤驅馬舉長鞭。

朔風捲雪萬嶽震，亦以單騎入北燕。[112]

---

[111] 《東亞先覺志士記傳》，下卷，第403頁。

[112] 《對支回顧錄》，下卷，第502頁。

第三章　漢口樂善堂大揭祕

　　他一心想的是，為日本的海外擴張效命，以建功立業。到達上海後，他立即與荒尾精會面，談及東亞經綸，二人志同道合，真是一見如故。荒尾精長浦敬一兩歲，便介紹浦敬一加入漢口樂善堂。所以，這次選派前去伊犁的人員，不但荒尾精認為浦敬一是最佳人選，而且其他外員也都感到能夠擔此重任者非浦敬一莫屬了。

　　荒尾精派遣浦敬一前往新疆，其最主要的目的是做新疆巡撫劉錦棠的工作。劉錦棠是湘軍名將，曾隨左宗棠收復新疆，立下赫赫戰功。左宗棠對他的評語是：「忠勇罕儔，機神敏速，有謀能斷，履險如夷，實一時傑出之才。」[113] 劉錦棠還一度署理伊犁將軍，先是在西元 1880 年，中俄關係相當緊張，為防俄國挑起釁端，清政府曾命劉錦棠幫辦新疆軍務，協助左宗棠在新疆備戰。荒尾精對劉錦棠的經歷甚感興趣，相信憑浦敬一的三寸不爛之舌，以聯合防禦俄國東進為由頭，可以說動劉錦棠聯日抗俄，甚至打進劉錦棠的帳下成為幕僚，在中國的西部邊陲安插一顆釘子。[114] 荒尾精的如意算盤倒是打得不錯。基於以上宗旨，他為浦敬一的新疆之行做了周密的安排：先派藤島武彥、大屋半一郎二人攜帶價值 1,000 餘元的書籍及雜貨，到蘭州府創辦商店，以所得的貨款作為浦敬一西行的經費；浦敬一隨後出發，再加派北御門松二郎、河原角次郎做助手，與藤島武彥、大屋半一郎二人在蘭州會合。

　　除了勸說劉錦棠聯日抗俄外，荒尾精還給了浦敬一八項任務[115]：

　　第一，調查俄國軍隊進入新疆的路線，如伊犁路、阿克蘇路、塔爾巴哈臺路、喀什噶爾路等的情況。

---

[113]　《左宗棠全集》，奏稿六，嶽麓書社，1992 年，第 511 頁。
[114]　《東亞先覺志士記傳》，下卷，第 383 頁；王振坤、張穎：《日特禍華史——日本帝國主義侵華謀略諜報活動史實》，卷 1，群眾出版社，1987 年，第 41 頁。
[115]　《東亞先覺志士記傳》，下卷，第 384～385 頁。

第四節 「四百餘州探險」（之一）

第二，調查新疆邊防線一帶的地形及氣候情況。

第三，調查新疆回教徒、喇嘛教徒的分布狀況，了解屯墾兵士、各類流放人等的情況，並研究他們如何能為我所用，以確定招攬彼等方法。

第四，調查清政府對俄國的防禦措施、兵力配備，以及對漢回民眾的現行政策和開墾、牧畜的獎勵辦法等。

第五，調查清政府對新疆的年度經費支出及其財政來源，包括對當地人和屯墾兵採取何種稅法。

第六，調查新疆各地牧畜、農耕、商業和各種物資的庫存情況，計算出全疆物資庫存的數量，以及清政府與俄國發生戰爭時如何保證物資的運輸與供應。

第七，調查新疆各地的主要通路，並結交當地漢回人士，以便為在新疆設立分部進行人事準備。

第八，調查在新疆經營牧畜、開墾及商業等各項事業的可行辦法，以便為本部向新疆派遣分部幹部提出經費預算。

不僅如此，按照荒尾精的設想，最理想的情況是，若浦敬一新疆之行任務完成得十分圓滿，則在返程時，經南疆地區進入西藏，調查與英屬印度及緬甸交界一帶的地理形勢，從而研究防禦英軍自印度或緬甸進入西藏的方案。荒尾精建功心切，未免急於求成，對浦敬一此行的困難和危險都猜想不足。這就決定了此次使命很難完成。

6月18日，浦敬一同北御門松二郎、河原角次郎離開漢口北上。浦敬一在漢口樂善堂成員中歲數偏大，又素為眾人所佩服，然此番心中無底，前途莫測，不免有一絲淒涼之感暗上心頭。前一夜，荒尾精擺酒為浦敬一等送行。當酒酣耳熱之際，浦敬一賦古詩一首，有句云：

第三章　漢口樂善堂大揭祕

疏狂漫懷蓬桑志，落魄江湖何所依？
……
兒也茲去千萬里，漂跡恰似水上萍。
茫茫關山雁書絕，不知何時侍雙親。
仰訴天兮天不應，俯訴地兮地無聲。
徬徨回首何所見？陰雲漠漠漢水濱。[116]

詩調低沉，似有一種不祥之預感。宗方小太郎在旁聽了，急忙為他打氣，提筆亦書古詩一首〈送浦敬一、北御門、河原三子赴伊犁〉：

君鞭白馬走天涯，我棹扁舟入渤海。
時勢變遷難預知，把臂交膝豈復期？
想君北出邊關時，天山草木盡秋聲；
萬里平沙連大陸，無限客路多辛酸。
胸間靜蓄十萬師，腰下斜掛斬蛇劍；
事成應併吞北陸，不成沙漠埋其骨。
大道與君相追隨，鬼神此時泣壯烈。[117]

浦敬一一行三人辭別荒尾精等上路，冒炎暑跋涉前進，總算到了蘭州。按原先的計畫，藤島武彥和大屋半一郎先抵蘭州，賃屋開店，為浦敬一等籌足西行的經費。但是，浦敬一、北御門松二郎、河原角次郎在蘭州空等了30天，始終沒見到藤島武彥、大屋半一郎二人的蹤影，不禁開始焦急。這究竟是怎麼一回事？原來藤島武彥、大屋半一郎在漢水上乘船遇盜，貨物被搶，無奈滯留襄陽，未能及時趕到蘭州。浦敬一無法繼續等

---

[116]　《對支回顧錄》，下卷，第 503 頁；《東亞先覺志士記傳》，上卷，第 387 頁。
[117]　《對支回顧錄》，下卷，第 361 頁。

第四節 「四百餘州探險」（之一）

待，只得讓北御門松二郎、河原角次郎兩位助手返回北京，他自己則回到了漢口。此次新疆「探險」的計畫流產了。

本來，荒尾精也好，宗方小太郎也好，都對浦敬一等新疆之行寄予厚望。結果半途而廢，北京分部的北御門松二郎、河原角次郎二人又被打發回來，使宗方小太郎極為不滿。於是，究竟派誰去繼續新疆之旅，一時成為樂善堂諸人爭論的焦點。浦敬一要求二次西行，宗方小太郎則提議改派精通漢語的石川伍一去，因此二人發生爭執。荒尾精多方調解，反覆權衡，最終還是決定派浦敬一本人繼續完成使命，並加派藤島武彥做其助手。

西元 1889 年 3 月 25 日，浦敬一化名宋思齋，藤島武彥化名宋克己，皆改著華裝，扮成行商，攜帶書籍、雜貨等，自漢口乘船溯漢水北上。出發前，荒尾精明確指定了他們的行程路線：

> 離漢口後，出襄陽，經荊紫關，過藍田至西安；再出鳳翔入甘肅省境，取道秦州（今天水）、狄道州（今臨洮）至蘭州；再出嘉峪關，經玉門縣，越過沙漠至哈密，復經吐魯蕃，於烏魯木齊觀覽後至伊犁；再經塔爾巴哈臺（今塔城）至烏拉雅蘇臺（今阿爾泰以北地方）；又回頭取向天山，出阿克蘇，至喀什噶爾（今喀什）；再經葉爾羌城（今莎車）、和田，越過崑崙山進入西藏；調查前藏、後藏完畢後，出四川打箭爐（今康定），經成都至重慶。若行程順利，計畫不變；若行程有阻，可不去西藏，轉經內蒙古，出北京返回上海。一切按實際情況，見機行事可也。[118]

浦敬一、藤島武彥二人乘船行 850 餘公里，又轉為陸路，越過險峻的終南山，於 5 月 8 日到達西安府。按預定計畫，在西安將貨物賣掉，將貨

---

[118] 《對支回顧錄》，下卷，第 505 頁。

第三章　漢口樂善堂大揭祕

款作為西行的經費。6月9日，他們離開西安向西出發。直到9月，才到達蘭州。兩人隨帶經費本不寬裕，從西安到蘭州一路竟走了3個月，花費殆盡，此時盤纏只剩下七十幾兩銀子了，根本不夠兩個人所用。兩個愁思無計，最後商定分給藤島武彥18兩白銀折回漢口，由浦敬一一人攜帶餘下的50多兩白銀繼續其新疆之行。於是，兩人在蘭州城外握手而別。不料浦敬一從此卻蹤跡杳然了。

浦敬一在西行途中失蹤，下落始終不明，但他的經歷卻經一些「興亞志士」著意渲染，演繹成「單騎萬里度絕漠」的故事，從而編造了種種傳說，也出現了種種猜測。例如：

傳說之一：其後，聽到曾在甘肅布道的一位英國傳教士說：「當年在老子曾經出走不知所終的萬里長城最西端嘉峪關，遇到過一位騎驢西行的旅行者。那人行裝雖汙穢不堪，然面目清秀，像是學生神氣。」據此，樂善堂的一些成員推測，此人必是與藤島武彥分袂而西行的浦敬一。[119]

傳說之二：或稱浦敬一後來混入蒙古牧民中，準備懷柔剽悍的蒙古王公、旗主，以待將來實施「大陸雄飛」方策之時；或稱浦敬一已進入西藏，幫助喇嘛收攬人心，將大權集於一身。認為傳說不一，當非空穴來風。[120]

傳說之三：浦敬一到了緬甸，又同緬甸豪族的一位千金結婚，並且生有一子，即在緬甸長住下來。後去印度，因參加一次起事而喪命。[121]

如此等等，已經難以稽考。後來宗方小太郎所撰〈亡友招魂碑〉，稱浦敬一「萬里度絕漠，深入新疆地」[122]，雖有溢美的成分，但肯定浦敬一

---

[119] 平山岩彥等：《我們的回憶錄》。
[120] 《東亞先覺志士記傳》，上卷，第393～394頁。
[121] 《東亞先覺志士記傳》，下卷，第405頁。
[122] 《東亞先覺志士記傳》，下卷，第394頁。

死了。為什麼說宗方小太郎有溢美之嫌呢？因為浦敬一是否進入新疆有待商榷，也無從證明。最大的可能是，他是死於自蘭州西行的途中。或在沙漠中迷失道路，魂斷絕漠；或因中文太差而露出馬腳，為人所害。浦敬一曾作〈失題〉詩，其前四句云：

人生不滿百，在世如過客。

何事營營爭枯榮？不識骨朽復無跡。[123]

沒想到竟這樣被自己言中了。

浦敬一西行不返，宣告了荒尾精的新疆計畫破產。

第五節 「四百餘州探險」（之二）

針對俄國宣布建造西伯利亞大鐵路，荒尾精未雨綢繆，連下兩步棋：一是派浦敬一去新疆，一是派宗方小太郎去東北。宗方小太郎贈浦敬一詩「君鞭白馬走天涯，我棹扁舟入渤海」之句，即指此而言。雖然浦敬一在西行途中失蹤，宗方小太郎在東北的調查卻基本達到了目的。

宗方小太郎是肥後宇土藩士宗方儀後衛門（後改名莊藏）的長子，字大亮，因後來負責樂善堂北京分部而坐鎮北京，故自號北平。少時即從藩儒草野石瀨學習漢籍，最喜讀史書。後為佐佐友房所知，對其頗為賞識。當時，佐佐友房正主持熊本濟濟黌，培養有為青年，將他們的志向引向中國大陸，以實現其「興亞」思想。宗方小太郎也仰慕佐佐友房之為人，受其影響頗深。按年齡，佐佐友房長宗方小太郎10歲，說不上忘年，也在

---

[123]《東亞先覺志士記傳》，下卷，第406頁。

第三章　漢口樂善堂大揭祕

師友之間；論友誼，志趣相投，堪稱莫逆之交。試看佐佐給宗方的私信〈示宗方大亮書〉：

> 吾年二十興一鄉，三十興一縣，四十、五十欲興一國，而六十、七十及宇內也。以君子之心，行英雄之事，文武一致，剛柔兼濟，以護持皇室於無窮，宣揚國威於八表——平昔所自期如此。嗚呼！吾雖不敏，請終始生死，從事於茲矣。言頗傲慢，以故未敢示人也。余持書此，以贈大亮吾兄，蓋信識吾之深也。老兄若愛吾，慎勿示諸他人。至囑至囑！[124]

佐佐友房相信宗方小太郎對自己相知之深，都志在「護持皇室於無窮，宣揚國威於八表」，而且決心「終始生死，從事於茲」，故敢對其道不足為他人道之事，可見他們的交情確實非同一般。正是由於與佐佐友房的這種關係，宗方小太郎才成為了對華間諜。

西元1884年夏秋之交，法國政府見在越南的軍事行動逐漸得手，欲乘勝擴大侵略，將戰火燃燒到中國本土，於是中國東南沿海一帶首當其衝，成為抗法的前線。法國艦隊先是登陸臺灣基隆，全殲福建水師於馬江，繼而封鎖臺灣海峽，東亞人局又為之一變。當時，日本的「興亞志士」紛紛來華，企圖乘機一展抱負。同年10月，佐佐友房帶宗方小太郎及佐野直喜來到上海。佐佐友房此次滯留中國兩個月。透過多方觀察，認為日清關係至為重要，應及早規劃，制定未來的方策。佐野直喜熟悉漢語，因受日本陸軍委託，到山東煙臺活動。宗方小太郎則繼續留在上海，一面擔任熊本《紫溟新報》通訊員，一面與山內嵓、荒賀直順、隱岐嘉雄等入於東洋學館進修中文，並研究中國問題。東洋學館停辦後，他又蓄辮著華裝，跋涉華北九省，進行各方面的調查。特別是東三省之行，正值降雨季

---

[124]　《對支回顧錄》，下卷，第355頁。

第五節 「四百餘州探險」（之二）

節，河水氾濫，地廣路險，縱橫數千里，全靠徒步而行。如此3年，宗方小太郎獲得了大量調查資料，寫成長篇紀行。[125]

時過3年，宗方小太郎奉派再度赴東北調查。與浦敬一調查新疆失敗不同，宗方小太郎此行較為順利。事實上，宗方小太郎早就做好準備，應該說在這次漢口樂善堂外員會議的前一年就完成了任務。因為清政府營建旅順口作為北洋海軍的基地，到西元1886年海岸炮臺已經竣工，船塢建設也進入關鍵的施工階段。同年，總理海軍衙門事務的醇親王奕譞北洋大臣李鴻章等巡閱北洋海防，便親自到旅順檢查過船塢工程。時人稱此項工程為「海軍根本」[126]，對當時中國海防建設的重要意義不言而喻。故後來李鴻章奏稱：「嗣後北洋海軍戰艦，遇有損壞，均可就近入塢修理，無庸藉助日本、香港諸石塢，洵為緩急可恃，並無須糜費巨資。從此量力籌劃，逐漸擴充，將見北洋海軍規模足以雄視一切，渤海門戶深固不搖。其裨益於海防大局，誠非淺鮮。」[127] 日本軍事情報部門也早就盯上了作為北洋海軍重要基地的旅順。正由於此，宗方小太郎主持北京分部的工作後，即準備親自去偵查旅順也就很自然了。

宗方小太郎作為一名日本間諜，不但是「大陸雄飛」的實踐者，而且此時已經形成了一套怪誕的「興亞」理論。這是他與一般「興亞志士」的主要不同之處。試讀一下當時宗方小太郎給另一大陸浪人熊谷直亮所寫的長信，便可瞭然於胸了。在這封自題為〈狂夫之言〉的長信中，宗方小太郎首先指出東亞正處於危急存亡之秋：

---

[125] 《對支回顧錄》，下卷，第360頁。按：宗方小太郎的〈華北紀行〉、〈東三省紀行〉原稿，後存放於漢口東肥洋行，1903年一場大火使之化為烏有。
[126] 《中日戰爭》(中國近代史資料叢刊)，上海人民出版社、上海書店出版社，2000年，第1冊，第53頁。
[127] 《李鴻章全集》，奏稿卷69，海南出版社，1997年，第34頁。

第三章　漢口樂善堂大揭祕

　　試拭目觀看宇內大勢，德義拂地，道理乖亡，滔滔天下以優勝劣敗為真理，轉噬攘奪，優者為所欲為。雖有萬國公法，終不過強國之私法，有內為夜叉而外裝佛陀者，有左手撫之而右手刺之者，有表示不奪而奪之者，權謀術數愈出愈奇，殆使人不可加以端倪。當此時也，我亞細亞之全域性危如累卵，有眠者，有醉者，有窮者，有困者，見此光景者誰不寒心乎？明瞭此現狀者誰不奮勵乎？回顧英奪印度，略緬甸，割阿富汗，占香港，窺波斯，朵頤西藏；葡踞瑪港；西班牙取呂宋；荷蘭略爪哇；法領安南；俄施奸謀於樺太，逞毒鋒於土國，覬覦朝鮮，割滿洲，窺伊犁，垂涎蒙古，近來中亞細亞鐵路已達撒馬爾罕，西伯利亞鐵路不久將竣其功。嗟！岌岌乎危哉！

　　以上所述誠為事實，問題是亞洲的出路何在。宗方小太郎認為：「熟按我亞細亞洲幅員之大，生民之聚，物產之富，實為彼歐洲之數倍，而受白人之凌辱如斯者，雖曰天運，抑又有人事所未盡者也。」那麼，如何才能盡人事？他對日本的現狀極為不滿：「其外交政略之卑屈怯懦，國內施政之變化無窮，所謂國是者尚未一定，措置錯亂殆已處於不可收拾之勢。廟堂之諸公多沉溺於富貴，苟且偷安，無一足為國家之重者。」因此，對於日本來說，當務之急是「為邦家策劃遠謀」。何謂「遠謀」？他這樣寫道：

　　予竊謂邦家現況如此，亞細亞之大勢又如此，以尋常之策處於此間終不可及也。唯有視亞洲如一家，為亞洲之事如為我之事，在於以復興自任，以興其大局謀求帝國之安全。古人曰：「以四鄰守國。」予亦曰：「欲救邦家今日之急以謀無窮之獨立，宜立於日本以外之地，在於興日本以外之地，以修邦家之藩籬，希求邦家之無事。」聞此言者皆曰，棄內馳外，不分本末。予謂曰不然。今日之事不可拘於一部一局，當此大局已傾覆之時，雖望一區域性之安全豈可得乎？目今之急，不在日本一區域性之急，

第五節 「四百餘州探險」（之二）

而在亞細亞大局之急也。如置大局於腦後而專局促於一隅，則大勢所趨，雖有虎賁百萬又焉能防之乎？然則我之對策如何？曰：在於匡治亞洲頭腦之腐敗。所謂頭腦者何？中國是也。

宗方小太郎提出的對策是，首先「匡治」中國，即解決中國的問題。對於「匡治」中國的唯一辦法，他認為只有「取而代之」：

中國之隆替有關亞洲全域性之休戚最切，是以欲興亞洲，非先興中國不可。是乃形勢之不得不然者也。今視中國之情況猶如病入膏肓，雖有扁鵲亦不可治之。朝野滔滔狂奔於名利之途，至於天下國家之事，則漠然無知者。如何使之足以成為亞洲之盟主乎？中國之不興猶如亞洲之不興，雖導之而不變，說之而不從，如何方可乎？中國對我之宿怨深於海，聯合之策可言而不可行。毋寧假借事端之名義，出兵與之作戰，以取而代之。至於在推倒之時，或將不得不殺戮蒼生數萬人，並擒其國王。事雖近乎凶殘，但此舉並非為個人之功名私利，畢竟為亞洲之真理，係大義名分之所許也。

在宗方小太郎看來，要「匡治」中國，必須靠戰爭解決問題。就是說，製造藉口出兵中國，占領北京，擒清帝而取而代之。只有這樣，中國才能振興。不過，這還是「興亞」的第一步。下一步又當如何？他又進一步指出：

在中國獲得振興後，可打破亞洲各國之酣睡，使其知曉大義之所在，養其國力，鼓其元氣，以驅逐彼貪婪無厭、橫暴狼戾而長期在我亞洲地域上跳梁跋扈之殘暴歐洲人。是乃興亞之第一著也。若歐洲人占我亞洲一寸之地，即我一寸之恥辱也。更何況已大半為其所占乎？唯願盡亞洲之全力與歐洲進行一大決戰，以懲處其多年之積惡，使之非仰仗於我不可。蓋此

第三章　漢口樂善堂大揭祕

舉非特為復仇也，僅在使其知亞洲之威力，斷絕其再以強凌弱之貪念而已。[128]

從宗方小太郎的這封長信看，他不愧為一位「東亞先覺志士」。在信中所提出的「興亞」方策，當時可能和者甚寡，但後來卻為日本歷屆當政者所奉行。時至今日，日本國內宣揚侵略史觀者仍大有人在，甚至叫嚷日本當年發動的所謂「大東亞戰爭」是「解放」亞洲國家的戰爭，這固然反映了此輩根本不知天下有羞恥事，但也可由此看出他們正是宗方小太郎衣缽的忠實繼承者。

宗方小太郎既以「推倒中國」為己任，深知只有侵略中國的戰爭才能解決問題，所以他決定要及早偵察旅順口及其後路乃至遼東腹地。宗方小太郎此番遼東之行順利，這是因為：他曾長期調查中國東北，十分熟悉情況，得以駕輕就熟。此其一。何況宗方小太郎是一位「中國通」。他的女婿宗方丈夫回憶說：「他是數目眾多的『中國通』之第一人。」[129] 宗方小太郎也十分了解中國風土人情，與人接觸彬彬有禮，顯得極其謙恭和藹。他的得意門生波多博回憶說：「當時所謂『中國通』或大陸浪人，有許多都非常粗野，酗酒，好說大話，而宗方先生絕無這種情況。」[130] 顯然，這有助於贏得人們的好感，更容易隱蔽自己的真實目的。此其二。更為主要的是，宗方小太郎這次東北調查，是以「學生」的身分，而且是經日本駐北京臨時代理公使梶山鼎介函請總理衙門批准，並批給遊歷護照，其行為是公開的，也是合法的。此其三。

---

[128]　宗方小太郎：〈狂夫之言〉，見《宗方小太郎與中日甲午戰爭》。
[129]　宗方丈夫：〈憶亡父宗方小太郎〉，見《宗方小太郎與中日甲午戰爭》。
[130]　波多博：〈談宗方先生〉，見《宗方小太郎與中日甲午戰爭》。

第五節 「四百餘州探險」（之二）

宗方小太郎

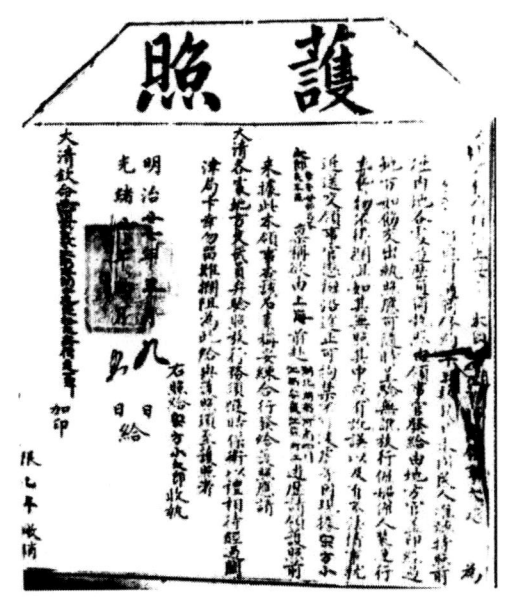

宗方小太郎在中國從事間諜活動時使用的合法護照

第三章　漢口樂善堂大揭祕

宗方小太郎的「遊覽」計畫雖得到總理衙門的批准，但負責北洋海防的李鴻章卻以金州、旅順防區為軍事要地，阻止這位日本「學生」到此「遊覽」。現有李鴻章於光緒十三年五月二十九日（西元1887年7月19日）給旅順營務處直隸候補道劉含芳的飭札為證：

> 五月二十二日準總理衙門諮開：「光緒十三年五月十六日準日本署公使梶山函稱：本國學生宗方小太郎稟，擬於本月初十日、即中曆二十日出都，經通州、三河、薊州、玉田、永平（今河北盧龍）、臨榆（原駐山海關西口）、寧遠（今遼寧興城）、錦州、奉天（今瀋陽市）、遼陽等處，抵九連城（今丹東市東北），取道大姑（孤）山（今莊河市東北）、金州、旅順、復州、蓋平（今蓋州市）、海城，出牛莊（今營口東北），由水路回天津，日程約三個月。函請發放護照，沿途放行等因前來。除由本衙門繕就護照，札行順天府蓋印發給收執外，相應諮行貴大臣查照，於該學生過境時，飭屬照條約保護，並將入境、出境日期諮覆本衙門備查可也」等因到本閣爵大臣。準此。查日本學生宗方小太郎由九連城等處取道大姑（孤）山，經金州、旅順，再由牛莊回津。如該學生經過金州、旅順，欲往各防營遊覽，即照案妥為阻止。合行札飭。札到，該道即便移行各防營一體查照。此札！[131]

但是，李鴻章的飭札究竟能有多大的影響，值得懷疑。事實上，這樣一紙札文並不能真正阻止宗方小太郎潛入駐軍的防區。宗方小太郎完全可以裝扮為商販進入營地。這是許多日本間諜慣用的伎倆，宗方小太郎本人也多次這樣做。正由於此，西元1888年春漢口樂善堂的外員會議所作出的決議，才強調北京分部的工作是主要「偵察清國中央政局情況，包括宮

---

[131]〈北洋大臣李鴻章飭總理北洋海軍軍械兼旅順軍械事宜直隸候補道劉含芳劄〉，見《宗方小太郎與中日甲午戰爭》。

第五節　「四百餘州探險」（之二）

廷人物行動」。

宗方小太郎在漢口送別浦敬一後，乘船到上海，北行前先回國省親，然後返回北京，繼續主持北京分部的工作。此後，宗方小太郎「自觀察清國中央政府之動靜起，以至調查直隸、山東、山西、遼東等省，同時聯繫樂善堂諸同仁，殆無虛日。偶爾尚須親自上街推銷上海樂善堂提供的書籍、藥品等，以盡力為在通衢開設商店而籌措經費。他當時在日記中寫道：『此日下午起，余與汪某攜帶書籍出，至崇文門外路旁擺攤賣書。這在日本乃最下等之商人所為，心中暗自好笑。噫！大丈夫或時為乞丐、為奴僕、為小吏、為商販，或為立於廟堂雄視宇內之英雄，或為仁人君子，皆隨時勢而浮沉，雖出沒似無常，而一片至誠之念則貫穿萬古也。』」[132]在此期間，宗方小太郎透過各種途徑，獲取了大量有關清政府最高決策層的機密情報，從而為日本後來發動大規模侵華戰爭提供了重要的決策依據。當時，他作有一篇題日〈寄燕京諸君〉的七言古詩：

落花時節辭歇浦，放浪今尚滯天涯。
十年落拓君休笑，胸裡常蓄一片奇。
草鞋曾凌岱嶺頂，匹馬遙飲鴨水湄。
此行不知何所得，懷抱只有哲人知。
君不見東洋今日太多事，邦家前途累卵危。
先則制人後被制，畢竟此言不我欺。
誰取禹域獻君王，誰掃邊塵綏四陲？[133]

此詩中的最後六句，概估了他所寫給熊谷直亮的長信。其中，「誰取

---

[132]　《對支回顧錄》，下卷，第 362 頁。
[133]　《對支回顧錄》，下卷，第 363 頁。

禹域獻君王」一句最值得注意。「禹域」乃指中國。「君王」，日本天皇也。這句詩自然會使人們想起日本海外擴張論的鼻祖豐臣秀吉。早在西元1577年，豐臣秀吉便發下弘誓大願：「席捲明朝四百餘州，以為皇國之版圖。」到1592年，他更提出明確的計畫：翌年占領北京；後年遷都北京，請天皇行幸明都。[134] 可見，宗方小太郎的「狂人之言」並不是興之所至口頭說說而已，而是要採取「先發制人」的手段滅亡中國。其侵略狂想真是達到了無以復加的地步！

第六節 「四百餘州探險」(之三)

根據西元1888年漢口樂善堂外員會議的決議，對中國西南諸省的調查，由四川分部來負責完成。石川伍一、松田滿雄、廣岡安太、山崎羔三郎（係臨時加入）四人成為當然的人選。他們的分工是，石川伍一、松田滿雄負責四川全省的調查；山崎羔三郎負責貴州、雲南二省的調查；廣岡安太則專門從事西南苗族地區的調查。這樣，他們便分三撥先後出發了。

第一撥是石川伍一和松田滿雄，兩人結伴而行。石川伍一是日本秋田縣人。少時即習漢籍，後入「興亞」學校專習漢語。這所「興亞」學校乃是一幫所謂「東亞先覺者」們創辦，標榜「興亞主義」，成為當時「大陸雄飛志士」之淵藪。石川伍一處此環境，耳濡目染，更堅定了「興亞」的決心。西元1884年，19歲時的石川伍一乘船渡海來到上海，投奔海軍大尉曾根俊虎，一面進修漢語，一面研究中國問題。後從上海北上，寄身日本駐煙臺代理領事東次郎處，專門研究中國問題。1887年，石川伍一得知荒

---

[134] 戚其章：《國際法視角下的甲午戰爭》，人民出版社，2001年，第3、5頁。

第六節 「四百餘州探險」（之三）

尾精在漢口開設樂善堂分店，急忙前往加入。松田滿雄是細川藩士族松田七十郎的長子，也曾從藩儒學習漢籍。1886年來華，投漢口樂善堂。1887年，曾長期從儒學大家俞樾學習的漢口樂善堂成員吉澤善次郎，到貴州調查下落不明。消息傳來，松田滿雄挺身去貴州尋找，行至苗族地區，被發現形跡可疑，遭到攔阻盤問；又因講不成幾句連貫的中文，便裝成是不善口舌的老實讀書人，蒙混過關，僥倖逃回了漢口。此番接受前次的教訓，荒尾精命熟悉中文的石川伍一與松田滿雄結伴，正是為了避免重蹈覆轍。

兩人出發之前，石川伍一反覆考慮了這次調查任務，認為除了調查全川外，還需確定兩個重點目標：一是四川南部的苗族狀況；一是西藏地區的牧場。他有一個設想，就是在西藏的牧場經營畜牧業，以便為漢口樂善堂賺取調查經費。另外，他甚至還有一個更深遠的考慮，即如果畜牧業計畫擱淺不行，則仿效三國故事，據有四川，在巴蜀奠定立國基礎。[135] 這次他們在四川盆地繞了一大圈，並且還深入到西藏東部。途中幾次遇到危險，遭到過當地少數民族人民的包圍，也曾遭到當地官府的逮捕，每次都是石川伍一靠謊話而逃脫困境。最後，兩人完成了《四川調查報告書》，並附有極其詳細的地圖，為日本政府第一次提供了關於四川的詳盡資料，填補了日本對華情報蒐集工作中的一項空白。

第二撥是廣岡安太一人。廣岡安太是九州熊本人，字子龍。[136] 幼時從藩儒學習。稍長，因受到熊本「興亞」思潮的影響，萌發了「大陸雄飛」之志。西元1886年乘船來到上海，寄居在城內馮國鈞家中，專門學習中

---

[135] 平山岩彥等：《我們的回憶錄》。
[136] 《對支回顧錄》、《東亞先覺志士記傳》二書所收之〈廣岡安太傳〉，皆未提到廣岡安太之字。茲查石川伍一有〈廣岡子龍一別無音信〉詩：「獨眼睨今古，壯心吞九州。探幽滇黔路，何處追鵬遊？」廣岡安太一目失明，故雲「獨眼睨今古」；廣岡安太在貴州調查時失蹤，故有「探幽滇黔路」二句。可知石川伍一所想之廣岡子龍，即廣岡安太，子龍其字也。

第三章　漢口樂善堂大揭祕

國時文與日常會話，歷時兩年。馮國鈞，字相如，廣東人，時年已七十，曾擔任中國駐日本橫濱副領事，精通日語和英語，對廣岡安太幫助極大。1888 年，廣岡安太離開馮國鈞家，到華北各省遊歷，以考察山川形勢及風俗人情。事有偶然，途中巧遇荒尾精。當時，荒尾精正到處招攬大陸浪人，便向廣岡安太介紹漢口樂善堂的宗旨與活動。廣岡安太大為高興，情願投其門下。從此，廣岡安太便成為漢口樂善堂的一名外員。

　　西元 1889 年，廣岡安太與高橋謙、石川伍一、松田滿雄同赴重慶，以開店販賣藥品、書籍為掩護，從事調查活動。廣岡安太等讀顧炎武《天下郡國利病書》頗受啟發，以周遊四方為志。同年 4 月，他隻身離開重慶，向預定的目的地貴州苗族地區出發。廣岡安太一目失明，然自視甚高，傲視一切，所以石川伍一稱他「獨眼睨古今，壯心吞九州」[137]。臨行前，廣岡安太曾吐露自己的如意打算，就是準備長期潛伏於雲貴山區，「置身於清朝化外之民的苗族之中，糾合苗族發動暴亂；若機緣湊巧，則爭取成為苗族頭人的贅婿，有朝一日作為苗族首領經略西南諸州」[138]。正所謂「機關算盡太聰明，反算了卿卿性命」！結果機關被一戳穿，身分暴露，一命嗚呼。半年多以前，宗方小太郎自漢口北行時，廣岡安太曾作〈送宗方大兄北遊〉詩相贈，內有「飄寒雨露練筋骨，跋涉河山見大觀。君須好風浮海澨，我吟殘月倚欄杆」[139]之句，意謂祝其一路順風，等待其平安消息。當時，他還未料到自己倒先成為異鄉之鬼了。

　　第三撥也只有一個人，即山崎羔三郎。山崎羔三郎是福岡藩士白水清八的三子，幼名濯，後改名羔三郎。西元 1884 年，21 歲時的羔三郎按其

---

[137]　《東亞先覺志士記傳》，下卷，第 51 頁。
[138]　平山岩彥等：《我們的回憶錄》。
[139]　《對支回顧錄》，下卷，第 500 頁；《東亞先覺志士記傳》，下卷，第 717 頁。

第六節 「四百餘州探險」（之三）

祖母的意志，出繼御笠郡（今筑紫郡）山崎茂一郎家，因以山崎為姓。少年時曾師事老儒海妻甘藏、筒井勝，學習漢籍；又進入英語學校學習英語。「夙懷四方之志，廣交天下志士，被稱為福岡玄洋社青年三傑之一」。此時其「大陸經綸」思想已初步形成。1885年遊學東京，入泰西學館，於學習英語之餘暇，造訪都下名士論客，討論時事。當時，「日本朝野政客醉心於黨爭，無敢倡導東亞大計者，山崎為之慨嘆不已」[140]。一次，山崎羔三郎偶與荒尾精邂逅，聽其暢論「興亞」之策，與自己所想正不謀而合，大有相見恨晚之感，於是決定到中國大陸一闖。1888年秋，山崎羔三郎被同縣前輩玄洋社頭目平岡浩太郎派來上海，先跟隨馮國鈞學習南京官話，隨後又投漢口樂善堂研究中國問題。

到西元1889年初，山崎羔三郎的髮辮漸長，中文也比較熟悉了，便決定開始西南調查之行。他化名常致誠，字子羔，裝扮成中國人，或為藥行商人，或為遊方郎中，或為卜卦算命者，甚至為討飯的乞丐，一直深入到雲、貴二省的險塞荒陬之區。這些地方多為日人所從未到過之處。此行歷時近一年，於當年年底返回漢口。翌年初，山崎羔三郎再次南行，深入廣西、廣東兩省調查，歷時半年回到上海。

山崎羔三郎這次花一年半的時間深入雲貴、兩廣調查，有一個重要的目的，就是尋找可以作為起事根據地的方地。1888年12月30日，即山崎羔三郎赴雲貴調查的前5天，他曾寫信給福岡的胞兄白水致稱：

> 拙弟所從事的事業至艱至難，係圖亙古未有之大事，故須甘願承受千辛萬苦。然開其端緒極難，進退稍有不慎，必將付諸東流。誠為此焦心至極，靜時千思萬慮，拙弟心中已決。我同志者所欲成就之事，第一位的目標是尋找一根據地。然而，此根據地即割據地，中國雖地域遼闊，然得之

---

[140] 《東亞先覺志士記傳》，下卷，第472頁。

第三章　漢口樂善堂大揭祕

實非易事。拙弟竊不謂然。若周遊各地，一心尋求，必有邊境政化不開之地，地理風土良好之處，占而據之，集天下志士好漢於此，生養之，訓練之，伺機舉事，亦何難哉？方今經常思慮之事，是必須趕快壓服腐敗的清廷。然目下時機尚未成熟，選擇南方或北方一時難作決定，來年初夏大抵可有眉目。中國北方（此指東北）土地肥沃，便於機動應變，得之亦易，然此處為清廷創業之地，政化兵機非他處可比，潛伏其地營建根據地甚難。因此，為今之計，轉向南方尋找較為穩當。本年中，即決心孤劍飄然漫遊南方。來年決然南遊，窺探其地理形勢，調查其地利所在，用意即在於此。昨 29 日歸堂，今年只剩一天，故決定明年 1 月 4 日啟程。此番南行，雲煙萬里，涉湖南之水，越貴州之山，過雲南之野，穿廣西之森林，行福建之荒郊，入虎狼豺豹之窟，遊猛獐（原注：貴、雲、桂所居蠻人之稱）苗蠻之巢，徬徨於瘴癘毒霧之間，決心務必達到目的。雖前途渺茫，難保無虞，若得神明加護，上天保佑，來年中將重返上海。[141]

從山崎羔三郎這封致胞兄的信中可以看出，他南遊的主要目的是尋找將來起事的根據地。就這一點來說，他並未達到預期的目的。特別是到西元 1890 年後，日本政府的侵華方針有重大變化，樂善堂諜報中心也隨之轉移，尋找起事根據地已經成為不必要的任務。

第七節　撩開日清貿易研究所的面紗

荒尾精來華 3 年，透過漢口樂善堂成員的大量實地偵察活動，竊取了多方面的重要情報，從而感覺到對華謀略諜報工作有必要進行適當的調

---

[141]　《對支回顧錄》，下卷，第 570～571 頁；《東亞先覺志士記傳》，下卷，第 374～376 頁。

第七節　撩開日清貿易研究所的面紗

整。3 年來，在他的主持下，漢口樂善堂的調查工作主要側重於政治、軍事方面。也就是說，他的主要工作是為了未來的兵戰。了解中國內外形勢幾年後，他逐漸意識到，為兵戰早做準備是必要的，但卻是不夠的，必須採取兵戰與商戰並重、以商輔兵的方針。

西元 1889 年 4 月，荒尾精返回日本，為實施他的以商輔兵方針展開活動。此前，他將從中國所獲得的情報資料分門別類整理、分析研究，寫成了一份長達 2 萬餘字的調查報告。回國後，他將這份調查報告作為〈覆命書〉呈送日本參謀本部。〈覆命書〉認為：「觀清國朝政之現狀，承二百餘年之積弊，上下腐敗已達極點，綱紀鬆弛，官吏逞私，祖宗基業殆近傾頹。故今日雖能苟且偷安，施姑息之策以維持，絕非長治久安之術。」「故雖外示強盛，內實困弊衰憊。夫其情勢如此，大廈之將傾，豈一本所能支？」而另一方面，「英、俄、德、法四大強國在歐洲已無擴展的餘地，於是垂涎土地豐饒的亞洲，磨其銳牙利爪以求一逞。而亞洲的最大美餌實是中國。是以皆虎視眈眈，注目中國。」面對中國嚴峻的內外形勢，日本絕不可漠然置之。因為「以清國的地勢而論，正與日本唇齒相保，成輔車相依之勢，土地廣大，富源豐饒，位於亞洲中原地帶，保之足以霸亞洲，興之足以制歐洲。故將來日本與歐洲列強對峙，並進而爭衡，非結合清國之地勢不可；防歐洲列強侵取而保日本，亦非利用清國之地勢不可。若清國一旦為他國所制，則日本勢將形格勢禁，進退維艱。是清國之憂即日本之憂也。夫先發制人，後發者制於人。今清國形勢雖然如此，若我巧為利用，乘機操作運動，則轉禍為福，以立中國萬世之大計亦非難事」。根據以上分析，提出當前「興亞制歐」之計，就是在上海設立日清貿易商會。然後以上海為中心，漸次擴展到漢口、鎮江、天津、廣東各地，並在其管轄區內要地設立分部，派駐有為幹部，「裝作中國商人，因地制宜，或開

第三章　漢口樂善堂大揭祕

茶館，或開旅店，或辦工廠，或經營牧畜，或從事農墾，以便開展調查事宜」。在荒尾精看來，設立日清貿易商會的好處有三：（一）以商人身分開展活動，經營好商貿事業，便可以消除對我方人員的懷疑。（二）每個分部安插偵探，不僅可網羅他日為我所用之人物，而且可藉此得到充足的資金。（三）由此擴張對華貿易，提高我之商權。因此，〈覆命書〉最後得出結論說：「設立日清貿易商會，實乃對清國第一要著，今日萬急之務也。」[142]

除向日本參謀本部提出〈覆命書〉外，荒尾精還向日本政府的大臣們多方遊說。當時，內閣總理大臣黑田清隆、大藏大臣松方正義、農商務大臣巖村通俊等皆曾先後表態，大力支持。農商務次官前田正名對荒尾精更是讚許有加，稱：「精通東洋問題者唯荒尾一人，迄今尚無出其右者，事關國家的東洋問題可以放心委託他辦。」[143] 既得到政府的支持，荒尾精便到日本全國各地巡迴演說，尋求響應者。同年12月，他在九州博多發表的演說，特別強調了商戰與兵戰的密切聯繫。他說：「如果為了擴充軍備，至少需要花10年工夫去從事調查和經營，才能奏效，而經費則需3,000萬元。以目前的日本情況而論，恐難負擔此一龐大的開支。因此，要想伸張我國威於海外，與西洋各國抗衡，唯有發展工商業以賺取外國金錢之一途。」[144]

起初，荒尾精的計畫相當宏大，表現了他在東亞擴張商權的野心。按照荒尾精的設想，先在上海成立日清貿易商會，並設日清貿易研究所；如果計畫進展順利，則再推而擴大，進一步設立亞洲貿易商會，附設亞洲貿易研究所。這樣，不出十年，日本國旗將飄揚於亞洲各通商口岸，甚至取

---

[142]　《對支回顧錄》，下卷，第473～474、487、490～491、494～495頁。
[143]　《東亞先覺志士記傳》，上卷，第398頁。
[144]　井上雅二：《巨人荒尾精》，第38～39頁。

第七節　撩開日清貿易研究所的面紗

代英國東印度公司。但是，日本財力本來就已不足，何況為了擴軍備戰，連年增加軍費，很難撥出經費來支持荒尾精的計畫。荒尾精無奈求其次，決定先創辦日清貿易研究所。至於招生的名額，也由原來計劃的 300 名減去一半，實招 150 名。

經過荒尾精長達一年時間的四處遊說，當時報名日清貿易研究所者達到 300 多人。[145] 到西元 1890 年 3 月，正在漢口的宗方小太郎收到高橋謙從日本福岡寄來的信，謂受尚在全國遊說的荒尾精委託，懇切希望宗方小太郎回國協助實現招生計畫。宗方小太郎立即從漢口出發，經上海返回日本。3 月 20 日，宗方小太郎來到荒尾精在東京芝明舟設立的招生辦事處，與先後回來的井深彥三郎、中野二郎、高橋謙、中西正樹等漢口樂善堂同仁相見。4 月 3 日，荒尾精自名古屋回到東京。翌日，荒尾精召集返日漢口樂善堂成員會議，討論落實招生計畫，擬定實施方案。並決定宗方小太郎爾後即留駐東京，專掌日清貿易研究所招生考試及其他有關事務。

日清貿易研究所的招生工作，從籌備考試到最後錄取，歷時三個月。從宗方小太郎的日記中可以了解其大致的經過：

4 月 13 日開始草擬日清貿易研究所之教育意見書。

5 月 1 日送呈榎本武揚文部大臣之教育意見書完稿。

5 月 15 日制定社內規則，規定從明日起一同開始辦公。

6 月 13 日擬定招生考試題目。又代表荒尾精及社內諸友致函漢口樂善堂諸君。

6 月 20 日上午，至地學協會視察考場。下午，至警官練習所視察房舍，將用此處暫作入學新生之宿舍。

---

[145] 《對支回顧錄》，下卷，第 467 頁。

第三章　漢口樂善堂大揭祕

6月22日上午，為考生查體。

6月23日至24日考生參加知識課程考試。

6月25日徹夜閱考卷直至拂曉。

6月30日發新生錄取通知書。

7月1日已錄取之新生皆集中於警官練習所。

7月9日榎本武揚、川上操六兩氏在厚生館對新生訓話。

7月13日拜觀皇城。余早起齋戒後，率學生由坂下門入。荒尾精及其他社員十餘名亦來會。

7月14日有栖川宮殿下駕臨厚生館，余先晉謁，後又率新生拜謁。[146]

從宗方小太郎的日記中可以清楚地看出，日清貿易研究所絕不是一所單純以培養中日貿易人才為宗旨的普通學校，而是主要以日本軍方為背景而培養能夠執行對華特殊任務的人的間諜學校。試看新生錄取後，不僅參謀次長陸軍中將川上操六親臨訓話，而且還被恩准拜觀皇城，甚至受到參謀總長陸軍大將有栖川熾仁親王的親自接見，即不難窺見此中的祕密了。

正當荒尾精等人在日本為日清貿易研究所招生而緊張活動之際，漢口樂善堂內部卻在醞釀發動起事。進入19世紀下半葉後，西方列強把對華掠奪重點轉向中國長江流域的富饒地區，教會勢力也跟隨而來，民教矛盾日趨尖銳。正是在這種情況下，漢口樂善堂的成員認為策動起事的時機已到，不可失之交臂。[147]但是，這是一個冒險的計畫，難以預料能否成功。特別是當時日本政府正為發動大規模侵華戰爭而積極準備，此項計畫一旦實行，必然會打亂其整個策略部署，於是決定派人赴漢口制止此項計畫。

---

[146] 《對支回顧錄》，下卷，第364～365頁。
[147] 王振坤、張穎：《日特禍華史——日本帝國主義侵華謀略諜報活動史實》，卷1，群眾出版社，1987年，第57頁。

第七節　撩開日清貿易研究所的面紗

日本參謀本部經過研究，認為炮兵大尉根津一是前往漢口處理此事的最合適的人選。

根津一是山梨縣人，與荒尾精齊名。幼名傅次郎，後改名為一，號山洲。根津一幼而好學，曾從醫師磯崎角之丞學習漢學。西元 1876 年，考入橫濱師範學校，不久因病退學。翌年，應募進入陸軍教導團。後經特科選拔，轉入陸軍士官學校，在校期間被授予炮兵少尉軍銜。

西元 1883 年，從陸軍士官學校畢業，分到廣島鎮臺炮兵隊任職。根津一在校 5 年，結交「興亞志士」，與晚一屆的荒尾精意氣相投。這就是為什麼後來選中他前往漢口處理樂善堂的問題。1885 年，根津一考入陸軍大學，當年即晉升炮兵中尉。因不滿德國教官之盛氣凌人，與其發生衝突，被勒令退學。1887 年 3 月，根津一被派往仙台炮兵大隊任副官，僅一週即改調參謀本部「支那課」，專門研究中國問題。在「支那課」工作期間，他有機會看到俄國參謀本部的《支那攻略論》等祕密文書，愈感解決中國問題之迫不及待，幾次要求脫離軍籍赴華，以便專事侵華謀略諜報活動。1889 年 11 月，根津一又升任炮兵大尉。直到 1890 年 7 月，日本參謀本部考慮到根津一是處理樂善堂問題的最佳人選，才准其轉入預備役，命其前往漢口。根津一即至漢口，制止了原先的起事計畫之後，便留在那裡，代替荒尾精主持樂善堂的工作。此時，日清貿易研究所的招生工作雖告結束，但師生赴華路費及創辦經費尚無著落。當時，日本國內財政狀況並不景氣，政府很難撥辦學經費給荒尾精。先前農商務大臣巖村通俊和次官前田正名曾答應提供經費，並講明將出售北海道山林，以 10 萬元作為日清貿易研究所的創辦費。然而，不久巖村通俊因病辭職，由陸奧宗光繼任農商務大臣。前田正名因與陸奧宗光意見不合，亦辭去次官職務。出售北海道山林事也就被擱置了。此時，150 名新生業已集中，正整裝待發，卻難

第三章　漢口樂善堂大揭祕

以成行。荒尾精萬分苦惱，一度有自殺的念頭。由於川上操六出面力挺活動，經內閣總理大臣山縣有朋和大藏大臣松方正義批准，由內閣機密費項下撥出 40,000 元，作為日清貿易研究所的創辦費，才得暫解燃眉之急。川上操六深知這筆經費不敷開支，又以個人府宅作抵押貸款數千元，一起交付，使荒尾精大受感動，為之感激涕零。

西元 1890 年 9 月 3 日，荒尾精終於率領學生 150 名及教職員工共約 200 人，從橫濱乘船前往上海。9 日，荒尾精一行抵達後，即住進英租界大馬路泥城橋畔的日清貿易研究所校舍。所謂校舍，實際上是購買若干間民房後改建而成的。20 日，在荒尾精主持下舉行開學典禮，日清貿易研究所正式成立。除荒尾精自任所長外，將學生分為三個班，每班 50 人，每班設幹事一人，由宗方小太郎、小山秋作、西村梅四郎分別擔任。這三人中除宗方小太郎外，都是日本現役軍人。荒尾精離日赴滬前，曾請陸軍部推薦二人做助手，於是小山秋作、西村梅四郎被選中。小山秋作，長岡人，少時去東京，先後在蒲生學塾、二松學舍學習漢學。後考入陸軍士官學校。畢業後任步兵少尉，又調陸軍部專門研究中國問題。此時已晉升步兵中尉的小山秋作，聞調往上海的命令，不禁歡欣雀躍，即改名小山元三。西村梅四郎，佐賀人，舊姓北原，後改姓西村，名忠一，又稱忠四郎。1884 年，考入陸軍士官學校。1887 年 7 月畢業，任步兵少尉，補步兵第十二聯隊小隊長。1890 年 8 月，調任參謀本部，奉命與小山秋作一起擔任荒尾精的助手。後因病回國，由益田三郎接替其職。益田三郎亦是陸軍士官學校畢業的步兵少尉。據說，此人才幹壓儕輩，唯嗜酒為上官不喜，遂辭去職務赴上海就任。其中，宗方小太郎的職務較高，他的幹事是兼職，同時還擔任學生監督。此職的設立是為了加強管理學生。擔任庶務的有山崎羔三郎、井上佐太郎等。

第七節　撩開日清貿易研究所的面紗

　　荒尾精十分重視教學工作，聘請有辦學經驗的豬飼麻二郎擔任日清貿易研究所的教務主任。豬飼麻二郎生於舊大分縣中津藩士的家庭，曾就學於慶應義塾，受過福澤諭吉的薰陶，後擔任長崎商業學校校長，自然是比較理想的人選。選擇教師，則多注重其有堅定的「大陸雄飛之志」者，如日人教師御幡雅文、草場謹三郎、小濱為五郎、木下賢良、片山敏彥、井深彥三郎等。此外，為了教學的需求，荒尾精還聘請中國人沈文藻、桂林擔任漢語教師，英國人阿斯脫（As-tor）擔任英語教師。

　　按日清貿易研究所規定的教學計畫，該校學制為四年，其中前三年為專業學科，最後一年為實地調查和實習。顧名思義，荒尾精設立日清貿易研究所的宗旨，應該是以培養中日貿易人才為目的，但從師資配備看，主要是教授漢語、英語及有關中國問題的課程，而能夠開設經濟貿易方面專門課程的師資則付之闕如。可見，荒尾精之所以設立日清貿易研究所，本不是專門為了培養發展中日貿易的人才，而主要是著眼於培養具有多方面才能的間諜。正由於此，日清貿易研究所的辦學方向曾引起許多學生的懷疑，以致對前途產生茫然之感。日清貿易研究所先天不足，所以運作十分困難。首先是經費不足，難以為繼。開學才兩個月，荒尾精便不得不回日本繼續奔走，以解決經費之困難。臨行前，他請在漢口主持樂善堂的根津一到上海，擔任代理所長，負責一切校務工作。這樣，根津一一面長駐上海全面管理校務，一面兼任漢口樂善堂的監督。於是，樂善堂本部自然而然地移到了上海，成為新的諜報中心。不過，荒尾精回國後多方活動，並無太大的效果。其後，根津一將漢口樂善堂成員經過三年調查所寫的報告加以整理，編纂成《清國通商綜覽》一書。此書分兩編 3 冊，共 2,300 餘頁，內容包括政治、經濟、金融、商貿、教育、產業、交通運輸、地理、氣候、風俗習慣等，其中每一項的記述都非常具體而詳實，為日本侵略中

第三章　漢口樂善堂大揭祕

國提供了大量的情報資料。因此，此書剛問世，便立即受到日本國內的重視。特別是《清國通商綜覽》一書係由日清貿易研究發行，從而大大提高了日清貿易研究所的地位和影響。大阪富商岡崎榮次郎便出資在上海英租界四川路與漢口路交界處創辦了一處日清商品陳列所，對外稱瀛華廣懋館，以此作為日清貿易研究所學生的實習基地。後來，瀛華廣懋館的生意興隆，每天多時能賣到 1,500 元到 1,600 元，從而基本上解決了日清貿易研究所的經費困難問題。但在日清貿易研究所創辦之初，經費困難卻一直是困擾著全校教職員工及學生的大問題。

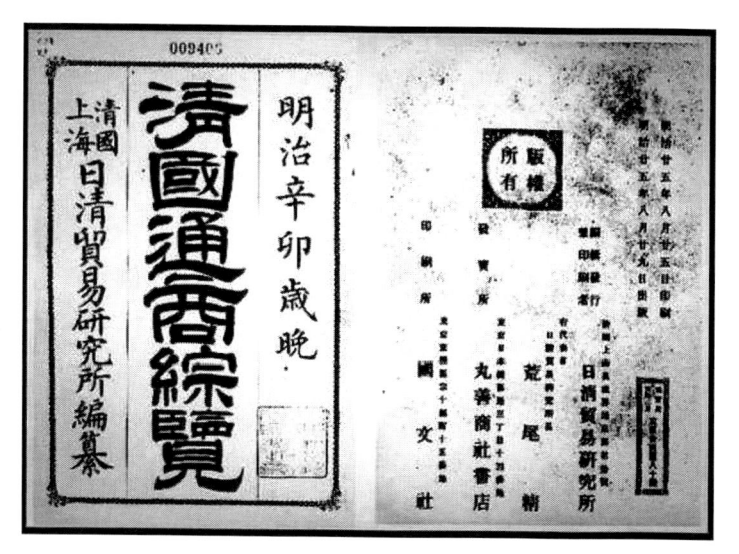

《清國通商綜覽》

當時，在日本議會辦部，黨爭激烈，政府被迫削減預算，原來計劃撥給日清貿易研究所的 10,000 元補貼被取消了。西元 1890 年年底，消息傳到上海，在學校內部引起巨大的震動，人心為之浮動。荒尾精在日本獲悉後，十分重視，寫了一封信給全體學生，予以勸勉和鼓勵。信中稱：

第七節　撩開日清貿易研究所的面紗

凡人欲為非常之事，必有非常之決心。如我之商會誠乃古今未有之大事業，豈能保其前途未有困難？然無論遭遇何等困難，變節易志之行為斷不足取。諸君其勉之。

嗚呼！燕雀安知鴻鵠之志哉？諸君今日為實業家之模範，為掃除積弊之創業家，為興復亞洲之志士，為開創日本富強之俊傑，豈肯與區區燕雀為伍乎？諸君當謹志勿忘！[148]

本來，日清貿易研究所學生的思想就很混亂。所招收的學生，有的是尋找生活出路而來，有的甚至是逃避兵役而來，其目的相當複雜。

有一部分學生既對課程不滿，又見學校經費不繼，認為上當受騙，公開鬧事。荒尾精的長信竟將這部分學生比作燕雀，自然不能使他們心服，也無助於事件的平息。西元 1891 年 2 月，荒尾精聞訊，急忙兼程趕回上海，安撫學生，而對不聽勸告的 30 名學生則勒令其退學。這批學生仍住在上海不走，紛紛在報紙上撰文攻擊日清貿易研究所，引起在校學生的氣憤，以致演出了一場械鬥的武劇。

為接受這次學潮的教訓，荒尾精勒令鬧事學生退學後，著手裁減冗員，改革教務，並重視在校學生的精神教育。當了解到熊本籍學生鳥居赫雄擅長文筆時，便鼓勵他創作校歌。歌詞云[149]：

日本少年向中國遠航，

一百五十人弦誦一堂。

若問吾輩何所思？

將見東亞萬里無雲乾坤朗。

---

[148]　《東亞先覺志士記傳》，上卷，第 407～408 頁。
[149]　《東亞先覺志士記傳》，下卷，第 115 頁。

第三章　漢口樂善堂大揭祕

　　荒尾精命學生朝夕朗誦吟詠，以堅定其「大陸雄飛」之心。此後，學校生活逐漸走上正軌。

　　然而，一波才平，一波又起。幾個月後，上海局勢不穩，使日清貿易研究所又面臨一次嚴峻的考驗。同年夏，長江中下游地區發生了一場大規模的反洋教運動，波及蘇、皖、浙、贛、湘、鄂等省的數十個城鎮，這就是著名的長江教案，又稱長江流域哥老會起義。鎮江海關幫辦英國人梅生（Charles Welsh Mason）也參加了起義，並幫哥老會從香港購買武器。長江教案的序幕先從蕪湖揭開，然後蔓延到長江流域各口岸。蕪湖海關率先組成志願武裝，即所謂「義勇隊」。當時，上海的外國人非常緊張，惶惶不可終日。各國租界也仿效蕪湖海關的做法，紛紛組織「義勇隊」。旅居上海的日本僑民當時有 800 人左右，而日清貿易研究所的 120 名學生年輕力壯，最適合組成一支「義勇隊」。歐美各國駐上海領事也都向主持校務的根津一提出了這樣的要求。但是，根津一擔心一旦組織「義勇隊」便會暴露日清貿易研究所的真面目，將會得不償失，因此拒絕。連日本駐上海領事鶴原定吉親自出馬動員，也終未能說服根津一。此事雖引起駐上海歐美人士的不滿，卻繼續保住了日清貿易研究所的假象，消除了中國人的懷疑，從而「研究所的地位與價值，亦因而得到增進」[150]。

　　到西元 1893 年 6 月，經過 3 年的艱難經營，日清貿易研究所有 89 名學生修業期滿。這時，日本參謀次長川上操六來中國考察，親自參加了該校的畢業典禮，使學生受到鼓舞。當時這批畢業生被稱作是「東亞經綸之先驅者」[151]。他們一面輪流到瀛華廣懋館實習，一面分赴中國各地，從事軍事偵察，此舉曾引起上海地方當局的注意。上海地方當局向兩江總督

---

[150]　根津一：《研究所回想談》，見滬友會編：《東亞同文書院大學史》，1982 年，第 33 頁。
[151]　《東亞先覺志士記傳》，下卷，第 609 頁。

第七節　撩開日清貿易研究所的面紗

劉坤一報告：「倭人在滬向設有日清（貿易）研究所，約七八十人，5月以前陸續散去，聞多改作華裝及僧服者，分赴北京、津、煙、江、浙、蜀、鄂、閩、臺各處，蕪湖尤多。」[152] 及至甲午戰爭爆發，日清貿易研究所的這批學生，除奉命繼續潛伏者外，餘皆由日清貿易研究所監督御幡雅文帶領回國待命。至此，日清貿易研究所也就結束了它的歷史使命。

隨後，荒尾精和根津一向日本大本營建議，希望批准漢口樂善堂成員及上海日清貿易研究所師生參加軍隊，以展其長。大本營立即採納了他們的意見。據統計，當時有漢口樂善堂成員19名和日清貿易研究所師生72名，陸續到廣島大本營所在地報到。在這91人當中，或充軍事間諜，或當軍隊通譯，或參加前敵作戰和後勤運輸，或為參謀本部出謀劃策。其主要人員如下表所列：

姓名	籍貫	年齡	事略
山內嵩	福島	31	西元1884年來華。漢口樂善堂成員。甲午戰爭時任陸軍通譯。
小山秋作	新潟	33	日本陸軍中尉。日清貿易研究所幹事。甲午戰爭時晉升大尉，後參加近衛師團侵臺。
小池信美	福島	22	1889年來華。日清貿易研究所畢業。甲午戰爭時任陸軍通譯，後任臺灣總督府通譯。
三谷末次郎	香川	23	日清貿易研究所畢業。甲午戰爭時任陸軍通譯，後到臺北廳任職。
大熊鵬	福岡	20	1890年來華。日清貿易研究所畢業。1894年潛入遼東被捕獲。甲午戰後遣返日本途中病死。
大屋半一郎	群馬	31	漢口樂善堂成員。甲午戰爭時任陸軍通譯，後任臺灣辦務署長。

---

[152]　《中日戰爭》（中國近代史資料叢刊），第5冊，第7頁。

第三章　漢口樂善堂大揭祕

姓名	籍貫	年齡	事略
山崎羔三郎	福岡	31	1888年來華，加入漢口樂善堂。日清貿易研究所成立，任庶務。甲午戰爭前夕，奉命偵察朝鮮牙山清軍駐地。任駐朝日軍龍山兵站通譯。後在遼東被清軍捕獲，被處斬。
小槌芳	石川	29	日清貿易研究所畢業。甲午戰爭時任陸軍通譯，後參加日本「臺灣討伐軍」。
小濱為五郎	鹿兒島	27	日清貿易研究所英語教師。甲午戰爭時任陸軍通譯。後任臺灣宜蘭辦務署長。
木下賢良	東京	38	1880年，被日本參謀本部所派第一批海外留學生。日清貿易研究所教師。甲午戰爭時任陸軍通譯。後歷任臺灣各地辦務署長。
井口忠次郎	熊本	不詳	日清貿易研究所畢業。甲午戰爭時任陸軍通譯。
井手三郎	熊本	33	漢口樂善堂成員。甲午戰爭時任陸軍通譯。又在安東縣民政廳任職。
戶田義勇	福岡	26	1891年赴滬，日清貿易研究所插班生。甲午戰爭時任陸軍通譯。
內田英治	福岡	25	日清貿易研究所畢業生。甲午戰爭時任陸軍通譯。後任臺灣法院通譯官。
岡田晉太郎	廣島	26	日清貿易研究所畢業。甲午戰爭時任海軍通譯。後在臺灣總督府任職。
長谷川雄太郎	群馬	30	漢口樂善堂成員。甲午戰爭時在日本參謀本部陸地測量部任職。後調大本營任陸軍通譯。
中西正樹	岐阜	38	1883年來華。漢口樂善堂成員。日本貿易研究所成立時為荒尾精助手。甲午戰爭時任陸軍通譯。先後任臺灣淡水支廳書記官、日軍威海衛駐屯軍臨時陸軍通譯。
中西重太郎	長崎	21	日清貿易研究所肄業，因父喪退學。甲午戰爭時任陸軍通譯。

第七節　撩開日清貿易研究所的面紗

姓名	籍貫	年齡	事略
丹羽次吉	石川	30	日清貿易研究所畢業。甲午戰爭時任陸軍通譯。後任臺灣法院通譯官。
水谷三郎	京都	27	日清貿易研究所畢業。甲午戰爭時任陸軍通譯。後任臺灣總督府通譯。
井深彥三郎	福島	29	漢口樂善堂成員。日清貿易研究所成立時為荒尾精助手。甲午戰爭時任陸軍通譯。後在樺山資紀手下任職。
石川伍一	秋田	29	1884年來華。漢口樂善堂成員。甲午戰爭時潛伏天津，不久被捕處死。
片山敏彥	熊本	29	漢口樂善堂成員。日清貿易研究所教師。甲午戰爭時任陸軍通譯。
市川徹彌	福岡	33	日清貿易研究所畢業。甲午戰爭時任陸軍通譯。後調野戰炮兵部隊參加大陸作戰。
右田龜男	熊本	不詳	日清貿易研究所畢業。甲午戰爭時任陸軍通譯。缸瓦塞之戰參加日軍突擊隊。
鳥居赫雄	熊本	28	日清貿易研究所畢業。為該校校歌作者。甲午戰爭時任隨軍記者。
成田煉之助	鹿兒島	24	1890年進入日清貿易研究所，中途退學。又入漢口樂善堂。甲午戰爭時潛伏營口，後逃歸日本。又任日本第一軍陸軍通譯。
伊地知季綱	鹿兒島	25	日清貿易研究所畢業。甲午戰爭時任陸軍通譯。又隨日本第二師團赴臺，任師團通譯。
西村梅四郎	佐賀	不詳	日清貿易研究所幹事，保留步兵少尉軍職。甲午戰爭時恢復現役，調步兵第十三聯隊任職。
西島良爾	靜岡	25	日清貿易研究所畢業。甲午戰爭時任陸軍通譯。後又到臺灣總督府任職。
那部武二	石川	27	日清貿易研究所畢業。甲午戰爭時任陸軍通譯。

第三章　漢口樂善堂大揭祕

姓名	籍貫	年齡	事略
吉原洋三郎	三重	不詳	日清貿易研究所畢業。甲午戰爭時任陸軍通譯。
向野堅一	福岡	27	日清貿易研究所畢業。甲午戰爭時任陸軍通譯，又奉命潛入旅順後路偵察。
伊藤俊三	東京	27	1886年來華，隨後投入漢口樂善堂。甲午戰爭時任陸軍通譯。
別府真吉	鹿兒島	28	日清貿易研究所畢業。甲午戰爭時任陸軍通譯。
宗方小太郎	熊本	31	1884年來華。漢口樂善堂成員。日清貿易研究所幹事。甲午戰爭時潛伏煙臺，監視北洋艦隊行蹤。
松田滿雄	熊本	34	漢口樂善堂成員。甲午戰爭時任陸軍通譯，奉命與老牌間諜偵察旅順、金州方面，後又潛伏營口偵察。
和田純	愛知	27	日清貿易研究所畢業。甲午戰爭時任陸軍通譯。後任臺灣總督府祕書官。
河本磯平	岡山	26	日清貿易研究所畢業。甲午戰爭時任陸軍通譯，後參加日軍進攻臺北之役。
金島文四郎	石川	26	日清貿易研究所畢業。甲午戰爭時任陸軍通譯，從事戰地糧餉供應工作。
勝木恆喜	熊本	24	日清貿易研究所畢業。甲午戰爭時任陸軍通譯，又任速成通譯養成所教師。
前田彪	熊本	29	漢口樂善堂成員。後以《九州日日新聞》通訊員名義在上海活動。甲午戰爭時潛伏營口。
荒尾精	名古屋	37	漢口樂善堂創始人。日清貿易研究所所長。陸軍大尉。甲午戰爭時建議漢口樂善堂成員和日清貿易研究所師生參加軍隊，並上《對清意見書》，為日本發動侵華戰爭出謀劃策。

第七節　撩開日清貿易研究所的面紗

姓名	籍貫	年齡	事略
鐘崎三郎	福岡	26	日清貿易研究所畢業。甲午戰爭時潛伏天津，又到山海關一帶偵察。後偵探旅順後路時被清軍捕獲處決。
益田三郎	福岡	32	日清貿易研究所幹事。步兵少尉，為荒尾精助手。
栗村顯三郎	仙台	26	日清貿易研究所畢業。甲午戰爭初起，在上海從事間諜活動，被捕後獲釋。後任日軍陸軍通譯。
根津一	山梨	35	漢口樂善堂後期負責人。日清貿易研究所代理所長。炮兵大尉。甲午戰爭爆發時潛伏上海達兩月之久，部署對華諜報活動。
豬田正吉	福岡	26	日清貿易研究所畢業。甲午戰爭初起時潛伏上海，旋逃歸日本。又奉命偵探旅順後路，在花園口上陸後被捕。
黑崎恆次郎	岡山	23	1885 年 14 歲時來華。漢口樂善堂成員，為根津一助手。甲午戰爭時任陸軍通譯。
景山長治郎	岡山	24	日清貿易研究所畢業。甲午戰爭初起潛伏營口偵探。後任陸軍通譯，又赴臺任臺東辦務署長。
堺與三吉	福岡	22	日清貿易研究所畢業。甲午戰爭時任陸軍通譯。後任海軍省翻譯，又轉任外務省通譯生。
渡部正雄	長崎	23	日清貿易研究所畢業。甲午戰爭時任陸軍通譯。後渡臺任臺北廳通譯官。
富永又吉	佐賀	不詳	日清貿易研究所畢業。甲午戰爭時任陸軍通譯。
御幡雅文	長崎	36	日清貿易研究所教師。甲午戰爭時任陸軍一等通譯官。
楠內友次郎	佐賀	30	日清貿易研究所畢業。甲午戰爭時潛伏上海，後奉命與福原林平赴遼東偵察，在上海候船時被捕，被押南京處斬。

第三章　漢口樂善堂大揭祕

姓名	籍貫	年齡	事略
福原林平	岡山	27	日清貿易研究所畢業。甲午戰爭時潛伏上海，後奉命赴遼東偵察，與楠內友次郎同時被捕，被押南京處斬。
藤島武彥	鹿兒島	26	漢口樂善堂成員。甲午戰爭時潛伏上海，奉根津一之命赴普陀山與高見武夫會合，在上海開赴寧波輪船上被捕，被押杭州處斬。
藤城龜彥	熊本	24	日清貿易研究所畢業。甲午戰爭時任陸軍通譯，為日本侵略軍嚮導，在貔子窩附近被曲家溝村民徐三用長矛刺死。
藤崎秀	鹿兒島	24	日清貿易研究所畢業。甲午戰爭時潛伏上海，後逃回日本，任陸軍通譯。又奉命偵察旅順後路被捕，在金州被處死。

由上述可知，日清貿易研究所實際上是漢口樂善堂間諜組織的一個衍生機構。漢口樂善堂也好，上海日清貿易研究所也好，都是為日本日後發動大規模侵華戰爭培養執行特殊任務的間諜而設立的。後來的事實也完全證明了這一點。

第四章
日本間諜與對華的「作戰構想」

第四章　日本間諜與對華的「作戰構想」

第一節　日本參謀本部陸軍部提出《清國征討方略》

中法戰爭後，日本為加強發動對華侵略戰爭的準備，一面大力擴軍備戰，一面推行軍制改革。在擴軍備戰方面，為對付北洋海軍的兩艘7,000噸級的鐵甲艦定遠和鎮遠，日本海軍從法國聘來了造艦專家白勞易（Louis-Emile Bertin），專門設計了嚴島、松島、橋立三艦，號稱「三景艦」。在推行軍制改革方面，日本參謀本部則聘請德國陸軍少校梅克爾（Klemens Wilhelm Jacob Meckel）擔任顧問。梅克爾曾就讀德國陸軍大學，參加過普法戰爭，又先後任德國參謀本部部員和陸軍大學軍事學教官，是一位既富有軍事理論素養又有戰場經驗的軍官。他受聘來日本後，在日本陸軍大學講授軍事學，並向參謀本部提出軍制改革建議，影響日本確立德式軍制深遠。[153]

尤其值得注意的是，梅克爾在日本陸軍大學執教期間，除講授軍事學之外，還特別傳授了謀略諜報活動技術。英國著名諜報史作家唐納德麥考米克（Donald Mc Cormick）稱：

在軍事諜報戰線上，日本人大大得力於梅克爾少校的幫助。1885年，這個少校曾率領一個德國軍事代表團訪問東京。梅克爾是原普魯士陸軍參謀長、著名軍事策略家赫爾穆特馮莫爾特克（Helmuth Karl Bernhard von Moltke）伯爵的學生，他向日本人不厭其煩反覆陳述自己的看法，即日本在軍事諜報的方法不多，組織不強，需要整頓。[154]

---

[153]　戚其章：《國際法視角下的甲午戰爭》，人民出版社，2002年，第155頁。
[154]　理查迪肯：《日諜祕史》，世界知識出版社，1984年，第37頁。按：理查迪肯（Richard Deacon）是唐納德麥考米克（Donald Mc Cormick）的筆名，著有《英國諜報史》、《蘇俄諜報史》、《中國諜報史》、《以色列諜報史》、《無聲的戰爭：西方海軍諜報史》等。

第一節　日本參謀本部陸軍部提出《清國征討方略》

梅克爾的努力有所成效，並得到了當時任日本陸軍大學校長兒玉源太郎的充分肯定。

從這時起，日本謀略諜報工作發生了轉折性的變化，即以往謀略諜報工作單純或主要為軍事作戰服務，如今卻提升到服從於國家政略或策略需求的高度。這能夠充分體現在小川又次陸軍大佐的《清國征討方略》。

早在西元 1880 年，時任參謀本部管西局局員的陸軍少佐小川又次，即曾奉命率十餘名軍事間諜潛入中國，到各地祕密調查。管西局掌管朝鮮及中國沿海的地理政治諜報，便根據小川又次一行所蒐集的情報資料編成《鄰邦兵備略》一書，以備日後制定侵華計畫的參考，並呈送天皇睦仁御覽。1886 年 3 月，根據設立陸海軍統一軍令掌管機關的敕令，參謀本部下設陸軍部和海軍部，小川又次以陸軍大佐的身分任陸軍部第二局局長。第二局除承擔原來管西局的職責外，還負責制定陸軍的作戰計畫。故小川又次蒞職後，再次潛入中國廣泛調查。他歸國後，於 1887 年 2 月寫下了著名的《清國征討方略》。小川又次自稱：「此前，為研究謀清國之方略，又次兩次祕密去清國，視察形勢概況，並吸取駐清國之日本軍官意見，以決希望之方略。」[155] 即指此而言。

《清國征討方略》包括兩個部分，即〈趣旨〉和〈進攻方略〉。

〈趣旨〉首先強調政略與策略的相互依存關係，認為：「策略同所謂政略並存，關係密切，幾乎間不容髮。政略存則策略存，策略存則政略存。欲確定策略，不可不知政略如何。若不研究政略如何，則策略不能不齟齬不成，危及國家，無大於此者。」繼而從國家政略的高度，提出應改變守勢策略而採取進攻策略：「謀清國，須先詳知彼我政略與實力，做與之相

---

[155] 小川又次：《清國征討方略》。按：此件為日本神戶女子大學山本四郎教授所提供。譯文見《抗日戰爭研究》1995 年 1 期，第 207～218 頁。

第四章　日本間諜與對華的「作戰構想」

應之準備。養成忠勇果敢精神，經常取進取之術略，定巍然不動之國是，實乃維持和平之根本，伸張國威之基礎。動輒曰：我國乃東洋一小國，財源不富裕，於今日以強鄰為敵，取進取計畫，乃危道；宜厚信義，避干戈，研究富國之道。此又次最不解者。應詳察鄰邦形勢，做與之相應之準備，有迅速進取計畫，始能鼓舞士氣，始能伸張國威，始能富國，而且，於此始能與強鄰親睦，維持和平。於今日優勝劣敗、弱肉強食之時，萬一不取進取計畫，讓一步，取單純防禦方略，外則日益招來覬覦，內則士氣日益衰敗。國家興亡之所繫，豈有甚於此者。何況鄰邦清國正忍怨以待時機，歐洲強國之艦船出沒於咫尺之間，欲使欲望得逞。此乃視察清國形勢倍感之所在。自今年起，在未來五年即完成準備，若有時機到來，則攻擊之。」這是小川又次《清國征討方略》的主旨所在。他兩次奉命到中國調查後得出的基本方略思想，就是從西元 1887 年起，以 5 年為期，緊跟著擴軍備戰，到 1892 年時便可伺機發動大規模侵華戰爭了。

小川又次的基本方略思想，並非毫無依傍，而是對日本傳統的「大陸經略」思想的承襲和發展。即以日本軍方而論，早在西元 1880 年，參謀本部長山縣有朋即提出，為了準備對中國作戰，擴軍備戰是當務之急。他宣稱「財政困難不能成為反對擴充軍備的理由，因為強兵為富國之本，而不是富國為強兵之本」。主張以軍備和對外侵略為國家的最高目的，一切政策都服從這一目的。[156] 小川又次的方略思想與此一脈相承，而其闡述更加具體可行，故日本當局非常重視。這從日本陸軍的軍費開支成長情況便看得很清楚。1870 年代末，日本陸軍年度經費不超過 700 萬日元，數目已不算很小。進入 1880 年代，山縣有朋發表「強兵為富國之本」說之後，陸軍經費猛增過 1,000 萬日元，但仍長期在 1,100 萬日元左右徘徊。小川又

---

[156]　井上清、鈴木正四：《日本近代史》，上冊，商務印書館，1959 年，第 100～101 頁。

第一節　日本參謀本部陸軍部提出《清國征討方略》

次提出《清國征討方略》後，情況又為之一變，當年陸軍經費即增至 1,240 萬日元。其後逐年有所增加。若將海軍經費也統計在內，1890 年日本軍費為 2,045 萬日元，占國家預算的 30%；1892 年日本軍費為 3,450 萬日元，占國家預算的 41%。[157]

〈進取方略〉係《清國征討方略》的主體部分，乃是小川又次根據兩次來華調查所得，具體闡述採取進攻方略的理由和方法。其中包括三篇：第一篇是〈彼我形勢〉，第二篇是〈作戰計畫〉，第三篇是〈善後〉。

〈彼我形勢〉主要從形勢的角度分析，說明採取進攻方略的必要性。此篇一開頭便開門見山地提出：「若欲維護我帝國獨立，伸張國威，進而巍立於萬國之間，保持安寧，則不可不分割清國，使之成為數個小邦國。此由彼我形勢可知。」作者認為，應該看到世界形勢的巨大變化，「艦船、兵械已非昔日可比。當時視為遠洋隔壤，現在近在比鄰」，若西方列強「欲選擇侵犯之所在」，而日本「地形狹長，首尾難以策應」，必處於不利的境地。為今之計，莫若仿效英國對待印度的做法。「我們看英國之於印度形勢如何，則瞭然。英國若欲保持富強，全靠此印度。我國謀取支那之地，以之為輔助防禦物，或以之為印度，則可」。這樣做是有充分的理由的：由於日本於西元 1874 年發兵侵臺，又於 1884 年在朝鮮策動甲申政變，「清人胸中深有所感」，故「於彼我之間更有終究不能兩立之一大形勢」，兩國遲早難免一戰。此其一。「清國雖老衰腐朽，仍乃一世界大國，自尊傲慢成風，自稱中國。發生一事件，內心實畏懼，表面卻偽裝成豪壯不撓之態。因此常以虛張聲勢為慣用外交策略，屢屢釀成同外國糾葛，又屢屢招致失敗」，可見其外強中乾，色厲內荏，不足為懼。此其二。對付

---

[157]　萬峰：《日本近代史》，中國社會科學出版社，1978 年，第 214 頁；田中惣郎：《日本軍隊史》，東京理論社，1954 年，第 197 頁。

第四章　日本間諜與對華的「作戰構想」

中國，此正其時，莫要錯過良機。試看中國「近來陸海兩軍已漸有講究改良之趨勢。清國優柔，顯然不能一舉成強國。但是，只要努力不懈，理應達到此境界。……清國自尊傲慢，若實力達此程度，即便對無關鄰國，亦欲玩弄實力，何況作為曾經使彼遭到失敗之小國——日本」。「由當前形勢看來，二十年後可能稍有完備，若其實力稍有完備，彼對我國之感情如何，實堪憂慮。」對日本來說，果真如此，則後果不堪設想。此其三。據此，作者斷言：「清國終非唇齒相依之國，論策略者不可不十分注意於此，而現今又乃最需注意之時機。因此，乘彼尚幼稚，斷其四肢，傷其身體，使之不能活動，我國始能保持安寧，亞洲大勢始得以維持」，否則，「動輒視清國為強國，自先以寬仁讓步，不思進取。萬一計從此出，只能徒增彼之覬覦，進一步招來外國蔑視，日益損害我國民秉性，並將至不可挽回之勢。當今宜研究進取計畫，乘機伸張國威，定巍然不動之國是，此乃最大急務」。蓋「自古以殖產為先，取自屈退守政略，尚未有成強國者，且招外侮，危獨立，無大於此者」。

根據以上對中日形勢的分析，小川又次充分肯定了明治初期日本的對外侵略擴張政策：「自明治維新之初，常研究進攻方略，先討臺灣，干涉朝鮮，處分琉球，以此斷然決心同清國交戰。此國是實應繼續執行。」繼而強調指出：

而今清國人民，只知有中國，不知有外國，因襲自尊傲慢舊習，疏於天下形勢。無知愚昧之人民，多不知愛國為何物。嗚呼！缺乏忠君愛國精神之國家，又有財政困窘，可謂弊端已登峰造極。

對如此國家，動輒以寬仁相讓，實非國家之良策。且今日乃豺狼世界，完全不能以道理、信義交往。最緊要者，莫過於研究斷然進取方略，謀求國運隆盛。

第一節　日本參謀本部陸軍部提出《清國征討方略》

《作戰計畫》提出一旦對中國開戰，日軍整體作戰目標和要求是：「若欲使清國於陣頭乞降，須先以我國海軍擊敗清國海軍，攻占北京，擒獲清帝。自不待論，此乃最佳手段。而欲奏其功，則須於進攻北京之同時，阻擊來援京畿之敵兵，以此為緊要者。」為達此目的，日本應派出遠征軍八個師團，其中常備師團六個，後備師團兩個。全部遠征軍分南北兩部：北部六個師團；南部兩個師團。其部署如下：

在中國北部：「在海軍掩護下，把五個常備師團與一個後備師團運至直隸灣，於山海關至灤河口之間登陸，奪取昌黎縣、灤州、永平府（今盧龍縣）。將兵站、醫院設於永平府，以之為根據地。利用灤河與海軍聯繫，並保持與本國交通。占領永平府後，立即命一個常備師團出發，經開平，占領唐山，利用鐵路於唐山建立堅固根據地。然後攻克蘆臺，不斷運動，做欲攻入天津之樣態，以牽制天津兵北上，保護我軍背後安全。」「一個後備師團同各部同時登陸，攻占山海關後，堅守山海關，斷東三省之援兵，並注意鐵門關（今河北遷安市西北）方向，以使我軍無後顧之憂。」在主攻方向上，集中四個常備師團。「以兩個常備師團，經灤州、開平、豐臺（今天津市寧河區西北之東豐臺）、寶坻縣（今寶坻區）、香河縣，進入通州。此二師團左方乃天津，須對天津方向採取策略。在行進間，須不斷對通熱河道路及北京北方維持戰備，採取防止清帝逃脫，阻止援兵之措施。占領通州後，以通州為臨時根據地，努力把地方物資集中於此，並立即圍攻北京。」「關於圍攻北京之部署，應以兩個師團據於通州地方，其他兩個師團據於燕山地方，圍東西北三面。東西兩面虛張聲勢，以東北角為主攻點。」

在中國南部：「以一個常備師團與一個後備師團，與海軍一起進入揚子江，先克吳淞，據之，切斷上海及長江沿岸各地交通；然後水陸合力，

第四章　日本間諜與對華的「作戰構想」

攻克江陰、鎮江、揚州、南京、九江、安慶、武昌、荊州、長沙、宜昌等沿岸要衝，於揚州、武昌各設師團本部；占領鎮江、南京、安慶、荊州，於南京擁立明朝後裔。據長江，使長江以南之兵不得北上，對長江以北之地騷擾威脅其背後，亦使之北上，且集中地方物資，以圖持久之計，使進攻北京之兵專心致力於進攻。」繼解答懷疑此項部署者：「向長江沿岸派出兩個師團，或許有過少之慮。實則不然，兩個師團足以控制長江沿岸。此二師團一旦攻占南京，實有擊敗十八省40萬敵人之功效。南京乃清國重地，明朝舊都，故人民有南京存亡即十八省存亡之感。我軍得南京後，立即擁立明朝後裔，建都於此。此後必有人來附，從而抗擊清兵者大增。能抗我軍者，不過北京附近六七萬兵。剋日制勝，使之結城下之盟，達我目的，絕非難事。」

〈善後〉是陳述戰後處置中國的計畫。認為發動侵華戰爭是為了「絕歐洲覬覦，伸張我國國威於天下，興隆東洋之命運」，所以只有「制定最有利於我國之計畫」，才算達到了此次戰爭的目的。因為「清國雖困弊衰敗，但仍是亞洲大國。東洋命運關係清國興亡國甚多。若萬一清國成為他國蠶食對象，我國命運亦不可料。莫如為使歐洲不致侵入，我國先主動制定統轄清國之方略」。

所謂「統轄清國之方略」，實際上是一個分割中國的計畫。小川又次提出，圍攻北京之後，迫使清政府簽訂城下之盟，將中國本土分割為六塊：

（一）自山海關至西長城以南，直隸、山西兩省之地，河南省之黃河北岸，山東全省，江蘇省之黃河故道、寶應湖、鎮江府、太湖，浙江省之杭州府、紹興府、寧波府東北之地，及盛京蓋州以南之旅順半島、山東登州府管轄之地、浙江舟山群島、澎湖群島、臺灣全島、揚子江沿岸左右十

第一節　日本參謀本部陸軍部提出《清國征討方略》

里[158]之地等「六要衝」，皆劃歸日本版圖。

（二）東三省及內興安嶺山脈以東、長城以北之地，分給清朝，使之獨立於滿洲，成為「滿洲國」。

（三）在中國本部割揚子江以南之地，迎明朝後裔，建立王國，並使之成為日本的保護國，以「鎮撫民心」。

（四）揚子江以北，黃河以南，再建一王國，擁立關羽後裔或尋求其他名人為王，使之成為日本的屬國。

（五）西藏、青海及天山南麓，立達賴喇嘛，由日本監視之。

（六）內外蒙古、甘肅省、準噶爾，選其酋長或人傑為各部之長，亦由日本監視之。

在提出「六塊」論之後，小川又次又對兩個問題加以特別說明：

其一，既將長城以南，直隸、山西兩省，河南省黃河以北，山東全省，江蘇之黃河故道以南包括寶應湖、鎮江府、太湖之地，及浙江省杭州、紹興、寧波三府等中國本土之廣袤地域，劃歸日本所有，為何又強調「於締結戰勝條約時，無論於任何情況下」，一定要把「六要衝」劃入日本版圖呢？其中，「揚子江沿岸左右十里之地」之重要性自不待言。至於其他「要衝」的重要價值，小川又次依次指出：「旅順半島乃渤海之門戶，便於控制清國北部，並與對馬相對，便於控制朝鮮；更有大連灣、旅順口二良港，最便於艦船停泊。」「俄羅斯之東進政策乃乘時機合併滿洲，以大連灣為艦隊根據地，蹂躪東洋之方略。萬一俄國先占旅順半島，東洋形勢可想而知。……於中國，現今乃最有利時機，必先占領之。」「登州半

---

[158]　「10里」，當為10日里。每日里約等於3.9公里，10日里約等於39公里。長江兩岸左右各10日里，則總跨度近80公里。

第四章　日本間諜與對華的「作戰構想」

島有芝罘、威海衛二良港，與大連灣、旅順口相對，乃扼渤海必需之地，且是平時南北通商船隻必由之地，貿易利益不少。就清國而言，失旅順、登州二半島，則不能於渤海以鉅艦護衛京畿，而只能以小軍艦於大沽口內做河內防禦。……今後，清國海軍再不足慮。」「舟山群島乃清國中部要衝，扼揚子江口，控制福建、浙江。一旦有事，便於彼尚未備先擊壓之。舟山若為外國所有，則不利於我國。臺灣和澎湖島乃清國重地，常令世界各國流涎不已。雖臺灣東部至今仍係化外蠻地，僅其西部服清國之教化，設二府八縣，但土壤極富饒，物產頗豐富。24年前已開臺灣、淡水、雞籠（今基隆）三港，次年又開打狗（今高雄）為西港，乃各國貿易之地。由此可知其為要衝並富饒之地。故我國必當占此二島，於臺灣設重鎮；除常備軍外，當另訓練生蠻，編成一種軍隊；利用雞籠（今基隆）之煤炭，於澎湖島設一鎮守府，以控制清國中南各省，並作為他日向南洋發展之根據地。」

其二，針對對此策持懷疑者之發問：「我國乘機占有大版圖，雖係好事，但對清國虎視眈眈之白人豈有袖手旁觀，放任我國為所欲為之理？白人必群起插入日清兩國之間，竭力妨礙我國。俄、英、法、德諸國乘機占據清國之部分土地，易如反掌。若事到此等地步，有何良策？」小川又次則頗不以為然。根據他的分析，中國未來的變化有三：一是「清國富強」；二是「他國入侵」；三是「豪傑舉起反旗，顛覆清朝，創立一新國家」。認為：「在此三變化中，無一不與我國安寧有關。我國若努力於自衛，乃坐而自求困弊衰退，絕非國家之上策。」唯一可行之途，只有取進取方略。並為此辯解道：「分割清國，占有其一部，有並非無名暴舉之理。清朝自滿洲來，奪取明朝之中國，而今日立於世界卻不努力把中國引向開明，故應使之退回其本土──滿洲，在中國使故主明朝再興，統轄其土地。但

第一節　日本參謀本部陸軍部提出《清國征討方略》

將全部土地給予明朝,於東亞之權衡與安寧,絕非上策。因察其未來,等於又造出一個有實力之新清國。」莫如再建一王國,使為日本屬國,「於屬國擁立其民族被尊為武聖之關羽後裔,或尋求其他名人封之於王位。……並於西藏、內外蒙古、準噶爾封立之達賴喇嘛及各酋長施政中,給人民以幸福,或盡監視之責,權衡得平,安寧得保,誰能一味視我國為土地掠奪者?」即使退一步說,「若白人欲乘機奪取清國部分土地,則應仔細審其地形,對於我無害之地,不聞不問。畢竟白人得寸地我得丈地,白人占小部我占大部」。

由此可見,《清國征討方略》既是一個分割中國的計畫,更是一個滅亡中國的計畫。其用意十分惡毒,是要建議日本政府對中國採取先發制人的手段,兩路分兵進攻中國,透過迫使清政府訂立城下之盟,而將中國任意分割,置於萬劫不復之境地。作者還特別強調要伺機而動,且莫錯過機會:「現今,幸而歐洲各國相互戒備,尚非歐洲各國遠征東洋之時機,歐洲各國亦無此實力。於此時,我國斷然先發制人,制定進取計畫,謀求國家他日之安寧與幸福,實今日之最大急務也。於清國之可乘之機,乃歐洲或中亞戰亂之時。現在磨刀以待時機,最為重要。」

日本學者說:「日本的主力部隊在直隸平原登陸作戰的方針,似其後被長期執行。看來,小川又次的《方略》在甲午戰爭前的日本陸軍中影響頗深。」[159] 這自然是有道理的。直到甲午戰爭爆發前夕,日本大本營制定的作戰方針,即日本海軍如能取得制海權,則陸軍主力將從渤海灣登陸,進行直隸平原作戰。其後,日本侵華第一軍司令官陸軍大將山縣有朋向大本營提出「征清三策」,其第一策亦主張從海路至山海關附近登陸,建立

---

[159]　山本四郎:〈1887年日本小川又次清國征討方略介紹〉,《抗日戰爭研究》1995年1期,第207頁。

第四章　日本間諜與對華的「作戰構想」

根據地。[160] 所有這些，不難從中看出《清國征討方略》對日本軍界的長期影響。更不能忽視的是，小川又次的《清國征討方略》對日本海軍發展的影響。小川又次建議日本政府，為了早日做好對華作戰的準備，擴充海軍勢在必行，「最遲以五年為期」。並提出了擴充海軍的具體方案：「我國歲入權作 7,000 萬日元，從中扣出 1,500 萬日元，五年合計 7,500 萬日元，以之為預算。」用這筆經費陸續添置：大軍艦 12 艘；小軍艦 20 艘；汽船 30 艘；運輸船 60 艘；水雷艇若干。一年後，海軍大臣西鄉從道的《軍備擴張案》，便是一個龐大的製造艦船的計畫，其中包括建造海防艦以下 46 艘的五年計畫，這與小川又次的《清國征討方略》也不是毫無關係的。

第二節　日本海軍六種「征清」方策的發現

日本參謀本部極為重視小川又次的《清國征討方略》，因為其對華「作戰構想」完全符合參謀本部醞釀已久的日後對中作戰的思路。但由於未來的中國大陸作戰需要陸海軍的合作，所以參謀本部又命海軍部掌管海軍出師的第二局和掌管外國諜報工作的第三局就此問題展開討論。這次討論的結果如何，因未看到有關史料，也未讀到涉及此事的記載，故難窺其中底蘊。1995 年，日本的同臺經濟懇話會（同台経済懇話会）發行了一部通觀近代戰爭的 6 卷本《近代日本戰爭史》[161]，其第一編收有田中宏的〈日清兩國對立和開戰的軌跡〉一文，曾提到日本參謀本部海軍部有六份對清「作戰構想」，但僅提到了標題，卻沒有論述其內容，猶如打了一個啞謎，

---

[160]　戚其章：《甲午戰爭史》，人民出版社，1990 年，第 264 頁。
[161]　奧村房夫主編：《近代日本戰爭史》，紀伊國屋書店，1995 年。

第二節　日本海軍六種「征清」方策的發現

令人無從猜起。然而，仔細一想：這倒不足為怪，因為正如該書編輯委員長奧村房夫執筆的「前言」中所述，《近代日本戰爭史》的特點在於宣揚「大東亞戰爭」的「『初始動機』不是『占領』」，而是從白人統治下「解放」亞洲人民。[162] 既然硬把侵略戰爭說成是「解放」戰爭，那麼不利於此說的證據自然不便公之於眾。不過，這種小動作並不能掩蓋歷史真相，反而欲蓋彌彰了。

那麼，日本參謀本部的這六份對清「作戰構想」，究竟是藏在哪裡呢？又是怎樣被發現的呢？

1993 年秋，為了迎接甲午戰爭 100 週年，以日本早稻田大學教授大畑篤四郎為委員長的「日清戰爭與東亞世界的變化」國際學術討論會執行委員會在東京成立。日本奈良女子大學教授中塚明和專修大學法學部教授大谷正精心準備，到日本全國各地圖書館展開有關「日清戰爭」史料的調查。他們終於了解到，福島縣立圖書館藏書極其豐富，僅其中的「佐藤（傳吉）文庫」所藏即達 13,378 冊之多，涉及「日清戰史」者有不少是第一次發現的珍貴史料，稱得上這次調查的一大收穫。中塚明從中發現了日本參謀本部未刊的《日清戰史》草案 42 冊，上蓋「參謀本部文庫」藍色印章，可知這些稿本是從「參謀本部文庫」流出而被「佐藤文庫」收藏的。[163] 在此期間，他還有一個重要發現，就是找到了祕藏達百年之久的六份海軍部「征清」方策。它們是：

（一）《征清方策》，參謀本部第二局第一科科員、代理科長、海軍少佐櫻井規矩之左右作於西元 1887 年 12 月 30 日；

---

[162] 中塚明：〈日清戰爭前的日本對清戰爭準備〉，《抗日戰爭研究》1997 年 2 期，第 2 頁。
[163] 中塚明：《揭露偽造的歷史》（歴史の偽造をただす），高文研株式會社，1997 年，第 15～24 頁。

第四章　日本間諜與對華的「作戰構想」

（二）《對策》，參謀本部第二局第三科科長、海軍少佐島崎好忠作於1887年12月；

（三）《對策》，參謀本部第二局第二科科員、海軍大尉三浦重鄉作，無日期；

（四）無題，參謀本部第三局第一科科員、海軍大尉日高正雄作於1887年12月30日；

（五）《陳述有關對策之意見》，參謀本部第三局第一科科員、海軍大尉佐佐木廣勝作於1887年12月28日；

（六）《對策》，浪速艦長海軍大佐磯邊包義作於1888年4月20日。

中塚明認為：「上面六個檔案除一件沒有日期以外，其餘有四件起草日期集中在西元1887年12月。這一事實值得注意，聯想到前面提到的小川又次的《清國征討方略》是作於1887年2月，可知早在1887年，參謀本部就已預測到與中國的交戰，並有系統地討論過作戰構想。」[164]這一推測很合理。

從海軍部提出的六份「征清」方策看，儘管其內容不盡相同，但其整體作戰目標與小川又次的《清國征討方略》並無二致，都是以最終攻占北京為要著，不過從海軍作戰的角度考慮，所承擔的任務有所不同罷了。所以，這六份「征清」方策著重討論了以下幾個問題：

第一，謀取何地為海軍前進根據地。主要有三種建議：（一）金州半島。櫻井規矩之左右提出：「我前鋒部隊總隊任務在於擊潰敵之北洋艦隊及（攻占）旅順軍港，以大連灣以西即金州半島為我軍進攻北京之第一根據地。」何以必破旅順為先著？因為「察清國北部之地貌，山東省之突角

---

[164]　中塚明：〈日清戰爭前的日本對清戰爭準備〉，《抗日戰爭研究》1997年2期，第7頁。

第二節　日本海軍六種「征清」方策的發現

與盛京省之岬角相互突出，其間許多島嶼星羅棋布，似成天然之渤海門戶。加之，旅順、威海及芝罘三港成鼎足之勢，且將堅艦巨船加以偽裝，以防不備之變，豈不更嚴？故若欲令我艦船遊之於渤海中，如不先擊破此門戶，則不能攻克」。如此，方可「與北洋艦隊決鬥，將其擊潰，以開拓進攻北京之要道」。（二）威海衛。島崎好忠認為，先占領威海衛最為有利。因為「北洋艦隊如封鎖、防守直隸灣之咽喉要港，而我甲、乙艦隊則支援、合作，以對付北洋艦隊，並將其擊沉，進而先占領山東省之要地，而後掩護陸軍部隊登陸，最後將艦隊根據地設在威海衛，侵入直隸灣，轟擊沿岸炮臺及其他要地，以援助陸軍部隊進攻北京」。（三）芝罘。日高正雄則主張先占領芝罘：「艦隊令通報艦探知敵艦之所在，偵察山東省沿海之要地，趁黑夜襲擊敵之艦隊，將其擊毀。炮擊山東半島之諸要港，占領芝罘，以此為艦隊之根據地，封鎖旅順港，在海上開啟運輸船之通路，使陸軍諸部隊得以登陸。」

　　第二，如何打敗北洋艦隊。島崎好忠預想，屆時日本艦隊「已在大東灣（今朝鮮黃海南道西海岸）集合，彼不斷往來，終於大舉連結，其目的似在於將我艦隊擊潰於渤海之外，不得接近要港。我若不轟沉此艦隊，則不能侵入渤海，以逞我意。而派往各處之偵察船已逐次歸來，覆命探索之狀況。由此，我司令長官認為，要在彼等聯合之前，將敵艦隊誘至旅順港以外，以一戰決優劣」。「敵之艦隊（由9艘建立）橫陳於海洋島與大東灣大約中間處，在探索中航行。（我）甲艦隊形單縱陣航行……逐漸接近，一旦到達發火距離，即從先導艦上開始相互炮擊。彼我利用猛烈之炮火各自通過，我艦隊依預想之航線前進，故彼之右翼小隊遮住左翼小隊，不能充分利用炮火，反而導致自己艦隊損毀。此全因我艦隊運用巧妙、發射精密而致勝。……我援助隊亦編制成二群隊，在彼之背後敏速勇進，利用猛

第四章　日本間諜與對華的「作戰構想」

烈之炮火。且彼我敵射，炮煙淡暗之際，有相互衝突，有水雷艇侵衝。此活躍之景觀實為筆墨難盡，乃空前之海戰。勇敢之彼等亦終於破損艦甚多……故轉航向旅順港退卻。」三浦重鄉之思路與此不同，他預想：因「廟島海峽不曾設防」，「大艦隊定廟島海峽為我作戰之地，擊退原有之敵艦，占領其地，以誘出彼之北洋艦隊，一戰之下挫敵之前鋒，最後完成占領。……經此地之戰鬥，大抵擊破北洋艦隊」。日高正雄則預想，兩國艦隊決戰可在旅順與威海之間的黃海上展開，一旦偵知「北洋艦隊將從旅順港出發，朝威海衛航來」，便「立即整頓隊形，徐徐前進」，準備迎擊。俟「射擊距離已近，先由我方開炮，彼方亦應戰，彼我炮火交替，而得以相互通過。此時，我艦隊毫無狼狽之色，整頓預先約定之陣形。見敵艦隊之陣形已錯雜，而突進急擊之……少頃，敵之艦隊出現試退卻之形勢，我艦隊因之鼓勵眾軍愈加亂射，逼迫敵艦。敵為易避此勢而朝向旅順港，艦隊亂中逃遁」。磯邊包義認為，基於「（清國）艦數雖多於我，但（艦炮）口徑上不能（與我）比數之多少；若多方相比，假設可視為具有同等勢力」的分析，提出制定一個「彼亡四分之三，使清國之北洋無軍艦」的「大勝方略」。不過，磯邊包義對海軍力量對比上「彼眾而我寡」的情況，也深為擔憂。因此，他又提出：

> 我一艦隊，當敵之二三隊，雖粉身碎骨，盡多大之能力，但恐無益處。若如此以我寡彼眾，則不知其勝算之所出，我國人每每不能高枕而眠。愚以為若有到達妥當之處，自今五年以內至少應增加新艦12艘，此乃事關當務之急。

小川又次曾在《清國征討方略》中提出建造大軍艦12艦等擴充海軍力量之建議，磯邊包義在這裡也提出了同樣的籲請。

第三，選擇何處為陸軍進攻北京之上陸地點。原則上來說，都認為

第二節　日本海軍六種「征清」方策的發現

在確定進攻北京部隊之登陸地點時，應選擇「盡可能接近主攻點（北京）之處」，但又要考慮到該處是否具備適於登陸的各種條件，故難免見仁見智。在這六份「征清」方策中，提出了多種方案，其中有代表性的方案有四種：（一）直隸之撫寧縣角石地方。櫻井規矩之左右認為：「若已在金州半島達成目的，則應渡海到直隸省撫寧縣登陸，作為進攻北京之策源。」並具體說明選擇撫寧縣石角附近海岸為登陸地點的種種有利條件，如「盡可能接近主攻點（北京）之處」、「海岸少岩礁，為沙灘，適於登陸，且適於艦船停泊之陸岸凸出部」、「無暴風激浪之憂，為細浪，便於小艇操作之處」、「登陸地近旁有即可作為臨時根據地之處」等，故「選定此處為最適之登陸地點」。三浦重鄉也有同樣的意見，並進一步提出建議：「大艦隊封鎖旅順港及白河，且攻擊山海關近海，占領撫寧縣石角附近之一山脈，以令陸軍各部隊登陸。」因為「撫寧縣石角近旁之地形，陸地上有一山脈，與其他山自然脫離而獨立，其周圍北為平地，西南有大出河圍繞，且近海海水較深，艦船容易靠近，且淺澳及大出河近旁之海濱便於登陸，故占領此地並定為我登陸之處」。（二）膠州灣。島崎好忠不同意在直隸灣內登陸，而主張「陸軍先遣兵在艦隊之掩護下，占領山東省膠州灣，以待各鎮臺兵之到達。作為橫斷山東省，長驅深入攻打北京之目的，而選定此地」。他認為從膠州灣登陸的好處是：「選定此灣為登陸地，因灣之近旁一般為荒廢土地，雖將發生不少困難，但港內廣闊，可一時繫泊許多船舶，很少天災及敵艦來襲之憂，因之不需要數艦之保護艦隊。」此其一。「我部隊自如此相隔甚遠之地登陸，看似實勞兵力，實不得當，又將如何？我艦隊勢力薄弱，若強行直航，亂進直隸灣內，不得不花費若干時日，且我運送船極少，務必數次以此運輸陸軍部隊，則不便利。故採用之策為：先於如此迂迴之地屯集陸軍士兵數萬，並附以若干艦隊掩護之，陸軍將終於堂

第四章　日本間諜與對華的「作戰構想」

堂正正列隊出發，自膠州經平度州攻取萊州，而且海軍甲、乙艦隊聯合，將根據地移至威海衛，自登州沿海並進，互相呼應，闖入天津。」此其二。(三) 大連灣。佐佐木廣勝認為：「一次戰鬥後，應立即在艦隊護送下運送陸軍部隊。陸軍部隊登陸時必須由小艇運送，由艦隊掩護，故須於近處使艦隊靠近海岸，盡量選擇接近北京之便利之處，但直隸省之海岸大多又遠又淺，不便於艦隊靠近，加之不得不穿過敵艦隊之防禦線直隸海峽。遼東灣雖然並非無便於上陸之地，但此在直隸海峽之內，似可以直隸灣外防禦不完備之大連灣為上陸之最佳地點。」(四) 山海關。磯邊包義認為，單純靠運輸船載兵登陸，必將「花費時日，飽嘗艱苦，莫如令全軍之一半陸行至遼東州，攻陷營口，沿海邊或戰或進，擊敗敵軍之左翼，至山海關約有一百五十里左右之路。陸海夾擊，攻陷山海關，若暫且以此為根據地，反而能減少困難，節省船路之時日，迅速向北京進軍。採用自山海關沿萬里長城山脈之路線，避開新城、天津等要害，迅速從北京背後萬壽山方向攻城」[165]。

　　以上六種「征清」方策的提出者，儘管其建議的內容或有參差之處，見仁見智，方法亦各有側重，但在急欲發動以占領北京為目的的大規模侵華戰爭這一根本問題上卻完全相同。但是，甲午戰爭爆發一百年後，甲午戰爭「偶發」說在日本開始盛行，有些日本論者否認日本早就推行準備侵略朝鮮和中國的大陸政策。透過解讀日本陸海的多份「征清」方策，可以清楚地看出，日本發動甲午侵華戰爭，絕不能歸結為偶然性的原因，而是經過了長期的精心策劃，完全是蓄謀已久。正如中塚明所說：「日本從政府到軍隊，預先就設想了和中國交戰的時機，並盡可能地準備，是在這種情形下才斷然出兵，而且日中間的交戰，至少從西元1887年就開始了，

---

[165] 〈日本預謀發動甲午戰爭的一組史料〉，《抗日戰爭研究》1997年2期，第10～41頁。

具體的作戰計畫早已構想出來。」他還將櫻井規矩之左右的《征清方策》作為個案研究，從而得到結論：「從日清戰爭的實際作戰過程也能看出，櫻井規矩之左右的《征清方策》絕不僅僅是憑空描繪的作戰構想，它之後被具體化並實際運用於日清戰爭中。」[166]

第三節　為落實對華的「作戰構想」所做的準備

　　從小川又次提出《清國征討方略》到日本海軍多種「征清」方策，只能說明日本要將久已醞釀的「大陸經略」思想付諸實踐了。但是，有些日本人並不這樣看。他們認為，這是由於受到中國發展海軍的刺激而採取的應對措施。並舉北洋艦隊停泊長崎為例，說這是「向日本炫耀威力」[167]。事實果真如此嗎？回答恰恰是否定的。

　　北洋艦隊東航日本是在西元 1886 年 8 月。先是 1885 年年底，都察院左都御史吳大澂奉命赴吉林，會同琿春副都統伊克唐阿，與俄國使臣勘定邊界。到 1886 年 7 月中旬，吳大澂勘界將畢，需要派船接回。恰在這時，傳來了俄國軍艦窺伺朝鮮永興灣的消息。正好定遠、鎮遠兩艘鐵甲艦又要上塢油修，而當時中國還沒有這樣的大塢。於是，作為北洋大臣的李鴻章想出了一個一舉三得的辦法。試看他在 7 月 14 日打給醇親王奕譞的電報：

　　丁汝昌同琅威理（William Lang）自膠州灣回煙臺裝煤，即帶鐵艦、快船赴朝鮮釜山、元山。聞俄船窺伺永興灣，擬令由元山駛巡永興，聊作聲勢。吳大澂俄界勘定，欲由海參崴乘我兵船內渡，永興距海參崴不甚

---

[166]　中塚明：〈甲午戰爭前的日本對清戰爭準備〉，《抗日戰爭研究》1997 年 2 期，第 8～9 頁。
[167]　信夫清三郎：《日本外交史》，上冊，商務印書館，1980 年，第 211 頁。

第四章　日本間諜與對華的「作戰構想」

遠，各船即往崴遊歷，順便接吳。鐵艦須上塢油修，俟由崴折赴日本之長崎，酌量進塢。[168]

丁汝昌奉命後，即率定遠、鎮遠、濟遠、超勇、揚威、威遠六艦出海，於 8 月初抵海參崴。但因吳大澂尚有未了之事，丁汝昌又不便久留，便令超勇、揚威二艦在海參崴等候，於 8 月 7 日自率定遠、鎮遠、濟遠、威遠四艦開赴長崎，於 10 日抵達後即入塢修理。可見，定遠、鎮遠等艦此次來日本，只是上塢油修，並無其他目的，更不算「向日本炫耀威力」！原先，李鴻章將此事看得過於簡單，認為最多用 10 天就可油修完工，到 8 月 19 出塢，還匯給丁汝昌 10,000 元的修理費。同時命令丁汝昌，鐵艦出塢後即速離長崎，開赴仁川。[169]而實際上，鎮遠艦直到 8 月 26 日才修罷出塢，比李鴻章的推測多了一週。北洋艦隊鐵艦一到長崎就進船塢，一出塢就離港，而且還花費上萬元的修理費，哪裡會有這樣的「炫耀威力」呢？李鴻章說得很清楚：「我船赴崎塢修，足示睦誼。」[170]其原本的用意，是想藉此向日本表示友好，這是顯而易見的。

問題是在北洋艦隊鐵艦上塢期間，卻發生了一起引起國際關注的「長崎兵捕互鬥案」。或將此案作為北洋艦隊「炫耀威力」的證明，也是毫無根據的。此次中國水兵與日本長崎警察發生兩次衝突：第一次發生於夏曆七月十四日（8 月 13 日），水兵與日警各有 1 人受傷。第二次發生於夏曆七月十六日（8 月 15 日），水兵死 8 人（其中武弁 1 員），因傷成廢 6 人，輕傷 40 人；日警死 2 人，因傷成廢 2 人，輕傷 25 人。[171]此案發生後，經

---

[168]　顧廷龍、葉亞廉主編：《李鴻章全集》，電稿一，上海人民出版社，1985 年，第 689 頁。
[169]　顧廷龍等主編：《李鴻章全集》，電稿一，第 698 頁。
[170]　顧廷龍等主編：《李鴻章全集》，電稿一，第 701 頁。
[171]　關於長崎事件雙方死傷人數說法不一，試看下表：

第三節　為落實對華的「作戰構想」所做的準備

過歷時半年之久的反覆交涉，始按「傷多恤重」的原則結案。[172] 關於長崎案的起因，儘管聚訟紛紜，但基本事實非常清楚。據清朝駐日公使徐承祖轉報駐長崎領事蔡軒電：「至起釁因，十四日（8月13日）華兵日捕爭鬧，各傷一名，皆不重。昨日（8月15日）上岸，囑丁嚴飭無帶械滋事，詎日人預存害心，千數百人刀砍，倭樓潑滾水，擲石塊。我兵不防，散在各街購物，皆徒手，故吃大虧。」[173] 李鴻章致書薛福成亦稱：「長崎之哄，發端甚微，初因小爭，而倭遂潛謀報復。我兵無備，致陷機牙。觀其

		死亡重傷	受傷		失蹤
			輕傷		
中國	北華捷報	7	30		
	長崎日報	5	30餘		
	申報	9	15～16		16
	英國外交部檔案	8	50		
	駐日公使徐承祖致日政府照會	9	6	39	9
	長崎領事蔡軒報告	5	6	30	5
	丁汝昌報告	5	6	38	5
	中日雙方協議書	8	6		
日本	北華捷報	2	30		
	長崎日報	1	29		
	中日雙方協議書	2	1		

表中關於雙方死亡和重傷的數字，《中日協議書》所列因涉及恤金數額，應該是最後核實的。以中方而言，丁汝昌作為北洋海軍提督，其報告的數字最為準確，不過失蹤的5人中後查明死亡3人，另2人必係因傷未及時歸隊。《長崎日報》係長崎當地的報紙，所載日警傷亡數字大致不差，不過傷者中後有1人傷重而死。

[172] 關於長崎事件的發生和交涉經過，臺灣師範大學王家儉教授曾全面深入研究，可參閱其力作〈中日長崎事件之交涉〉，見所著《中國近代海軍史論集》，臺北文史哲出版社，1984年，第147～198頁。
[173] 顧廷龍等主編：《李鴻章全集》，電稿一，第701頁。

第四章　日本間諜與對華的「作戰構想」

未晚閉市，海岸藏艇，巡捕帶刀，皆非向日所有。謂為挾嫌尋釁，彼復何辭！」[174] 一個說「預存害心」，一個說「挾嫌尋釁」，皆非過當之言。故有論者稱：「戰鬥發生後，日警當即吹哨，表示信號。故除警察等人對我水兵刀棍砍打之外，日民亦在各家樓上投擲石塊，潑澆滾水，喊號助殺，一呼百應。如無預謀，其誰能信！」又謂：「長崎為一國際港口，商業都市，一向閉市甚晚。可是當 15 日那天，每街商店居然紛紛打烊，提早收場。關門閉戶，儼然將有不尋常之事發生。市民如不預知風聲，何致有此景象！」並指出「日警實不能辭其咎」[175]。可謂不易之論。

　　但是，絕不能將長崎案單純視為一起偶發事件，相反，它有著深刻的社會背景。實際上，這是日本政府長期執行侵略擴張政策和仇華方針所帶來的惡果。西元 1874 年，日本發兵侵略臺灣，實際上已經將中國當成了它的敵人。1879 年，日本更不顧中國的反對，悍然吞併了琉球。1885 年冬，日本駐朝公使竹添進一郎在漢城策動「甲申政變」失敗後，朝野竟掀起一陣仇華腥風，侵華之聲甚囂塵上，海軍大臣西鄉從道鼓動要對中國宣戰。在日本當局的縱容下，東京的公私立學校學生在上野公園集會示威，要求政府出兵懲罰清政府，甚至「把象徵侮蔑清國的豬頭插在竹竿上」[176]。這更進一步毒化了中日關係的氣氛。在這種背景下，北洋艦隊鐵艦到長崎上塢，使日本朝野不少人開始緊張。沖繩縣知事大迫貞清即其一例。他斷定北洋艦隊來長崎必是為了交涉琉球歸屬問題，立即帶領幾十名警察趕回縣里。[177] 大迫貞清的舉動說明日本警察早對北洋艦隊之來懷有敵意，可見長崎案之發生絕非偶然了。也由此可知，日本絕不是因為北

---

[174]　于式枚編：《李文忠公尺牘》，卷 1，臺北文海書局，1986 年，第 88 頁。
[175]　王家儉：《中國近代海軍史論集》，第 152 頁。
[176]　信夫清三郎：《日本外交史》，上冊，第 203 頁。
[177]　信夫清三郎：《日本外交史》，上冊，第 211 頁。

第三節　為落實對華的「作戰構想」所做的準備

洋艦隊航日而受到刺激，才開始準備發動侵華戰爭。

事實上，就日本侵華的思想淵源而言，可以追溯到相當久遠以前。

早在西元 1577 年，豐臣秀吉即萌發了「平定中國」的思想，聲稱要親自「率軍進入朝鮮，席捲明朝四百餘州，以為皇國之版圖」[178]。從 1592 年開始，豐臣秀吉先後兩次大規模派兵入侵朝鮮，一時的軍事勝利使他得意忘形，竟然揚言要占領北京，遷都於此，「恭請天皇行幸明都」[179]。進入江戶時代後，並河天民著《開疆錄》，提出：「大日本國之威光，應及於唐土（中國）、朝鮮、琉球、南蠻諸國。……更增加擴大，則可變成了大大日本國也。」[180] 佐藤信淵著《宇內混同祕策》，狂妄地宣稱日本「乃天地間最初成立之國，為世界各國之根本」，因此，日本號令世界各國是「天理」。根據這一「天理」，日本要首先吞併滿洲，繼而將中國全部領土劃入日本版圖，並最終「合併世界各國」[181]。他還主張日本天皇親征中國，「取南京應天府，定為假皇宮」[182]。幕末時期的思想家吉田松陰提出了所謂「補償」論，即開國之後失之於歐美之物，必償還於近鄰，「養蓄國力，割據易取之朝鮮、滿洲和中國」[183]。明治維新後，當 1873 年春「征韓」問題之爭達到白熱化時，參議江藤新平雖與西鄉隆盛、副島種臣、後藤象二郎、板垣退助等一起力主「征韓論」，但江藤新平走得更遠，公然提出「瓜分中國」論。江藤新平有一篇〈支那南北兩分論〉，主張聯合俄國瓜分

---

[178]　日本參謀本部編：《日清戰史》，朝鮮戰役，村田書店，1978 年，第 11 頁。
[179]　〈豐臣太閤御書事〉，《新訂大日本歷史集成》，卷 3，第 1184～1185 頁。參見水野明：〈日本侵略中國思想的檢證〉，戚其章、王如繪主編《甲午戰爭與近代中國和世界》，人民出版社，1995 年，第 270～271 頁。
[180]　《甲午戰爭與近代中國和世界》，第 271 頁。
[181]　井上清：《日本帝國主義的形成》，人民出版社，1984 年，第 2 頁。
[182]　《甲午戰爭與近代中國和世界》，第 272 頁。
[183]　吉田常吉等校注：《日本思想大系》，卷 54，岩波書店，1978 年，第 193 頁。

第四章　日本間諜與對華的「作戰構想」

中國。他認為：日韓糾紛正「給我用武於大陸之良機，因此宜先與俄國聯手，收取朝鮮，進而將中國分為兩部：北部讓給俄國；南部歸我所有。以十年為期，在中國內地敷設鐵路，待經營就緒，即驅逐俄國，請聖天子遷都北京，從而完成我等二次維新之大業」[184]。翌年，江藤新平策劃叛亂，兵敗被捕入獄，不久被處死。

由上述可知，幾百年來，在日本國內，鼓吹侵華者衣缽相承，代不乏人，其流毒極其深遠。從日本情報官員提出的種種「征清」方策、特別是小川又次的《清國征討方略》看，不難發現，其中有不少內容，如直隸灣作戰、占領北京、分割中國等等，都是承襲了在日本長期流傳的各種侵華思想，與北洋艦隊航日完全不相干。

自明治維新以來，日本的侵華圖謀始終如一。日本在不斷擴充軍備的同時，中國間諜的活動也愈來愈活躍。日本學者小林一美教授認為，近代日本向中國派遣間諜，迄於甲午戰爭為止，大致可分為三個時期：西元1872年至1877年為第一期，是對中國開始「十八省踏查」的階段；1878年至1881年為第二期，是日本「確立對清正式諜報活動制度」的階段；1882年至1894年為第三期，是「日本軍隊以對清大陸作戰作為迫切的現實課題而準備」的階段。[185] 在華日諜活動的發展情況，實際上反映了日本的侵華圖謀愈來愈緊迫。大量的事實證明，早在甲午戰爭的前十年，即1884年，日本的對華諜報活動空前猖獗。這也說明：從此時起，日本的大陸作戰準備已開始緊鑼密鼓地展開了。

在這裡，可以回顧一下發生在西元1886年北洋艦隊航日前夕的一件

---

[184]　黑龍會編：《東亞先覺志士記傳》，下卷，原書房，1933年，第577～578頁。
[185]　小林一美：《明治期日本參謀本部的對外諜報活動》，滕維藻等編：《東亞世界史探求》，汲古書院，1986年，第391～393頁。

第三節　為落實對華的「作戰構想」所做的準備

事：在日本政府內部，展開了一場關於是否「與中國一戰」問題的爭論。這樣，對了解日本參謀本部研究制定各種「征清」方策的歷史背景大有裨益。

先是在西元1885年初，立憲改進黨領導人物尾崎行雄、犬養毅等聯名向參議兼內務卿伊藤博文提出了強硬的意見書，要求「干預朝鮮內政，並設法吞併之」，並強調不惜「同中國發生糾葛，然為國家計，同中國發生糾葛，乃吾等所最希望者」。[186] 其用語雖然模糊，但其真正含義是要與中國兵戎相見，大家對此都心知肚明。在當時來說，這也是日本朝野的共識。由於軍備尚不充足，擴張軍備便成了最緊迫的課題。同年3月，日本參事院以「當前東方形勢並非太平無事，今後形勢變幻莫測」，「如今若不注意著手本國防務，則將禍生不測」[187] 為由，通過了設立陸海軍聯合審議機構的國防會議。與此同時，海軍決定在日本西部建設軍港。5月，吳和佐世保兩港開始施工，規定吳為大陸作戰的後方基地，佐世保為最樞要之地，要求擴大到專供出師準備之規模，以準備對華戰爭。並制定了以八艘鐵甲艦為主力的龐大擴軍方案，提出一個指標，要求在1894年前建立一支新的精銳艦隊。同樣為了適應大陸作戰的需求，陸軍決定設立監軍，以保證在戰爭爆發時，能夠立即率領由兩個師團編成的軍團出征，並規定當常備軍和預備隊開赴前線後還要有第二線預備隊，以保證源源不斷的兵力投入。這樣，陸軍便被改編成能夠參加正式大陸作戰的軍隊。由於這一措施，日本陸軍的實際兵力膨脹了一倍半。

如果說日本政府內部在對華作戰的問題有共識，那麼，在發動侵華戰

---

[186]　信夫清三郎：《日本外交史》，上冊，第203～204頁。
[187]　松下芳男：《明治軍制史論》，下卷，第22頁。參見信夫清三郎：《日本外交史》，上冊，第208頁。

第四章　日本間諜與對華的「作戰構想」

爭的時間問題上則意見不一。時任內閣顧問的黑田清隆是激進派的代表人物。西元 1885 年夏，即犬養毅等人提出意見書後不久，他親自到中國考察，來時隨身攜帶著一份榎本武揚在中國考察的詳細資料。榎本武揚，江戶（東京）人。通稱釜次郎，號梁川。幼年入昌平黌，學習儒學。其父為德川家臣。幕府末期留學荷蘭，回國後任海軍奉行，後任海軍副總裁。在 1868 年戊辰戰爭中，榎本武揚自居德川舊臣，率部逃往函館組織抵抗。翌年 5 月，被迫投降入獄。黑田清隆特別賞識他，多方營救。1872 年春，榎本武揚被赦免出獄。1874 年，榎本武揚奉命以海軍中將任特命全權公使出使俄國。1878 年夏，從聖彼得堡回國，考察西伯利亞，又繞道新疆進入中國，並遊歷沿海各省調查。1880 年，升任海軍卿。1882 年夏，被命為駐清公使。後在 1885 年 4 月協助伊藤博文誘使李鴻章同意簽訂中日《天津條約》。撰有《攻取中國以何處為難何處為易》，並將其呈贈黑田清隆，頗受到黑田的重視。黑田清隆這次親赴中國考察，攜帶的正是榎本武揚的這本書。根據實地考察，黑田清隆對該書的評價是：「其（指中國）山川險要，人情土俗，無不詳載。今夏請假遊歷中國，按冊而稽，俱無錯誤。」從中國回到日本後，黑田清隆便主張早日對中國開戰，於是在日本政府內部便引發了一場爭論。

黑田清隆提出：「中國自戰法以後，於海陸各軍力求整頓，若至三年後，我國勢必不敵；宜在此一二年中，速取朝鮮，與中國一戰，則我地可闢，我國自強。」

伊藤博文對此不以為然，稱：「我國現當無事之時，每年出入國庫尚短一千萬元左右，若遽與中國、朝鮮交戰，款更不敷，此時萬難冒昧。至云三年後中國必強，此事直可不必慮。中國以時文取文，以弓矢取武，所取非所用。稍為更變，則言官肆口參之。雖此時外面於水陸各軍俱似整

第三節　為落實對華的「作戰構想」所做的準備

頓，以我看來皆是空言。此時我與之戰，是催其速強也。此時只宜與之和好。我國速節冗費，多建鐵路，趕添海軍。今年我國鈔票已與銀錢一樣通行，三五年後我國官商皆可充裕，當時看中國情形再行辦理。至黑田云，我非開闢新地實難自強，亦係確論。唯現時則不可妄動。」

外務卿井上馨亦附和道：「中國之不足懼，人人皆知，無煩多論。至黑田欲即取朝鮮，與中國動兵，此時我國餉糈實來不及；且使我與中、高構兵，俄人勢必乘機占取朝地。……黑田此議萬不可行。」[188]

日本政府內以伊藤博文為代表的穩健派，雖然不同意黑田清隆「速取朝鮮，與中國一戰」的意見，但並不反對向大陸擴張以「開闢新地」，只是由於準備尚不充分，主張等待開戰的時機而已。可見，在日本政府內部，對發動侵華戰爭的問題並無歧見。所謂激進派與穩健派的爭論，主要表現在對華開戰的時間早或晚，並無原則上的分歧。所以，早在北洋艦隊航日之前，為「與中國一戰」而準備已經成為日本的既定國策了。

本來李鴻章命北洋艦隊鐵甲艦赴日本長崎進塢油修，是要「足示睦誼」，卻不想日本以此作為藉口，煽動仇華情緒。當長崎事件爆發後，日本駐華公使館武官陸軍大尉小泉正保即主張對中國採取強硬態度。其報告說：「我國萬一採取讓步政策，則清帝國將作何感想？……恐將看作為威脅嚇倒，苦於抑制，終於屈服，而愈助長其輕侮之念。」參謀本部將此報告送至外務省，以表明軍方的立場。關於長崎事件的交涉剛一結束，明治天皇睦仁便頒發敕令，謂「立國務在海防，一日不可緩」。並撥出內帑30萬日元充實海防，以為全國倡。在這種背景下，日本參謀本部陸海軍部都在積極制定「征清」方策，也就不足為奇了。

---

[188] 〈日人朝比奈密探各事清冊〉，《清光緒朝中日交涉史料》，卷10，故宮博物院，1932年，第2～3頁。

第四章　日本間諜與對華的「作戰構想」

　　對於日本參謀本部來說，陸軍部的《清國征討方略》也好，海軍部的多種「征清」方策也好，都首先要解決一個關鍵問題，即如何將對華作戰的部隊運至中國大陸。在甲午戰爭爆發前的六七年間，日本對華諜報工作的重點一直是對中國東部沿岸及水路的偵察。從西元 1888 年起，日本參謀本部多次派遣海軍軍官來華偵察。1888 年 5 月，命海軍大尉今井兼昌調查長江水路。當時，只有英國人掌握長江水路圖。今井兼昌便詐稱係日本船伕，經測試合格，上英國商船擔任水手，在長江往返航行達一年之久，伺機沿途測量，並測出十八灘的存在，加以仔細研究，繪成新的長江水路圖。[189] 1888 年 6 月，又命筑紫艦長海軍中佐尾形唯善乘艦視察中國沿岸各港口，以保護日本居留民的名義從事中國沿岸水路研究。[190] 1888 年 12 月，另派在中國從事諜報活動多年的海軍大尉安原金次駐煙臺，以此地為中心調查山東省沿岸水路，並偵察清軍的兵力及海防設施。安原金次在山東半島一帶活動一年多，竟竊取了北洋海軍的信號書，使日本海軍當局喜出望外。[191]

　　不過，在此期間，最重要的日本軍事情報人員還是要屬海軍大尉關文炳。關文炳是一個老間諜，在中國前後潛伏達 7 年之久。日方記載說：「在我海軍軍官中，其任官幾乎全在中國，建功亦全在中國任職期間，唯君而已。」[192] 西元 1885 年，伊藤博文以特派全權大使來天津，與李鴻章談判中日《天津條約》時，關文炳隨行。這是他首次來華。翌年 3 月，奉派潛入中國，專門從事軍事偵察。他脫下軍服，裝扮為中國商人，化名積參助，在天津城外北洋大臣衙門附近開書店作為掩護，開展軍事偵察活動。

---

[189]　東亞同文會編：《對支回顧錄》，下卷，原書房，1981 年，第 541～542 頁。
[190]　《對支回顧錄》，下卷，第 541 頁。
[191]　《對支回顧錄》，下卷，第 405 頁。
[192]　《對支回顧錄》，下卷，第 447 頁。

第三節　為落實對華的「作戰構想」所做的準備

1888年10月，他與奉派來津的海軍少佐諸岡賴之會合，復勘四年前日高壯之丞所探之渤海灣登陸地。當時，日高壯之丞任駐北京公使館海軍武官，帶同中尉馬場練兵祕密偵察渤海沿岸各要地，曾考察第二次鴉片戰爭期間英法聯軍的登陸地點，並實地勘測大沽炮臺以東之各海口，發現秦皇島以南的洋河口是大部隊上陸的最適宜之地。[193] 這次，關文炳與諸岡賴之經北塘、蘆臺抵樂亭，探灤河口；又沿海岸北上，精細地調查洋河口，並全方位勘測日高壯之丞肯定的這一上陸點。隨後，他們繼續北上，出山海關，經錦州、新民至奉天，調查當地防軍的裝備情況。根據此行調查所得，寫成對中國備戰之具體獻策的報告書，呈送參謀本部。[194] 關文炳等人的調查，也印證了櫻井規矩之左右、三浦重鄉、磯邊包義諸人的觀點。正由於此，到西元1894年甲午戰爭爆發後，日本大本營制定的直隸平原決戰計畫，便採用了此處作為日本部隊的「第一候補上陸地」[195]。

西元1888年12月，關文炳奉密令潛往威海衛偵察。27日，他一身中國商人打扮，從煙臺出發，一路上冒嚴寒，踏冰雪，兩天行90公里，到達威海衛。當時，威海衛炮臺還在施工。關文炳前後滯留了3天，調查軍港的各種防禦設施及駐兵情況。隨後，他又詳細調查榮成灣、石島灣、膠州灣等處，選擇了榮成灣作為從背後攻擊威海衛的登陸地點；並實地踏訪了由上陸地到威海衛的道路，以作為將來開戰時的進兵路線。此次往返歷時70天，最終寫成一份《關於威海衛及榮成灣之意見書》。不過，關文炳這次偵察活動也頗曲折。日方記載稱：「起初，關文炳自芝罘（煙臺）到威海衛、榮成，欲再由榮成赴膠州灣，但因迷路而未能達到目的。於是，又

---

[193]　《對支回顧錄》，下卷，第297～298頁。
[194]　《對支回顧錄》，下卷，第413頁。
[195]　《對支回顧錄》，下卷，第298頁。

第四章　日本間諜與對華的「作戰構想」

返回芝罘,整理行裝,再赴膠州,這才達到了目的。」[196]

關文炳《關於威海衛及榮成灣之意見書》的主要內容,是反對從正面進攻威海衛的意見,而提出先取榮成灣為基地,再攻占威海衛的建議。他認為:「我欲攻占威海衛,必先取此灣為基地。由於榮成灣至威海衛陸上距離不過 17 里,我陸軍遠征軍於此灣上陸後,由陸路挺進,襲擊威海衛後路,海軍艦隊則從正面攻擊威海衛諸炮臺,海陸相應,使彼背腹受敵,進退操縱失度,此乃攻破威海衛防線而占領之的最佳手段。」[197] 關文炳之策是否可行,在當時並無明確的結論。

直到甲午戰爭爆發後,日本聯合艦隊司令長官海軍中將伊東祐亨又派八重山艦長海軍大佐平山藤次郎前往榮成灣偵察,平山藤次郎經過詳細勘測後報告稱:「在山東角的南面有一個突出的小島,叫龍鬚島。與龍鬚島西側相對的是龍口崖。二者之間有一個海水灣(榮成灣)。海灣寬 3,000 餘公尺,長 2,500 公尺,灣口水深 5 公尺,愈靠近岸邊愈淺,但灣內可停泊幾十艘大船。西面、北面和東面都是大陸環繞,只有南面向大海開放。因此,在這個季節裡幾乎不必擔心風浪。……以鉛錘測水深,直至岸邊。在海上看到的全是沙地,直至岸邊,水深適宜,以舢板和汽艇可以靠岸。如果事先準備棧橋材料,人馬都易於登陸。……作為登陸地點,這是一個難得的適當地點。」[198] 平山藤次郎的偵察報告完全證實了關文炳建議的可行性。故日本大本營最終採納了關文炳關於從榮成灣登陸抄威海衛之背的建議。對此,日本隨軍記者記述道:

我軍得知山東角至威海衛的道路情況,是已故海軍大尉關文炳的功

---

[196]　《中日戰爭》(中國近代史資料叢刊續編),第 8 冊,中華書局,1994 年,第 189 頁。
[197]　《對支回顧錄》,下卷,第 453 頁。
[198]　《中日戰爭》(中國近代史資料叢刊續編),第 8 冊,第 186 頁。

勞。關文炳曾漫遊中國，特別細心觀察了山東省的地理。對於途中地形、道路情況做了詳細的記錄。這次我軍在制定出兵山東、進攻威海衛的作戰計畫時，依據關文炳的遊記，判斷地形，得益甚多。關文炳可以說是圓滿完成了任務。[199]

第四節　邀請北洋艦隊訪日的背後

西元1886年北洋艦隊到日本上塢油修，是想藉此向日本表示「睦誼」，不料想卻由此引發了一起日警與水兵的互鬥案。此案發生後，中日雙方反覆交涉，歷時半年始得結案。日本藉此在國內煽動仇華情緒，積極擴軍備戰，並制定了多種「征清」方策。可是，5年之後的1891年，日本卻一反常態，屢次邀請北洋艦隊「往巡修好」[200]，這又是什麼原因？對此，迄今尚無人言及。其實，在日本邀請北洋艦隊「往巡修好」的背後，隱藏著不可告人的陰險目的。

對於一心推行大陸擴張政策的日本來說，西元1891年是至為關鍵的一年。這一年，有兩件令日本當政者憂心的事情。

第一件，是西元1891年3月30日俄國宣布興建西伯利亞大鐵路。此前數年，當俄國計劃籌建這條鐵路的消息傳到日本後，在日本政府內部反應即相當強烈。當時的外務大臣青木周藏認為，鋪建西伯利亞大鐵路計畫，其效果等於俄國在西伯利亞地區增加了強大的兵力，預計俄國不久將占領朝鮮各港口。內務大臣山縣有朋更斷言：「西伯利亞鐵路竣工之日，

---

[199]　《中日戰爭》（中國近代史資料叢刊續編），第8冊，第189頁。
[200]　顧廷龍、葉亞廉主編：《李鴻章全集》，電稿二，第371頁。

第四章　日本間諜與對華的「作戰構想」

即俄國對朝鮮開始侵略之時。」他們十分擔心，一旦西伯利亞大鐵路建成，日本實行大陸擴張計畫將會遇到強大的阻力。俄國正式宣布興建西伯利亞大鐵路後，日本朝野更是受到很大的衝擊。日本政論家大石正巳危言聳聽地宣稱：俄國實乃以此作為「席捲日清韓，逐英國於太平洋之外，以囊括亞洲之器」，俟鐵路完工之日，彼將「不動一兵，不派一艦，即可把朝鮮劃入該國版圖之中」。當時，俄國皇太子尼古拉（Nicholas）準備參加預定在海參崴舉行的西伯利亞大鐵路東段破土開工儀式，順便提前到遠東遊歷，先到中國上海、漢口等地，又抵達日本。日本國內為之人心浮動，甚至紛傳：「俄國皇太子懷霸占我日本國之野心，考察近江等地之地理，以便他日前來霸占。」[201] 結果發生了擔任警衛的日本警察津田三藏刺傷俄國皇太子的嚴重事件。剛剛成立的松方正義內閣的不少閣員，如外務大臣青木周藏、內務大臣西鄉從道等，為此不得不引咎辭職。

俄國興建西伯利亞大鐵路和尼古拉被刺事件的發生，使日本國內危機意識大增，當政者則藉此機會鼓動。當時日本流傳這樣的流行歌曲：「西有英吉利，北有俄羅斯……表面結條約，內心不可測。雖有國際法，有事靠腕力，強食弱者肉，事前須覺悟！」令在校學童傳唱。在一些元老重臣看來，日本似乎已經到了最後關頭。準備接替松方正義組閣的伊藤博文稱：「目前國步維艱，這是明治政府為貫徹我目的的最後一戰。」即將擔任伊藤內閣司法大臣的山縣有朋也提出：「國家處於危急存亡之秋，同僚已倒，明治政府之末路已到無可如何時，自當有所決心。」[202] 日本政府深切地認識到：應付當前危機的唯一辦法，就是擴充軍備。

第二件，是西元1891年5月23日李鴻章從天津啟程，要第一次大閱

---

[201]　信夫清三郎：《日本外交史》，上冊，第235～236頁、第240～241頁。
[202]　遠山茂樹：《日本近現代史》，卷1，商務印書館，1983年，第118～119頁注1、5。

第四節　邀請北洋艦隊訪日的背後

海軍。北洋海軍自1888年成軍以後，已屆三年，係第一次校閱之期，而且有南洋海軍6艘軍艦參加，這實際上是對當時中國海軍的一次大檢閱，自然引起日方的注意。巡閱海軍事竣後，李鴻章奏稱：「綜核海軍戰備，尚能日新月異，目前限於餉力，未能擴充，但就渤海門戶而論，已有深固不搖之勢。」[203] 那麼，北洋海軍的實力究竟如何？對此，日本軍方還沒有十足的把握，於是有屢請北洋艦隊「往巡修好」之舉。其意圖至為明顯：一是便於全面考察北洋艦隊的裝備及實力；二是為前此擴充海軍計畫受阻尋找打破的途徑。李鴻章沒想到這一層，答應了日本的邀請。清政府更是不明就裡，批准了李鴻章的奏請。頒旨云：「李鴻章電奏已悉。日本既有意修好，著嚴飭丁汝昌加意約束將弁兵勇，不得登岸滋事。長崎前轍，俄儲近事，皆應切鑑。」[204] 可見，以中國來說，是出於對日本「有意修好」的回應而派北洋艦隊訪日的。有日本學者說：「清帝國的北洋艦隊再度來日，名義上是禮節性訪問，實際則是為了展示軍威。」[205] 這當然是無稽之談。如果說北洋艦隊這次訪日是為了「展示軍威」的話，那麼，豈不等於說是日人自己主動要求北洋艦隊到日本「展示軍威」？

北洋海軍提督丁汝昌根據李鴻章的電令，即率定遠、鎮遠、致遠、靖遠、經遠、來遠六艦東航，於西元1891年6月28日抵日本馬關，6月30日到神戶；裝煤後又於7月5日泊橫濱。7月9日，駐日公使李經方偕丁汝昌及六艦管帶前往日本皇宮，受到天皇睦仁的接見。新任外務大臣榎本武揚，隨後在東京小石川的後樂園舉行茶會，招待北洋艦隊將領。16日，為了表示答謝，丁汝昌也在旗艦定遠號上舉行招待會，款待日本官員和國會議員。此後的半個多月內，北洋六艦又在兵庫、長崎等地停泊。直到8

---

[203]　《李鴻章全集》，奏稿卷72，海南出版社，1997年，第4頁。
[204]　顧廷龍、葉亞廉主編：《李鴻章全集》，電稿二，第372頁。
[205]　信夫清三郎：《日本外交史》，上冊，第242頁。

第四章　日本間諜與對華的「作戰構想」

月 5 日，丁汝昌始率全軍駛離長崎回國，於 8 月 8 日安抵威海。

此次北洋艦隊應邀訪日，在日本各港前後停泊時間長達 38 天，致使全軍主力充分暴露在日本朝野的眾目睽睽之下，是李鴻章犯下的一個大錯。而這正是當初日人邀請北洋艦隊訪問的目的。當時，參加定遠號招待會的日本法制局局長官尾崎三良記述道：「定遠號放出小艇迎接，先登定遠號。丁（汝昌）、李（經方）兩人在艦門迎接來賓，一一握手。隨即由嚮導帶領巡視艦內上下各室。巨炮 4 門，直徑 1 尺，長 25 尺，當為我國所未有。……清朝將領皆懂英語，一一說明。艦內清潔，不亞於歐洲艦隊。中午 12 時進午餐，下午 1 時半離艦辭別。此時，鳴禮炮 21 響送行登陸。同行觀艦者數人在回京火車途中談論，謂中國畢竟已成大國，竟已裝備如此優勢之艦隊，定將雄飛東洋海面。反觀我國，僅有三四艘三四千噸級之巡洋艦，無法與彼相比。皆捲舌而驚恐不安。」[206] 輿論界也乘機大肆渲染北洋艦隊的威容。福澤諭吉在《時事新報》上撰文，驚呼：「艦體巨大、機器完備、士兵熟練等，值得一觀之處甚多！」[207] 在這種情況下，建設一支足以戰勝北洋艦隊的海軍，對於日本來說，不用說已成為當務之急。而且，趁俄國暫時尚無力東顧之時，抓緊擴充軍備，以期對中國開戰，在日本政府內部也已達成共識。

這樣一來，對日本進一步大力擴充軍備，自然而然產生了巨大的推力。先是在西元 1890 年 12 月，海軍大臣樺山資紀提出，日本艦隊要擴大到與中國艦隊相匹敵的規模，必須在之後 20 年內以 6 艘鐵甲艦和 6 艘巡洋艦為基幹，造艦 23 萬噸。但是，由於考慮到國會內的重重阻力，當時擔任內閣總理大臣的山縣有朋，未敢貿然全部同意，乃將其計畫減半，改

---

[206]　信夫清三郎：《日本政治史》，卷 3，上海譯文出版社，1988 年，第 258 頁。
[207]　信夫清三郎：《日本外交史》，上冊，第 242 頁。

第四節　邀請北洋艦隊訪日的背後

為計畫造艦 12 萬噸，除去現有的和正在建造的軍艦 5 萬噸外，要求撥給 7 萬噸的造艦預算。後來，還是怕國會難以通過，將此項預算又壓縮了 2／3。剛剛過了半年多的時間，隨著北洋艦隊的應邀訪日，情況卻為之一變。北洋艦隊抵達橫濱的第 4 天，即 1891 年 7 月 8 日，樺山資紀提出重新計劃在 9 年內建造 11,000 噸級的鐵甲艦 4 艘和巡洋艦 6 艘，要求撥款 5,860 萬日元的方案，在內閣會議上順利通過。[208] 天皇睦仁對擴充軍備，特別是擴大海軍尤為關注。他曾釋出詔敕，指出：「國防之事，苟緩一日，或將遺百年之悔。」並宣告說：「朕茲省內廷之費，六年期間每年撥下 30 萬日元，並命文武官員，除特殊情況者外，在同一時間納其薪俸十分之一，以資補足造艦之費。」[209] 於是，日本開始積極擴充軍備。

日本竭盡全力擴充軍備，是為了早日實施大陸擴張政策，對中國開戰。為了做好開戰前的準備，日本參謀本部重新部署了對華諜報工作，派遣新的駐華武官和軍事間諜，特別加強偵查中國海軍及沿海、內河水路。參謀次長陸軍中將川上操六親自監督對華諜報工作，視間諜為「手足和耳目」，要依靠情報戰來「運籌帷幄之中，決勝千里之外」。[210] 在此時期內，最重要的軍事間諜是瀧川具和、井上敏夫和出羽重遠。

瀧川具和，東京人，幼名規矩次郎，是日本海軍內的「中國通」之一。14 歲時即投身海軍，進入海軍學校學習。西元 1882 年，朝鮮發生壬午兵變，曾乘清輝艦泊仁川以觀變，歸國後任海軍少尉。1884 年，又趁中法戰爭之機，銜命乘清輝艦巡航中國近海，尋求適合部隊登陸地點的口岸，詳細調查其水深、有無沙灘、海底狀況、民船多少、物資集積之難易

---

[208]　信夫清三郎：《日本外交史》，上冊，第 239、243 頁。
[209]　信夫清三郎：《日本政治史》，卷 3，第 258 頁。
[210]　德富豬一郎：《陸軍大將川上操六》，日本第一公論社，1942 年，第 112 頁。

第四章　日本間諜與對華的「作戰構想」

等。經過反覆勘測，斷定北戴河以南的洋河口為最適宜的上陸地點。其報告書呈上後，受到上司的重視。因此，1892 年 11 月，瀧川具和被調至海軍參謀部，以海軍大尉的身分被派往中國承擔祕密使命。他來到天津，化名堤虎吉，以「虎公」自稱，在法租界棲身，或裝扮商人活躍於鬧市，或一身破舊衣衫混跡於苦力群中。1893 年春夏間，又乘小型帆船從塘沽啟航，沿渤海岸北行，再次踏勘直隸海岸，歷時凡一個月。1894 年 4 月，瀧川具和隨同海軍軍令部第二局局長島崎好忠大佐從天津出發，由陸路前往山海關，沿路考察山川地勢，研究對華開戰的進軍路線和攻擊目標。並重點偵察旅順、威海要塞，以及南北洋艦隊和海軍衙門的機密，隨時向日本軍方呈報。還草擬了直隸大決戰的計畫，以迫使清政府訂立城下之盟為最終目的。[211] 到 1894 年 7 月 9 日，瀧川具和見由於英國調停而在北京舉行的中日談判陷於僵局，便趁機鼓動對中國開戰。該報告稱：

> 清廷正在舉辦萬壽慶典，原本不好動用干戈。北京政府中不僅有反對和非難李（鴻章）之行為者，而且愈近開戰之際，堪為名將之聲望愈乏。當然，兵力方面未能穩操勝算，幸寄希望於俄國公使之調停，暗中依賴此種調停下之和平談判。對此，據以往之經歷，我確信無疑。唯我國不變最初之決心，斷然行動，終將開戰。[212]

瀧川具和的報告，對日本最後下定侵華戰爭的決心產生了深遠的影響。

井上敏夫，金澤人，幼名幸次郎。15 歲時進入海軍學校學習。歷任海軍學校教官、金剛艦航海長、分隊長等職。西元 1886 年累升至海軍大尉。

---

[211]　《對支回顧錄》，下卷，677～679 頁；黑龍會編：《東亞先覺志士記傳》，下卷，原書房，1933 年，第 309 頁。
[212]　藤村道生：《日清戰爭》，上海譯文出版社，1981 年，第 73 頁。

第四節　邀請北洋艦隊訪日的背後

1892 年 7 月調海軍參謀部，被派為駐華公使館武官，常駐天津。同年 12 月，升任海軍少佐。井上敏夫曾經三次潛入旅順口、大連灣、威海衛等海防要塞地帶，調查兵備情況。「特別是明治二十六年五月，購得一艘長 23 尺的中國小船，花了約兩個月的時間，詳細調查直隸、遼東沿海及朝鮮西海岸。」[213] 這是《對支回顧錄》「井上敏夫」條所記井上的重要事蹟，惜乎過於簡略。茲查「石川伍一」條，對此倒有比較具體的記述。錄之如下：

明治二十六年（西元 1893）五月十六日，與井上武官和僕從，由兩名船伕伴同，購到長 23 尺闊 6 尺 8 寸帆船，在伊集院彥吉領事、河西信書記生等的送別聲中從芝罘出發，駛向煙波浩渺的大海，開始了遠征。帆船通過直隸海峽諸島嶼之間隙，直航旅順。然後，沿遼東半島東海岸北上，於五月二十八日到大孤山，再進入鴨綠江。六月二日，抵朝鮮義州，該州府使出面接見。回航盡苦心慘淡之極，始漸達大同江口，溯江而上，於六月八日進入平壤。至是放棄帆船，經仁川乘日本郵船回到芝罘。此行所見所聞，確實不少。[214]

井上敏夫此番出行，隨帶的「僕從」名叫高順，係宛平縣人，年 33 歲，以每月工錢洋銀 10 元僱給日本人當聽差，實際上是幫日本人探聽消息。高順於甲午戰爭期間被步兵統領衙門拿獲，也供出了這次活動的經過：

光緒十九年四月初一日，我與景尚（井上）敏夫由煙臺坐小火輪船遊歷長山島、妙（廟）島、砣磯島、城皇（隍）島、硝（小）平島。景尚（井上）敏夫叫我觀看旅順炮臺。又往盛京遊歷皮（貔）子窩、大沽（孤）山等地方，見有旗兵駐防，景尚（井上）敏夫下船，我不知他作何事。又往安

---

[213]　《對支回顧錄》，下卷，第 677 頁。
[214]　《對支回顧錄》，下卷，第 561～562 頁。

第四章　日本間諜與對華的「作戰構想」

同(東)縣衙門，我下船掛號。又往高麗國遊歷大同江、平壤、仁川口，路過威海等處。所走洋面均用千斤柁(砣)試水深淺，每處相距約一百多里不等。五月十四日仍回煙臺公館。[215]

兩相對照，可知井上敏夫此次偵察活動歷時 43 天，其偵察重點是北洋的軍事要地和預想的日本主要進攻目標。

出羽重遠，福島人。海軍學校畢業。西元 1880 年任海軍少尉。1893 年，以海軍少佐任赤城艦艦長，奉命在中國沿海各要地巡航，窺探中國兵備及軍情，重在研究中國軍事力量的現狀與水準。因為自中法戰爭以來，在許多日本官員的眼裡，中國建造巨艦，修築海防要塞，採用新式武器，軍容頗整，在朝鮮問題上對日本採取強硬態度，特別是中國人又以地大物博而自詡，那麼，其實力究竟如何？雖世人有視此為疑問者，然終須弄清其中底蘊。這是關乎制定何種對華策略計畫的重大問題。出羽重遠受命後，手持日本外務省照會徑訪北洋大臣衙門，經李鴻章發護照，以公開身分到天津、北京、保定、旅順等地視察。出羽重遠抵旅順後，守軍主將宋慶待以賓禮。[216] 宋慶官至四川提督，守旅順逾 10 年，築炮臺 9 座，勤練士卒，當時被稱為「諸軍之冠」[217]。應出羽重遠的要求，宋慶在教場溝的練兵場集合全軍，舉行閱兵式，所有新式精銳武器展示無遺。[218] 透過多方實地觀察，出羽重遠認為，中國陸海軍徒具嚴整的外形，實際上外強中乾，僅一華麗的外殼而已。因此，他在報告中斷言中國軍備不足為懼。[219]

西元 1893 年是日本對華諜報戰最關鍵的一年。由於日本發動大規模

---

[215]　《中日戰爭》(中國近代史資料叢刊續編)，第 5 冊，中華書局，1993 年，第 396 頁
[216]　《對支回顧錄》，下卷，第 679 頁。
[217]　《清史稿》，列傳 248，〈宋慶傳〉。
[218]　《對支回顧錄》，下卷，第 679 頁。
[219]　《東亞先覺志士記傳》，下卷，第 585 頁。

第四節　邀請北洋艦隊訪日的背後

侵華戰爭的圖謀由來已久，但何時發動這場戰爭比較保險，尚難以決斷。瀧川具和、井上敏夫、出羽重遠等人的報告，使日本當局感到發動戰爭的時機已經臨近了。最後判斷此問題的任務，便落到了川上操六的肩上。

川上操六，鹿兒島人。舊薩摩藩士出身。明治初年，參加推翻幕府和鎮壓士族叛亂的國內戰爭。歷任步兵第八聯隊隊長、仙台參謀長、近衛步兵第一聯隊長等職。累進至陸軍大佐。西元1884年隨陸軍卿大山岩赴歐洲考察軍制，一年後歸國，晉陸軍少將，任參謀本部次長。1886年冬，再次奉派到歐洲，專門考察德國陸軍，以為日本之借鑑。留德凡一年有半，於1888年夏歸國。1889年3月，再次出任參謀本部次長。1890年6月，升至陸軍中將。以日本參謀本部次長的身分親自到朝鮮和中國進行偵察活動，以川上操六為第一人。[220] 他不滿足於派出之軍事間諜所蒐集到情報及其報告，因為肩負重任，「期望擴張日本國力於東亞大陸，預期必對中國一戰，唯借清、韓巡遊之名實地研究，始能揚韜略，何時東亞風雲一變，決勝千里之外，成算在胸而歸」[221]。

西元1893年[222]4月9日，川上操六從東京出發，先到朝鮮的釜山，繼往仁川、漢城等地考察，為時達一個月之久。5月11日，乘船抵達山東半島的煙臺。然後轉赴天津，與李鴻章會見。在天津期間，參觀了武備學堂和天津機器局，到北塘觀看了炮臺守軍的山炮射擊訓練。並在駐華武官神尾光臣的引導下，暗地檢視了天津周圍的地勢。6月中旬，又南下上海、南京等地活動，參觀了江南製造總局、金陵機器局和吳淞炮臺。還親臨日清貿易研究所，出席畢業典禮，以示鼓勵。直到7月初，始返回日本。透

---

[220] 《對支回顧錄》，下卷，第653頁。
[221] 《東亞先覺志士記傳》，下卷，第211頁。
[222] 《對支回顧錄》，下卷，「川上操六」條謂「二十五年(1892年)五月清韓兩國巡遊」，「根津一」條則謂「二十六年(1893年)川上參謀次長來航」，時間相差一年。據查，應以後者為是。

第四章　日本間諜與對華的「作戰構想」

過此行，川上操六「不僅看破了中國的極端腐敗，而且對其陸軍之強弱，乃至地形、風俗人情之微，均得一一細微觀察。確信中國不足懼，增強了必勝之信念」[223]。

由此看來，日本發動大規模侵華戰爭的決心，應該說在1893年就確定了。

▎第五節　甲午開戰前的最後準備

進入西元1894年春季以後，中國社會表面上風平浪靜，實際上早已波濤洶湧了。同年3月28日，在上海公共租界日人開設的東和洋行內，朝鮮開化黨人金玉均被同行的洪鐘宇所刺殺，日本國內的對外擴張論者乘機掀起一股反華浪潮。一批眾議員聯名向政府提出質詢，要求懲處中國。玄洋社更主張向中國興問罪之師，建議日本政府斷然對中國開戰。又去面見參謀本部次長川上操六。川上操六的回答是：「聞貴社為濟濟遠征黨之淵藪，豈無一放火之人乎？若能舉火，則以後之事為余之任務，余當樂就之。」[224] 暗示要伺機製造出兵和開戰的藉口。

這樣的機會終於來到了。剛過了不到兩個月，朝鮮便爆發了東學黨起義。玄洋社決定組織所謂「天佑俠」，設法打入起義軍內部，以便乘機挑起中日戰端。這些人皆「夙懷大陸經營之志，數年來屢次進出朝鮮，窺伺風雲變幻之機遇」。他們最常吟誦的一首日本古詩如下：

曾謁鎌倉右府墓，欲征大明汝諾否。

---

[223]　德富豬一郎：《陸軍大將川上操六》，第124頁。
[224]　玄洋社史編纂會：《玄洋社史》，1927年，第435～437頁。

第五節　甲午開戰前的最後準備

丈夫耀武萬里外，何為鬱鬱老此洲？[225]

概略的意思是，發揚鎌倉時代的尚武精神，遠征中國大陸，寧願耀武揚威於萬里之外，勝似鬱鬱一生老於故園。這樣，以武田範之為首的一隊17人的「天佑俠」便組成了。

武田範之，字洪疇，號保寧山人。舊築前久留米藩士澤四郎兵衛之三子，11歲時為福岡縣三瀦郡草野町武田貞齋之養子，故襲武田之姓。幼從吉富復軒、江崎巽庵等習漢學，擅長詩賦。後遊學京都及東京，好讀佛書，遂進入長岡曹洞宗專門學校研究佛教。又從天台宗碩學三好野千春修行，據稱對佛教之神髓頗有心得。[226] 武田範之雖沉迷佛教，卻滿懷「大陸經營」之志。早在西元1892年，他即西渡朝鮮釜山，並經海道抵全羅道的金鰲島，與前開化黨人李周會晤，深相結納。此後，即以釜山為中心，連年奔波於慶尚、全羅兩道之間，會晤東學道徒，探詢其法。相傳東學道主崔時亨潛居慶尚道尚州時，武田範之一度前往拜訪，欲進一步掌握其教義之奧祕，被崔時亨拒絕。1893年，為便於長期活動，又在釜山租賃房屋，作為玄洋社成員活動的據點，稱之為山紫水明閣[227]。及至1894年東學黨起義後，武田範之等一致認為，這是貫徹川上操六提出的「放火」任務，即挑起中日戰端的絕好機會。6月下旬，武田範之一行自釜山出發，水陸並進，經馬山浦、晉州、山清等地，抵達南原府。並在此稍事停留，以研究打入東學黨起義軍的策略。此時，起義軍的大本營已移駐淳昌郡。「天佑俠」一夥最後決定，由武田範之前往，先聯繫起義軍首領全琫準。7月初，「天佑俠」全隊來到起義軍營中，出示先已炮製的〈天佑俠檄文〉。該

---

[225] 《東亞先覺志士記傳》，上卷，第151、148頁。按：「右府」，指源賴朝，鎌倉幕府第一代將軍，創建了日本歷史上第一個武士政權。
[226] 《東亞先覺志士記傳》，下卷，第298頁。
[227] 戚其章：《甲午戰爭國際關係史》，人民出版社，1994年，第10頁。

第四章　日本間諜與對華的「作戰構想」

檄文稱：「日韓固同祖同文之國殘虐百姓者，守令；縱容守令者，閔族。而閔族暴政之根源，實為袁世凱及清國。」因此，「欲討伐閔族，須先掃除牙山清兵」。最後提出：「願奉公等為首領，吾等欣然馳驅在前，冒箭石，排刀劍，北上開闢入京之路，捨身赴死而已。」[228] 但他們沒有想到的是，全琫準對這夥突然冒出來的日本「俠徒」存有戒心，反而說：「日本陸續派兵前來，必是要吞併我國。」[229] 拒絕了「天佑俠」的「幫助」。

其實，在此之前，日本政府已決定派遣一個混成旅團進入朝鮮，占據漢城附近之要衝，以伺機挑起戰端。並命駐朝公使大鳥圭介迅速回任，給予特別指示：「倘局勢緊急不及請示本國訓令時，該公使得採取認為適當的便宜措施。」[230] 這實際上是把挑起戰爭的任務完全交給了大鳥圭介。在這種情況下，日本政府已不需要「天佑俠」去「放火」了。故有日人在談到金玉均被刺事件的影響時，即曾坦言：「對清開戰，雖為多年來之宿因，此事確為一大轉機。後東學黨亂起，我政府聞中國出兵朝鮮之報，急命回國之大鳥公使率兵入韓京。此事距金之死僅二月餘。大鳥成行後，日清戰端不久即起矣。」[231] 道出了從金案發生到甲午開戰的前後因果關係。

日本政府既然決定對中國開戰，便開始了發動戰爭的最後準備。在華日諜的活動也是前所未有的猖獗。李鴻章致總理衙門密電稱：「駐津倭領事及武隨員二人，自五月初至今，日派奸細二三十，分赴各營各處偵探，並有改裝剃髮者，狡猾可惡。」[232] 德商信義洋行經理滿德更以其親身經歷向李鴻章報告：「奉憲委乘愛仁輪船運兵赴牙山事，當滿德未抵唐（塘）

---

[228]　《東亞先覺志士記傳》，上卷，第 211～215 頁。
[229]　〈全琫準供詞〉，《報知新聞》1895 年 3 月 6 日。
[230]　陸奧宗光：《蹇蹇錄》，商務印書館，1963 年，第 16 頁。
[231]　石河幹明：《福澤諭吉傳》，卷 3，岩波書店，1932 年，第 398 頁。
[232]　《清光緒朝中日交涉史料》，卷 15，第 35 頁。

第五節　甲午開戰前的最後準備

沽時，居然有一倭人久住唐（塘）沽，此倭人才具甚大，華、英、德、法言語俱能精通，看其與他人言論間隨時用鉛筆注載，此小行洋人俾爾福所見。及滿德坐火車時，又有一倭人同載，滿德並未敢與之交談，則愛仁、飛鯨、高升船載若干兵、若干餉，何人護送，赴何口岸，該倭人無不了徹於胸也。既能了徹，安見不電知上海，由上海電知伊國也。」[233] 可見，北洋作為中國軍事指揮機關的所在地，已完全處於日本間諜的監控之下了。

除京津地帶外，上海是日本間諜的另一個活動中心。時任輪船招商局幫辦的鄭觀應，屢聞「倭人學華語，改華裝，入我內地及各埠作奸細者甚多」，便向盛宣懷上一條陳：

一、日本奸細頗多，近日經地方官拿到者有二處：其一係倭人改裝入內地者，當道送交該國領事，罰洋一元五角，釋放了事；華人通同者，亦釋放銷案。如此辦法，奸細越多，膽越大矣。宜稟北洋，嚴行通飭各處，認真稽查，如有拿獲日本細作，不必送交領事館，由中國衙門密行監禁，俟戰事畢日，酌斷放還。

二、電報局須傳諭，嚴戒不得與日本人往來，為日人打報及洩漏電報與日人。總辦應派委員密查，如司事、學生及局內丁役人等，但有此等情弊者，即照軍法從事，不可稍為徇縱。

三、機器局、軍火局、軍械所、糧臺及一切有關軍務之處，均須嚴查進出。不但日人不得混入，即情跡可疑或為日人代為細作，窺探軍情者，亦須查拿，不得徇縱。[234]

由於各方面關於日諜活動猖獗的報告紛至沓來，清政府也採取了一些預防措施。如當時擔任總辦電報事宜津海關道盛宣懷，便主張管制收發電

---

[233]　《盛宣懷檔案資料之三甲午中日戰爭》，下冊，上海人民出版社，1982年，第103頁。
[234]　《盛宣懷檔案資料之三甲午中日戰爭》，下冊，第178、115頁。

第四章　日本間諜與對華的「作戰構想」

報，向李鴻章建議：

> 竊查倭人狡猾，各口有人改裝偵探，用洋文密碼通電，大礙軍情。若專禁倭電，仍可託名他國人傳遞。自應照公例禁止一概密報。……除中國一等，三、四等有印官報，及駐洋各欽差一等報，督辦、總辦有印公報密碼照發留底備查外，凡商報無論華洋文密碼均不准收。明碼各電，應聽電局派員細看，如有關涉軍務者立即退還。至各國公使及總務司、津稅司有益中國之密電，京總署、津督署特允收發者，請由兩署加印飭局代發。各國來報亦須奉兩署特飭准收，仍送兩署轉交。此外密電概不准收。如有違誤，定唯局員、領班是問。[235]

此建議經李鴻章允准施行後，雖對日本間諜的情報輸送造成一定的不便，但不久之後日本間諜便改為用暗語發送有關軍事情報的明碼電報，以躲避官方的檢查。

在此時期，當時傳言最活躍的日諜當屬上海日清貿易研究所的成員。上海地方當局曾經探知：「倭人在滬向設有日清（貿易）研究所，約七八十人，五月以前陸續散夫，聞多改作華裝及僧服者，分赴北京、津、煙、江、浙、蜀、鄂、閩、臺各處，蕪湖尤多。」[236]這份情報的真實性究竟如何？日清貿易研究所畢業生向野堅一回憶稱：

> 明治二十六年（西元1893年），我畢業於上海同文書院的前身日清貿易研究所。同學中有離開上海回內地求職者，但多數人繼續留在校內，用一年的時間從事對中國的實地研究。至翌年二十七年（西元1894年），日清風雲告急之際，根津一先生召集我等，動員云：「日清兩國之間的戰爭，業已迫在眉睫。對日本來說，此戰是以富強自詡的清帝國為對手，不容樂

---

[235]　《清季中日韓關係史料》，卷6，1972年，第3367頁。
[236]　《中日戰爭》（中國近代史資料叢刊），第5冊，第7頁。

第五節　甲午開戰前的最後準備

觀。所幸的是，諸君通曉華語，又多少通曉中國之事，故希望能暗察敵之軍情及其他內情，為皇國效力。」我等皆無異議，立即從命，迅即開始行動。當時，研究所蓄髮辮的學生有十幾人，我是其中之一，裝扮為華人從事軍事偵察是極為方便的。於是，我等或往長江，或上天津，或去煙臺，各自分頭偵察敵情。[237]

與上述相互印證，可知上海地方當局所獲得的情報基本上屬實。試看甲午戰爭期間的一些日本間諜，大多數是日清貿易研究所畢業的學生，如向野堅一、鐘崎三郎、藤崎秀、豬田正吉、大熊鵬、楠內友次郎、福原林平、景山長治郎等皆是。此外，還有些是日清貿易研究所的幹部或樂善堂成員，如宗方小太郎、山崎羔三郎、藤島武彥、前田彪、成田煉之助、松田滿雄等。當然，在當時活躍的日諜當中，還有不少其他的大陸浪人乃至專職的軍事間諜。

所有這些日本間諜，大都長期居住中國，混跡於各界，十分了解中國情況，一旦剃髮改裝，冒充華人，又能說官話，甚至方言，往往不容易引起官方注意，即使在受到盤查時也能蒙混過關。再就是日本間諜常以租界為依託，平時出來到處活動，一旦聽到官府要嚴查的風聲，便躲進租界，該處的外國駐華領事竟為其提供庇護，使中國地方當局無可奈何。這便增加了清政府預防和打擊日本諜報活動的難度。有一份湖廣總督張之洞打給總理衙門的電報：

倭人剃髮改易華裝，潛入內地，探我虛實，專作奸細；事未敗露，難辨其為安分與否，最為隱患。近日迭接南洋來電、鈞署來諮，當經嚴密飭查。二十四日未刻，有倭人剃髮改易華裝，在漢口租界外行走。營勇向前盤詰，正欲查拿，該倭人即持刀抗拒，避入租界。英、美領事不肯交出，

[237]　向野堅一：《回憶日清戰役》，油印本，大連市圖書館藏。

第四章　日本間諜與對華的「作戰構想」

謂係日本安分人，即時護送其登輪往滬。既係安分，何必改裝？情弊顯然。擬請鈞署知照美使，日本人現在中國無論是否安分，不准剃髮改用華裝。如查有華服倭人，即照奸細拿辦。切囑美領事不得袒庇，庶免混跡內地，洩我事機。[238]

從該電報中不難窺知，儘管清政府屢飭嚴查日諜，而日諜為什麼仍然猖獗如故呢？因為一方面禁止在華日人剃髮華裝難以落實；另一方面日諜一旦被看破行跡，西方國家駐華領事還會出面袒庇。

從日方的大量記載看，當時活動在中國大陸的日本間諜，其主要的偵察目標是東北地區。這裡很早以前就是日本的垂涎之地。從西元 1872 年開始，就曾不斷派間諜潛入活動。到 1888 年，俄國計劃籌建西伯利亞大鐵路的消息傳來，在日本朝野引起極度恐慌。如何應付這種新出現的局面呢？這是令「興亞志士」們焦慮不已的問題。當時麇集在上海的大陸浪人時常聚談，出現兩種不同的觀點：一種是「西北論」，以荒尾精為代表，認為俄國入侵中國西北影響巨大，主張派得力人員前往新疆活動，力爭與劉錦棠聯繫，共同抗俄；一種是「東北論」，以川島浪速為代表，認為東北問題更重要，應盡早打算。川島浪速指出：「最足慮者為滿洲。將來俄國必向滿洲擴張。一旦滿洲落入俄國之手，中國、朝鮮同被扼住咽喉，則亡無日矣，唯時間早晚而已。此後日本如何自立，思之實在令人不寒而慄。故日東洋存亡之樞機在於滿洲。」[239] 在這場激烈的爭論中，荒尾精的「西北論」引起了上海日本浪人的共鳴，而川島浪速的「東北論」則和者寥寥。川島浪速非常氣惱，決定一意孤行，親赴東北地區，尋機打入馬賊之中，壯大勢力，以建立滿洲和蒙古東部為地盤的獨立國家。這是日人提出的分

---

[238]　《中日戰爭》（中國近代史資料叢刊），第 5 冊，第 6 頁。
[239]　《東亞先覺志士記傳》，中卷，第 240 ～ 241 頁。

第五節　甲午開戰前的最後準備

裂中國的第一個「滿蒙建國計畫」，得到了福岡玄洋社組織的大力支持。1889年2月，川島浪速由玄洋社員諏訪次郎、重野紹一郎二人陪同，離開上海浦東寓所北上。不料行至蘇北病倒，加上盤纏無多，只得半途而返。他的「滿蒙建國計畫」也因此告吹。其後，繼其志者有島川毅三郎。

島川毅三郎，本州三重縣人。畢業於縣立師範學校，任教員。後入伍，在名古屋師團服役。在此期間，受到中隊長神尾光臣的賞識。

西元1892年，神尾光臣奉命任日本駐華公使館武官，攜島川毅三郎一同來到中國，並安排島川毅三郎以《東京日日新聞》駐北京通訊員的名義為掩護，專門研究中國情況。1893年11月，小村壽太郎署理日本駐華公使，島川毅三郎益受知遇。1894年，島川毅三郎奉小村壽太郎之命，密赴東北地區及蒙古調查。[240] 他在東北蒐集到多方面的情報後，又潛入庫倫（今烏蘭巴托）活動。正在這時，突聞甲午戰爭爆發的消息，急忙離開該城，輾轉逃至海參崴，然後搭船回到日本。

真正在中國東北地區活動頗有成效者，要首推山本條太郎了。山本條太郎，本州福井縣人。6歲時隨父母移居東京。16歲時進入三井物產株式會社，開始了學徒生涯。最初被分到橫濱分店當店員。不久，山本條太郎便受到該店的賞識，被調列三井物產株式會社上海分店，開始負責經營進口東北大豆的業務。在此期間，他結識了廣東商人潘玉田。潘玉田在營口東二道街開設東永茂油坊，整天忙著買賣大豆，也樂意與山本條太郎交往。西元1890年，三井計劃大量購進東北大豆，因山本條太郎與潘玉田關係親密，便派他前往營口。於是，山本條太郎蓄起髮辮，著中國服，冒充中國行商，乘船北上營口，在潘玉田的幫助下完成任務。1894年春，山本條太郎升為三井物產株式會社上海分店代理經理。到甲午戰爭爆發前

---

[240]　《東亞先覺志士記傳》，下卷，第703頁。

第四章　日本間諜與對華的「作戰構想」

夕,中日關係益趨緊張,三井物產株式會社命山本條太郎離滬回國,但此時山本條太郎已同日本參謀本部和海軍軍令部拉上關係,決心繼續留在中國,為日本購買軍需品,或根據日本陸海軍情報機關的指令從事「機密行動」[241]。這樣,山本條太郎再次來到營口,借東永茂油坊在營口建立起第一個固定的情報據點。

越接近開戰,日本參謀本部越急需有關遼東半島清軍防禦的詳細情報。西元 1894 年 7 月,根津一根據參謀本部的密令,乘英國客輪潛回上海,指揮這場「敵情內探運動」[242]。根津一決定派兩組人員前往:一組是前田彪、成田煉之助、景山長治郎三人,其任務是調查遼東清軍駐防情況,掌握其具體營哨數目,隨時電告上海;一組是松田滿雄、山口五郎太二人,其任務是潛入旅順口,實地調查要塞情況,將見聞寫成報告。於是,兩組日諜一行五人,先由上海乘船抵達牛莊,然後再分頭活動。

前田彪等三人皆辮髮華裝,自稱經營大豆生意的商人,前田彪為掌櫃,成田煉之助、景山長治郎則為夥計。他們以營口為據點,深入遼東各地,窺探清軍動靜及兵數多寡,然後用營口大豆市場價格高低顯示,例如駐兵幾營幾哨即稱「大豆價幾兩幾分」,打電報給上海「諜報部」的角田隆郎。角田隆郎再將此內容編成新聞樣式,電傳給大阪《每日新聞》的上野理一,以轉報日本參謀本部。前田彪等頻繁地發電報到上海,引起當地官員的懷疑。一天,其官員突擊檢查,發現電稿上的數字與當日的大豆市場完全相符,不差分毫,便誤認為是一場誤會。前田彪等以此得以肆無忌憚,更加「有力探查情報,建立特殊功勳」[243]。

---

[241] 《東亞先覺志士記傳》,下卷,第 793 頁。
[242] 《對支回顧錄》,下卷,第 556 頁。
[243] 《東亞先覺志士記傳》,下卷,第 335 頁;《對支回顧錄》,下卷,第 509 頁;王振坤等:《日特禍華史 —— 日本帝國主義侵華謀略諜報活動史實》,第 63 頁。

第五節　甲午開戰前的最後準備

　　松田滿雄和山口五郎太與前田彪等分道而行，穿過清軍的警戒線南下，經蓋平、金州進入旅順口，並屢次潛入要塞區偵察。期間，山口五郎太數次被駐防清軍盤查和扣留，因其言語、打扮、動作就是中國人，每次都能順利過關。西元1894年10月中旬，始回到日本。他們向日本大本營提出的清軍防地實地見聞報告，對於日本制訂進攻遼東的作戰計畫具有重要的參考價值。[244]

　　日本間諜注意的另一個重要目標，是長江中下游一帶，首先是上海。鴉片戰爭後，上海是中國開關的五個通商口岸之一，並設立了由西洋人直接管理的租界。上海憑藉其優越的地理位置和自然條件，東南面向大海，北臨長江口，透過長江水運與蘇、皖、贛、鄂、湘、蜀等省相連，逐漸發展成為中國最大的貿易港口城市，被人們稱為「江海之通津，東南之都會」[245]。這樣，上海便成為清政府的主要財政來源之一。不僅如此，上海也是清軍軍火的重要供應地。因此，這裡歷來是日本間諜麇集之地。由於日商甚多，魚龍混雜，良莠不齊，極便於日諜隱蔽，查究困難。連當地官府也為之束手。據甲午戰爭初期的日僑寓滬註冊報表，當時在上海的日本店鋪27家，醫師和行商3戶，男女僑民136人（其眷屬尚未統計在內）。另外，受僱於西人公司的日本僱員和私人女傭，則達到67人。[246] 本來，清政府諭令在華日僑到當地縣署註冊的主要目的，是要求該日僑親往報名領取護照，以預防「復有干預軍事，漏洩軍情，以及改易華裝等弊」[247]。可謂用心良苦。實際上，這種措施也很難防止潛伏日諜的繼續活動。

---

[244]　《對支回顧錄》，下卷，第749頁；《東亞先覺志士記傳》，下卷，第466、505頁。
[245]　嘉慶《上海縣志》序。參看張洪祥：《近代中國通商口岸與租界》，天津人民出版社，1993年，第15～17頁。
[246]　《清季中日韓關係史料》，卷6，第3804～3823頁。
[247]　《清季中日韓關係史料》，卷6，第3801頁。

第四章　日本間諜與對華的「作戰構想」

　　從總理衙門檔案裡儲存的《在滬日本商人名冊》中可以看到，法租界洋涇浜路 4 號日本海帶公司有一名僱員叫小池信美。這個小池信美就是潛伏的日本諜報人員。小池信美，字霞庵，舊福島縣柵倉藩士須藤信甲之次子。7 歲時過繼給同藩親戚小池信德，因改姓小池。17 歲時，隻身來到上海，在日本領事林權助的幫助下得以寄身，開始學習華語。進入日清貿易研究所，專門學習華語。[248] 上海縣署怎麼會想到，這名日本公司僱員竟然是受過訓練的日本間諜呢？

　　其實，甲午戰爭爆發前夕潛伏在中國的日本間諜，只要是剃髮改裝者，都不會去登記註冊，在上海也無例外。荒井甲子之助就是明顯一例。荒井甲子之助，字圖南，千葉縣人。少時隨父母移居東京。稍長，學習漢籍數年。後進入陸軍教導團，升至步兵曹長。在此期間，荒井甲子之助就萌發了「大陸雄飛」之志。退營後來到中國，一面練習華語，一面到各地旅行，以調查風俗人情及地理形勢。西元 1893 年，他開始長住上海，辮髮華服，從事隱蔽活動。[249] 對此，上海地方當局卻毫無所覺。

　　在這種情況下，上海關於戰備的舉動盡在日人的掌握之中。日諜所蒐集到的軍事情報，或由海軍大尉黑井悌次郎直報海軍軍令部部長樺山資紀海軍中將，或由總領事大越成德向外務次長林董報告。試看以下兩份報告：

　　黑井：「據近日所密探，屢有將軍需品運出之事。又聞：向南方航行之外國船隻雖明知其所載為戰時違禁品，但祕密配合輸送者亦有之。」

　　大越：「經上海道臺之手，於城內張貼布告，募集兵勇，進行戰前兵員之準備。僅吳淞炮臺便募集新兵約 2,000 人。屬於清國北洋大臣管轄之

---

[248]　《東亞先覺志士記傳》，下卷，547 頁；《對支回憶錄》，下卷，第 550 頁。
[249]　《東亞先覺志士記傳》，下卷，第 606 頁。

第五節　甲午開戰前的最後準備

江南製造局及火藥製造所位於租界地上遊約 2.5 哩處。然而，其武器彈藥之輸送，則於租界地裝添，並經黃浦江出吳淞。而且該局……還增工人加速製造。歷來機器僅於白晝運轉，但自 7 月中旬以來……則不分晝夜。並於其周圍增加哨兵，禁止一般外人遊覽。」

可見，儘管東京與上海相隔遙遠，但日本當局對當地所發生的事情完全瞭如指掌。此前數天，英國政府見日本決意對中國開戰，要求日本視上海為中立區，不發動攻擊。日本也妥協，以贏得英國的支持。及接到來自上海的情報，日本外務大臣陸奧宗光便致電駐英公使青木周藏說：「可靠的來源報導說，中國正利用我們這個道義上的保證，把上海及附近地區變成戰備基地，在此地製造武器、彈藥和其他禁運品，並把它們運走。在這種情況下，日本為保護它作為參戰國的合法權利，恐怕不能遵守上述的保證。」只是由於英國政府態度強硬，這樁公案才不了了之。

長江下游的鎮江和長江中游的漢口，也是日本間諜機關注意的重點地區。鎮江地處長江與南北大運河的交會點，既是四通八達的交通樞紐，又是南北漕運中心，可謂地扼要衝。可以預見到，一旦日本在中國北方燃起戰火，此地必將成為運送軍糧、軍械及軍用物資的要津。根津一決定派金子新太郎來此坐鎮。金子新太郎，新潟縣人。19 歲時進入陸軍教導團，與同營之荒井甲子之助意氣相投，同抱「興亞」之志。西元 1893 年轉入後備役，經福島安正大佐介紹，與荒井甲子之助同渡上海，到日清貿易研究所訪根津一。根津一命金子新太郎前往蕪湖田中洋行，並勸他多與中國人接觸，以此為熟習華語的捷徑。後來，他便來到鎮江，以此為據點，又渡江至揚州，沿大運河北行，經寶應、淮安、清江浦等地進入山東地界，從而完全掌握了這條重要的南北運輸通道的有關情況。[250]

---

[250]　《對支回顧錄》，下卷，第 658 頁；《東亞先覺志士記傳》，下卷，第 236 頁。

第四章　日本間諜與對華的「作戰構想」

　　地處長江中游的漢口，是華中的交通樞紐，素有「九省通衢」之稱。作為樂善堂主要骨幹的宗方小太郎，雖然兼作北京分店的負責人，經常往來於中國大陸各地之間，卻不斷回到漢口，故在漢口居住的時間還是較多。西元 1893 年 1 月，宗方小太郎因籌款事回東京，逗留半年有餘，「左支右絀，終不得志，空手而歸」。憤懣之餘，他離開東京回鄉省親，於 10 月初仍回上海，此後即往來於漢口、上海兩地之間。當時，他對「日本政府及議會忙於內政方面的爭論，無暇顧及對國外的遠大經營」的現狀十分不滿。1894 年春，宗方小太郎突接好友山口外三的訃告，不禁追懷失蹤數年的浦敬一和廣岡安太，作詩云：

眼前耽姑息，事事多遲疑。

相率拜商賈，征逐漫嬉嬉。

何以明斯道？何以開鴻基？

……

北平剩大亮，堂堂存雄姿。

死者若有識，欣然開愁眉。

　　其待意謂儘管世事不盡如人意，但宗方小太郎仍決心為「興亞」竭盡全力，先死諸君當可舒展愁眉了。可見其侵華決心之堅決。不久，金玉均在上海被刺。消息傳來，宗方小太郎大為振奮，認為以此為開端，「終將揭開中日戰爭之序幕」[251]。

　　為了做好對華開戰的最後準備，宗方小太郎瞄準了作為當時中國重要的工業基地武漢三鎮，以《武漢見聞隨錄》的形式，撰寫了多篇調查報

---

[251]　《對支回顧錄》，下卷，第 366～367 頁。

第五節　甲午開戰前的最後準備

告。[252] 如下表所示：

編號	題目	內容
之一	武漢三鎮情形	地理形勢、人口、航運、輪渡、租界區域、總督衙門所在、駐軍及常泊軍艦、各國領事館、僑居洋人、商業等。
之二	學校及教會	武昌化學堂、武昌兩湖學院、武昌自強學院、武昌武備學堂、各國天主堂、耶穌堂、聖公會、傳道會等。
之三	漢陽製鐵廠	鐵政局之位置、職員及工人、鐵礦及煤等原料之產地、鐵政局內之部門、鐵政局經費、機器設備等。
之四	武昌織布局	織布局地位、各種機器臺數及紗錠數、洋布品種及每匹時價、棉紗每大捆價格、各號棉花時價等。
之五	水師及陸軍概況	漢陽水師編制、提督以下官員名額及坐船數、官員俸祿、薪水、養廉等發放冊、長江水師經費總數、綠營及練軍等。
之六	江南水師建制	長江分標界限、分營缺、分哨領、分汛隊、兵目、文案、船隻、器械、號衣、夥食、月餉、餉項出處、請餉項、提督及官弁數額、船數等。
未標號	鐵政局和槍炮局	鐵政局和槍炮局之現狀、職工人數、廠房區劃及工程現狀、鍋爐馬力與輕便火車、開爐期間、煉鐵之數量及種類、煉鐵之原料、煤炭、槍炮局之職工及生產等。

由上表可知，宗方小太郎的調查活動，除軍事要害部門外，已經深入到當地社會的各個角落。宗方小太郎的日記表明，這些報告都是應日本軍方的指示而提供。如3月14日日記：「致函東京島崎好忠（第8號，關於製造軍艦）。」3月16日日記：「完成赤城號艦長出羽君委託撰寫之對長江

---

[252] 吳繩海、馮正寶編譯：《宗方小太郎與中日甲午戰爭》，未刊稿，報告類。

第四章　日本間諜與對華的「作戰構想」

水師進行調查之報告書。」5月1日日記:「託楠內帶去致上海藤崎、大隈及島崎好忠(關於湖北兵備……等事,第9號)之函。」[253] 可見,僅從蒐集情報來說,日本為準備開戰做得是何等充分!

位於山東半島東北端的威海衛是北洋海軍的根據地,自然更成為日本間諜注意的重要目標。早在西元1888年北洋海軍成軍不久,日本情報機關即派間諜關文炳海軍大尉在威海、榮成一帶詳細調查。此後,日本間諜或辮髮華裝,冒充中國商人、小販、遊學先生等,或收買當地人做奸細,在這一帶頻繁活動。而且,其觸手已經伸展到了威海衛及其後路的各個角落。許多當事人和目擊者都提供了有關這方面的情況。例如:

在榮成。張益三說:「我父親外號叫張三麻子,在南門外開飯館。甲午戰前,南方船常到俚島,有時船客也會順便到縣城裡。有一年,一位船客在這裡住了很久,我父親還認他做乾爹。那位船客走了就再也沒來過。哪知道日本軍隊占領榮成後,這個人又來了。我家住在城西南隅,他到家裡來找我父親,是日本軍官打扮,四條大金線,這才知道他是個日本人。」[254] 李錫亭說:「甲午戰之先,有一位遊學先生在榮成地區遍闖學館,有時向塾師索紙書對聯,署名『大山』,一般塾師莫之注意也。及日寇登陸之後,有人重見其人於日本軍隊中,始如夢初醒,知為日人留辮偽裝華人而偵察情況者也。」[255] 當時的榮成縣城即現在的成山鎮,從此東行10餘公里有落鳳崗村,其東之海套俗稱筏子窩,就是當年日本侵略軍的登陸之處。

在威海溫泉湯村。鄒立居說:「光緒二十年九月,那時是割豆子的時

---

[253] 《中日戰爭》(中國近代史資料叢刊續編),第6冊,第97、102頁。
[254] 《張益三口述》(1958年記錄)。按:張益三,榮成城里人,當年10歲。
[255] 《李錫亭筆述》(1959年)。按:李錫亭,榮成馬山村人,生年不詳。曾為謝葆璋(知名作家謝冰心之父)幕賓多年。

第五節　甲午開戰前的最後準備

候。村裡來了兩個賣藥商,住在周宿的店裡。周宿開店賣大煙(鴉片),貪圖小便宜。這兩人就送他稻米,在店裡住了十幾天。這兩人說話不像北方話,也不像南方話,村裡老百姓懷疑是日本奸細,就到金線頂營盤報告。清兵包圍了村子,擺出一排槍。周宿和日本奸細便都從後窗落跑了。……村裡老百姓找到周宿交官,送到文登縣關起來。日本兵來後,文登縣又讓周宿回家了。」[256] 劉東陽說:「光緒二十年八九月割豆子的時候,溫泉湯來了兩個日本人,都打扮得像中國人,像是做生意的。他們帶的稻米不少,送給了周宿一些。周宿貪圖便宜,就讓他倆住在自己開的廣仁德店裡。有人向金線頂清兵報信,清兵來捉奸細。周宿放走了奸細,自己從後窗跑了。」[257] 這兩份口述相互對照,可知其事確鑿無疑。中日兩國雖然同在西元 1894 年 8 月 1 日宣戰,但山東半島之役卻是從 1895 年 1 月下旬開始,故日本間諜在宣戰後仍到這一帶活動。溫泉湯村位於威海南幫炮臺的後路,是從榮成到威海的必經之路。後來日軍在榮成筏子窩登陸後,就是經過這裡包圍南幫炮臺。

在威海海埠村。邵學經說:「光緒十八年,有一條船在海埠村停靠,共有 6 個人。他們上岸後,就在海埠村一帶畫地圖,那時也沒有清兵管。在這裡住了三個半月又走了。」[258] 這份紀錄沒有說這畫地圖的 6 個人到底是哪國人。百尺崖所的謝言允說:「聽我父親說,日本人來的時候手裡拿著地圖,哪裡有疃、哪裡有炮臺、哪裡有山、哪裡有井,上面畫得很詳細。不過有些名字和我們不一樣,皂埠嘴在日本地圖上寫成『趙北嘴』。」[259] 兩相對照,可知先前畫地圖的就是日本間諜。海埠、百尺崖所

---

[256]　《鄒立居口述》(1958 年記錄)。按:鄒立居,威海溫泉湯村人,當年 16 歲。
[257]　《劉東陽口述》(1958 年記錄)。按:劉東陽,威海劉家臺村人,當年 15 歲。
[258]　《邵學經口述》(1964 年記錄)。按:邵學經,威海海埠村人。
[259]　《謝言允口述》(1959 年記錄)。按:謝言允,威海百尺崖所人。

第四章　日本間諜與對華的「作戰構想」

兩村相距不遠，都在威海南幫炮臺的防區之內。由此看來，日軍進攻威海時選擇南幫炮臺為首要攻擊目標，應該是早有預謀的。

在威海劉公島。陳學海說：「戰前劉公島上就有奸細。有個叫傅春華的湖北人，是個不務正業的傢伙。他先在劉公島上殺豬，然後又抽籤，出入營房，引誘官兵賭博，趁機刺探軍情。」[260] 這個「傅春華」，到底真是湖北籍的中國人還是冒充中國人的日本間諜，口述的老人不可能說清楚。劉公島是北洋海軍提督衙門的所在地。不管怎樣，這足以說明日本間諜已經深入到北洋海軍的要害之地了。

山東半島臨海要地一直是日本情報部門的主要偵察目標之一。到底前後派遣多少批間諜來這裡活動，殊難查考。但據日方記載，直到甲午戰爭爆發前不久，日諜鐘崎三郎還來過這裡。鐘崎三郎，福岡縣人。曾進入日本陸軍幼年學校，因兄喪而退學。後去長崎跟隨御幡雅文學習漢語。西元1891 年 3 月，隨荒尾精渡上海，進入日清貿易研究所學習。半年後，化名李鐘三，潛伏在蕪湖日本商店順安號。1893 年又回上海。到 1894 年 3 月，日艦赤城號帶來日本海軍軍令部的指示，命鐘崎三郎北上山東半島偵察[261]。

於是，鐘崎三郎先隨赤城艦抵達漢口，與宗方小太郎會面。宗方小太郎 1894 年 3 月 12 日日記有云：「本日帝國軍艦赤城號來漢，停泊於武昌鮎魚套。鐘崎來訪，係乘軍艦來漢者也。晚餐後伴同鐘崎歸樂善堂。」[262] 即指此也。回程中，鐘崎三郎在鎮江離艦下地。此為 3 月 21 日事。然後渡江至揚州，取陸路北行，經淮安進入山東沂州府境，過蘭山（沂州府

---

[260]　《陳學海口述》（1957 年記錄）。按：陳學海，威海城裡人。是北洋海軍來遠艦水手。當年 20 歲。
[261]　《對支回顧錄》，下卷，第 576～577 頁。
[262]　《中日戰爭》（中國近代史資料叢刊續編），第 6 冊，第 96 頁。

第五節　甲午開戰前的最後準備

治，今臨沂市）、莒州（今莒縣）、青州府諸城縣等地進入膠州。鐘崎三郎先繞膠州灣一圈以考察港灣形勢，再到青島近觀新建軍港築造樣式，然後經即墨、萊陽兩縣，於 4 月 26 日抵達煙臺。他此番奉命北上，從揚州到煙臺，歷時 35 天，行程計 1,250 公里。

鐘崎三郎來到煙臺日本領事館的當天，領事伊集院彥吉就告訴他，他此次北來正趕上另一項重要的任務。原來，此前數日，日本輪船日本丸在成山角以南觸礁，船員不通華語，請求日領館的協助。於是，伊集院彥吉命鐘崎三郎以救護船民的名義前往，趁機詳細考察威海衛軍港及其後路形勢。翌日，鐘崎三郎便離煙東去，兩天半行程 150 公里，來到榮成縣城以南 10 多公里的東海岸倭島村。處理完遇難日本船民的問題後，他在回程中繞行了成山角地帶，並考察了威海衛軍港的形勢及設施。此行連來帶去 12 天，順利完成了任務。[263]

到 5 月下旬，鐘崎三郎奉命到天津報到，住紫竹林租界松昌洋行內，做日本駐天津海軍武官瀧川具和大尉的助手。6 月，瀧川具和在鐘崎三郎的陪同下乘帆船出大沽口，勘測洋河口以南的蒲河口和灤河口，與前番調查比較，發現還是洋河口為直隸海岸的最佳登陸地點。與此同時，瀧川具和也多方偵察旅順、威海要塞及北洋艦隊，並買通管道對海軍衙門的機密達到了瞭如指掌的程度。[264] 基於如此深入了解清廷，瀧川具和主張把握時機向中國開戰，於直隸決戰，迫使清廷訂立城下之盟。他向日本國內報告說：「（清國）人心動搖不定，軍隊中也往往聽到有發洩不滿情緒者。」並強調：「可乘之機就在今日，拖延時日使彼穩固基礎，非為得策。故謂

---

[263]　《日清戰爭實記》，第 18 編，東京博文館，西元 1894～1896 年，第 44 頁。
[264]　《對支回顧錄》，下卷，第 677～678 頁；《東亞先覺志士記傳》，下卷，第 309 頁；《日清戰爭實記》，第 18 編，第 44 頁。

第四章　日本間諜與對華的「作戰構想」

速戰有利。」日本最終決定向中國開戰，瀧川具和的報告影響甚大。[265]

至此，萬事俱備，只欠東風。宣戰已箭在弦上，而且日方知彼知己，只差最高當局下達進攻命令了。

---

[265]　藤村道生：《日清戰爭》，第 73 頁。

第五章

日本諜報的重中之重

第五章　日本諜報的重中之重

第一節　宗方小太郎兩探威海

　　西元 1894 年 6 月間，宗方小太郎正在上海，聽到日本出兵朝鮮的消息後，非常興奮，認為發動對華戰爭有望了。他在 10 日的日記中寫道：「熊本緒方二三、東京米原繁藏、上海田鍋安之助來函。田鍋詳細報告朝鮮東學黨之亂，本日傳聞日本派兵 3,000 名至朝鮮。此為近來一大快事，足以驚破太平之迷夢。」[266] 此後，宗方小太郎一面關注朝鮮時局的發展，一面與日本海軍軍令部分管海外諜報工作的第二局保持聯繫。

　　西元 1894 年 6 月 26 日，宗方小太郎突然接到日本海軍軍令部第二局局長島崎好忠大佐來電，命其迅即從漢口赴煙臺，與日本駐華武官井上敏夫海軍少佐會面。蓋此時日本以大島義昌陸軍少將為旅團長的混成旅團的主要兵力已進入朝鮮，與業已入朝的清軍相比，占有絕對的優勢。與此同時，日本海軍當局調整、改編了艦隊，以達到發動侵略戰爭的需求。當時，對於日本來說，北洋艦隊的存在無疑是一個巨大的威懾力量。因此，戰爭能否取勝，關鍵在於能否掌握制海權。為此，日本大本營所制定的對華作戰方案便包括了三策：第一，海軍獲勝，取得黃海制海權，陸軍則長驅入直隸，進攻北京；第二，海軍勝負未決，陸軍則固守平壤，以艦隊維護朝鮮海峽的制海權，運送部隊；第三，艦隊敗北，陸軍則全部撤離朝鮮，以海軍守衛本土沿海。[267] 日本想全力實現第一策。這樣，如何掌握黃海的制海權便成為擺在日本海軍面前的一個首要問題。日本海軍軍令部幾經斟酌，決定調宗方小太郎到煙臺，嚴密監視北洋艦隊的行蹤，以作為日本艦隊爭取海上航行主動權的第一步。

---

[266]　《中日戰爭》（中國近代史資料叢刊續編），第 6 冊，中華書局，1993 年，第 106 ～ 107 頁。
[267]　戚其章：《晚清海軍興衰史》，人民出版社，1998 年，第 397 頁。

第一節　宗方小太郎兩探威海

宗方小太郎接到命令後，不敢怠慢，於次日即乘招商局輪船「江寬」號離漢。6 月 30 日，宗方小太郎抵達上海。翌日，一面購買衣物，收拾行裝；一面向島崎好忠報告行程。7 月 2 日上午，再乘招商局豐順輪北上。宗方小太郎此番奉命北上執行祕密任務，心情相當複雜，可以說是既興奮又有一絲淒涼之感。他自然很興奮，因為在他看來這是「興亞」的一次難得的機遇。早在幾年前，他就反覆地闡述他的主張：要「興亞」，首先要「推倒」中國，「毋寧假借事端之名，出兵與之作戰，以取而代之」，從而「興日本以外之地，以修邦家之藩籬，希求邦家之太平」。[268] 如今一展平生之志的機會來了，怎麼能不躍躍欲試呢？但是，此行卻又是身入險地，前途莫測，想起離鄉多年，老母已逝，不覺憂思湧上心頭，潸然淚下。他此時的一首〈憶母〉詩可以反映出他當時的另一種心境：

此夕何堪淚潤衣，況還落拓未成歸。

追思二十餘年事，清夜臨風獨歔欷。[269]

7 月 5 日，豐順輪抵達煙臺港，宗方小太郎上岸後即赴日本駐煙臺領事館報到，並會見領事伊集院彥吉、書記生橫田三郎及駐華武官井上敏夫少佐。此時，他才完全明白此次調他來煙臺的真正使命。因任務緊急，他不敢耽擱，決定迅即潛往威海衛一覘。試看其 6 日和 7 日兩天的日記：

7 月 6 日日中兩國之危機愈益迫近，決裂即在旦夕。將情況大要通知上海之田鍋安之助、津川謙光、中島真雄等，並向東京佐佐友房報告日中關係之概況。下午東京海軍省角田秀松報告島崎好忠調職之事，立即覆函付郵。

---

[268]　宗方小太郎：〈狂夫之言〉，見吳繩海、馮正寶編譯：《宗方小太郎與中日甲午戰爭》，未刊稿。
[269]　東亞同文會編：《對支回顧錄》，下卷，原書房，1981 年，第 368 頁。

第五章　日本諜報的重中之重

7月7日上午青木喬、鐘崎三郎來訪。11時，在青木寓居之廣東街高橋藤兵衛處，與鐘崎等三人會見。下午2時，青木將赴天津。5時，玄海丸進港。日本新聞社通訊員北村文德、大阪每日社高木利太、外務省天野恭太郎到達。鐘崎亦於明日乘玄海丸返天津。余亦將於明日秘密赴威海衛軍港偵探敵情，欲帶一中國人隨行。均以此行危險，無人應者。余即決定獨自前往。於是脫去整潔長衫，改為村夫打扮，儼如一野人也。[270]

從宗方小太郎到達煙臺後的頭兩天日記中，可以清楚看到，這時的煙臺領事館已成為日本在華諜報機構的重要據點和交通站。不僅南來北往的日本情報人員皆在煙臺領事館中轉，而且煙臺領事館與中央情報機關保持著直接或間接的聯繫。日方調宗方小太郎來駐煙臺的目的，固然是讓他以監視北洋艦隊為主要任務；但同時也是為了當戰爭爆發之際，日本使領人員不得不下旗回國時，好讓宗方小太郎來接替井上敏夫少佐的職責。

宗方小太郎身負偵察北洋艦隊的重任，雖然一時找不到合適的嚮導或隨從，也只好親往威海衛軍港一闖。從宗方小太郎的日記看，他曾先後兩探威海：

初探威海。這次是從7月8日從煙臺起程，到13日回到領事館，連去帶來共5天：

7月8日清晨整裝後自領事館出發，往威海衛軍港，擬冒萬險以窺探敵軍之動靜。行30里開始降雨，衣履盡溼。下午3時，過寧海州。城周圍1,400公尺，有四門，人口六七百戶。又行5里，宿老元山村，人家十餘戶。

7月9日行25里，經上莊，過酒館，宿麓道口村。雷雨大至，全身

---

[270]　《對支回顧錄》，下卷，第367～368頁。

第一節　宗方小太郎兩探威海

盡淫。

7月10日行42里，抵達威海衛，投宿於西門內一小店。衛城圍2,000公尺，人口三四百戶，街道僅有通至四門之大街。港內軍艦10艘、水雷艇3艘，還有輪船1艘。夜登城樓，眺望港內形勢及燈火情況。

7月11日清晨登東門，視察港內情況。海灣南北有十餘里，劉公島前碇泊軍艦13艘。午時視察完畢，即自威海出發，夜宿酒館村。

7月12日自酒館出發，在上莊打尖。下午過寧海州，大雨。待晴後上路，又行10里，雷雨大至。向前涉河而過，水深及頸，河流頗急。夜宿唐家坡，離寧海州才15里光景。

7月13日下午到芝罘，即回領事館。[271]

宗方小太郎此次潛入威海，親自檢視威海衛軍港形勢。威海衛軍港讓他留下了深刻的印象。明朝洪武年間，為防禦倭寇襲擾和劫掠，在山東沿海設衛所多處，威海衛即其中之一。起初則有防無城，至永樂初年始建衛城，成為海防重鎮。清光緒時北洋海軍成軍，以威海為根據地。威海更成為舉世矚目的要港。宗方小太郎所登之「城樓」，即環翠樓，坐落於衛城之西城牆北部，該處適在奈古山東麓，乃依山勢而建，故明弘治間巡海副使趙鶴齡〈登環翠樓〉詩有「百尺崚增臺奈古，數層飄渺閣凌煙」之句。登臨此樓，可俯瞰威海全城及港灣，南北兩岸群山奔湧，劉公島屏障港前，艦船魚艇停泊灣內，皆歷歷在目。明兵巡道周之訓到威海巡閱海防時，登環翠樓有〈巡威海留題〉詩：「九折羊腸下施旌，朔風獵獵暮雲橫。遙聽鼉鼓劉公島，遍歷狼烽威海城。」宗方小太郎初到威海，即登上環翠樓俯瞰全港，目睹港內北洋艦隊的碇泊數目及其分布，深感不虛此行。

---

[271] 《對支回顧錄》，下卷，368頁；《中日戰爭》（中國近代史資料叢刊續編），第6冊，第109～111頁。

第五章　日本諜報的重中之重

再探威海。宗方小太郎回到煙臺之後不久，由於日本決意挑起戰爭，清政府被迫繼續派兵入朝。7月16日上午，李鴻章致總理衙門電報有云：

> 現派總兵衛汝貴統盛軍馬步六千餘人進平壤，宋慶所部提督馬玉崑統毅軍二千進義州，均僱商局輪船，分起由海道至大東溝登岸，節節前進，相機妥辦。所需軍火器械、糧餉轉運各事，均剋日辦齊，俾無缺誤。並電商盛京將軍，派左寶貴統馬步八營，進平壤會合各軍，圖援漢城。至葉志超一軍，昨已電商該提督移紮平壤，厚集其勢，俟其覆准，即派丁汝昌酌帶海軍能戰之船往朝鮮海面巡護遊弋，以資策應。[272]

此前數天，李鴻章致北洋海軍提督丁汝昌電，還有「內意擬將大舉水師，應速籌布置」[273]等語。不料這些電報皆為日諜所掌握。試看宗方小太郎7月17日日記：「有電報稱李鴻章新募淮勇十營，又有報告謂宋慶率旅順之毅字軍四營赴朝鮮。」[274]便可知道，日本間諜早在北洋大臣衙門裡安插了內線。後來的事實也證明了這一點。此時，宗方小太郎急切地需要了解北洋艦隊的動向，前幾日已向威海派出偵察員，只能等其回來再定奪。到7月19日，派去威海的偵察員回來，報告稱：

> 碇泊於該港之鎮遠、經遠、靖遠、濟遠、廣中（應為「威遠」之誤）、廣甲、廣乙、廣丙、來遠、鎮東、鎮西、鎮南、鎮北、（鎮）中、（鎮）邊、超勇、揚威等艦已作戰備，將於今日或明日相率赴朝鮮云。有魚雷艇二艘隨往。此外，定遠艦因修理攜帶魚雷艇前往旅順，預定昨日返回威海。[275]

這份報告顯然不夠準確，且有不少模糊之處。宗方小太郎覺得有必要

---

[272]　顧廷龍、葉亞廉主編：《李鴻章全集》，電稿二，上海人民出版社，1986年，第779頁。
[273]　顧廷龍等主編：《李鴻章全集》，電稿二，第774頁。
[274]　《中日戰爭》（中國近代史資料叢刊續編），第6冊，第110頁。
[275]　《中日戰爭》（中國近代史資料叢刊續編），第6冊，第110頁。

第一節　宗方小太郎兩探威海

再次潛入威海親自檢視。這次赴威海，本擬於 7 月 21 日動身，因天氣不好，推遲了一天。從 7 月 22 日從煙臺起程，到 26 日返回煙臺，連去帶來也是 5 天：

7 月 22 日清晨自領事館出發赴威海，宿於 85 里孟良口老爺廟之永順客店。此處位於威海與芝罘中間之上莊以東 5 里，為威海本道之第一要地。人家二戶，位於山麓。夜登山納涼，月上夜靜，四山寂寥，旅魂飛至天涯。成〈途上之作〉詩：

欲向邊城探敵情，笑上寧州百里程。

短劍晨洗千山雨，草鞋久渡水一泓。

此行非為煙霞故，擬為軍國輸寸誠。

斯軀可烹骨可碎，一片之心不可烹。

天公亦解烈士志，風雨送我亂軍聲。

7 月 23 日投宿於距威海 15 里之一小店，僅有人家一戶。

7 月 24 日清晨抵達威海，查點港內之軍艦，有 12 艘。又偵察西炮臺，並勘查百尺崖地方。隨後即返程，行 42 里至麓道口投宿。

7 月 25 日宿於老元山村之小店。

7 月 26 日道路泥濘，衣帽盡溼。行 67 里返回芝罘。上海山內嵒、田鍋安之助、朝鮮山崎羔三郎來函。本日當道地臺因即將開戰，通告保護僑民。[276]

日記中的「西炮臺」，即威海北幫炮臺；「百尺崖」，乃威海南幫炮臺所在地。可見宗方小太郎不但查點了威海港內的軍艦數，而且還乘機偵察了

---

[276]　《對支回顧錄》，下卷，第 368 頁，《中日戰爭》（中國近代史資料叢刊續編），第 6 冊，第 111 頁。

第五章　日本諜報的重中之重

威海港南北兩岸的海防炮臺。在他此次赴威海之前，已經預感到中日兩國開戰在即。

確如宗方小太郎所預感的那樣，在他從威海返程途中夜宿孤店的 7 月 23 日當天，日本軍隊便攻占朝鮮王宮，劫持朝鮮國王李熙，另組傀儡政權，演出了一場圍宮劫政的武劇。在宗方小太郎夜宿老元山村的 7 月 25 日，日本聯合艦隊又不宣而戰，在朝鮮豐島近海突襲北洋艦隊。這就徹底驚破了「太平之迷夢」，宗方小太郎之流「興亞志士」們期盼已久的大規模侵華戰爭終於爆發了。

▍第二節　日諜天津密會與宗方小太郎重返煙臺

日本既已挑起了戰爭，對於在華的使領館人員來說，下旗回國自是意料中事。這樣，如何部署撤使後的在華諜報工作，便提到了緊急的議事日程。於是有 7 月 28 日的日諜天津密會。

參加這次密會的主要人員有：日本駐華武官陸軍少佐神尾光臣，海軍大尉瀧川具和，陸軍中尉山田要、林正夫，以及石川伍一和鐘崎三郎。除這些在天津的情報官員及日諜分子外，並先已通知在煙臺的宗方小太郎前來與會。據宗方小太郎日記可知，他奉到命令後，即於 7 月 27 日搭乘「武昌」號北上，翌晨抵大沽口，進入白河，到達塘沽，再乘舢板至火車站。「乘 2 時 30 分火車頭等車赴天津。2 小時後過軍糧城車站，至松昌洋行，會晤石川伍一、堤（瀧川具和）、山田、林等。夜與堤、石川二君共同往訪神尾陸軍少佐，有所商議。夜間與石川、鐘崎暢談，一時半就寢。」[277]

---

[277]　《中日戰爭》（中國近代史資料叢刊續編），第 6 冊，第 112 頁。

第二節　日諜天津密會與宗方小太郎重返煙臺

此次日諜密會，經過反覆討論，大致商定了以下四項內容：

一、北京及各地使領館人員撤退後，日本駐上海總領事館仍需要保留，除總領事大越成德繼續在職外，原駐上海的情報官員酌留若干名，故此後以上海為在華諜報工作的指揮中心。

二、根據瀧川具和、山田要個人的要求，兩人繼續留在天津。

三、北京公使館撤退後，由原先所僱用之中國人看守，另調在滿洲的前陸軍少尉川畑丈之助（或作川畑丈之進）至北京，隱蔽下來以為耳目。

四、宗方小太郎迅即回到煙臺，主要負責繼續監視北洋艦隊的行蹤。[278]

這個計畫的第二項，在實施時遇到困難。因為日本駐華臨時代理公使小村壽太郎在離開北京之前，曾向英國駐華公使歐格訥（Nicholas R. O'Conor）透露過此事，歐格訥雖未明確反對，但表示有些擔憂。8月2日，小村壽太郎一行從通州乘船東行，於翌日到天津，上岸住紫竹林旅館。隨後，美國駐天津領事李德（Sheridan P. Read）來訪，小村壽太郎又將欲留山田要、瀧川具和繼續住在天津事相告，並徵求意見。小村壽太郎向外務大臣陸奧宗光報告稱：

據該氏（李德）所言，盡知該地清人對我國臣民頗抱敵愾之心。停留該地之我陸軍省員山田要及海軍省員堤虎吉提出仍欲繼續留住天津之意，但果如英國公使之所告，則有因此而妨害租界地安寧之慮。因該建議不無道理，故亦召集上述兩氏（同行）。僅石川伍一、鐘崎某，即辮髮清服之二人，因陸海軍務之關係，經山田、堤兩氏提議，批准其繼續滯留。但因美國領事建議，兩人不能立即進入租界地。[279]

---

[278]　戚其章：《甲午戰爭國際關係史》，人民出版社，1994年，第198頁。
[279]　《中日戰爭》（中國近代史資料叢刊續編），第9冊，中華書局，1994年，第402頁。

第五章　日本諜報的重中之重

小村壽太郎

　　在這種情況下，小村壽太郎只好命山田要、瀧川具和同路回國，僅留石川伍一、鐘崎三郎二人在天津。對此，李德雖不再反對，卻告知兩人暫時不能住在租界。

　　天津密會以後，宗方小太郎領銀 500 元，即乘火車至塘沽，因候船暫住春泰客棧。他與自天津隨來的所僱的中國人穆十同住。當天為 7 月 29 日。30 日晨，宗方小太郎離開客棧，登上「北直隸」號客輪。下午 2 時開船，於次日上午抵煙臺。回煙臺的當天，他即派穆十前往威海偵探。

　　8 月 1 日，即宗方小太郎回到煙臺的第二天，中日同時宣戰，兩國正式進入交戰狀態。在華日僑歸中立國美國保護。日本駐煙臺領事館人員不得不撤離。宗方小太郎 8 月 4 日日記記載：

　　上午與天津領事及僑民一同自該地撤離回國，乘重慶號輪來此之神尾光臣少佐、林正夫中尉、木下賢良、吳永壽等登岸至領事館。……與井上敏夫少佐交代完畢，予即繼續其事務。井上亦與領事於今日一同回國。本日領取偵察費 567 元。下午 5 時，美國代理領事到來，將我領事館加封關閉，蓋置於其保護下者也。於是，伊集院彥吉領事、橫田三郎書記生、高

第二節　日諜天津密會與宗方小太郎重返煙臺

垣德治三人及居留於本地之僑民一同自煙臺撤退，搭乘重慶號輪回國。致函上海田鍋安之助，報告予滯留煙臺之事。帝國國民而居留於此地者，僅予一人而已。戲賦一詩：

　　昨夜戰聲從遠傳，此時豈後祖生鞭？

　　海城一日人散盡，先握仙鄉風月權。[280]

詩中的「祖生」係指東晉名將祖逖。祖逖，字士稚，范陽（今河北省定興縣）人，早年與劉琨為友。劉琨，字越石，中山魏昌（今河北省無極縣東）人。兩人嘗同宿，皆有匡扶社稷、收復失地之志，中夜聞雞鳴而起舞。後劉琨聞祖逖被起用，與親故書曰：「吾枕戈待旦，志梟逆虜，常恐祖生先吾著鞭。」[281] 此「祖生鞭」典故之由來也。宗方小太郎在這裡恬然與祖逖相比，豈不知祖逖是立志收復國家失地的愛國英雄，而自己則是受日本軍國主義者驅使的鷹犬，怎可相提並論？這正所謂可笑不自量也。

到此時為止，日本駐華使領人員除上海總領事大越成德外，皆已先後下旗回國，但在中國仍然有一大批間諜分子留下來，分別潛伏於各地。其中主要有：

　　上海　根津一（陸軍大尉）、津川謙光（海軍大尉）、黑井悌次郎（化名東文三，海軍大尉）、田鍋安之助、伊東文五郎、福原林平、楠內友次郎、藤島武彥、白巖龍平

　　北京　川畑丈之助

　　天津　石川伍一、鐘崎三郎

　　營口　前田彪、成田煉之助、景山長治郎

---

[280] 《對支回顧錄》，下卷，第369頁；《中日戰爭》（中國近代史資料叢刊續編），第6冊，第113頁。
[281] 《晉書》，列傳第32，〈劉琨傳〉、〈祖逖傳〉。

第五章　日本諜報的重中之重

　　旅順　　松田滿雄、山口五郎太
　　煙臺　　宗方小太郎
　　普陀　　高見武夫

這些日諜分子，人數雖不算很多，卻在甲午戰爭期間掀起不少諜海風波。

井上敏夫離開煙臺前，曾將此後的任務交代宗方小太郎，並命宗方小太郎代行其事務。對此，宗方小太郎在日記裡有明確記述。但有一點在日記裡卻是不能寫的，那就是他所使用的電報暗語。當時，井上敏夫交給宗方小太郎重中之重的任務，是偵察北洋艦隊的動向，並用暗號電文報告上海轉電東京。其實，宗方小太郎所使用的暗號電文只有六句話[282]：

暗語電文	實際含義
買貨不如意。	北洋艦隊未出威海。
草帽辮行市如何？	北洋艦隊出威海攻擊。
近日回滬。	北洋艦隊之防禦由威海移至旅順。
要回國，速送 500 元。	北洋艦隊半數在威海。
送銀待回音。	威海無艦隊。
草帽辮今好買，速回電。	北洋艦隊由旅順返威海。

僅僅根據這六句話，日本海軍當局便可掌握北洋艦隊的主要動向了。

宗方小太郎在煙臺活動的時間雖只有 3 週多，卻蒐集到了大量重要的軍事情報。茲摘錄其接替井上敏夫工作後的日記如下[283]：

---

[282]　戚其章：《甲午戰爭國際關係史》，第 197 頁。
[283]　《對支回顧錄》，下卷，第 369～370 頁；《中日戰爭》（中國近代史資料叢刊續編），第 6 冊，第 113～117 頁。

第二節　日諜天津密會與宗方小太郎重返煙臺

8月5日終日在館。下午7時軍艦鎮邊號入港，蓋為購買糧食自威海來者也。直接派去威海的探事人探聞：自威海至成山角之電線已架設完成，山東布政使帶兵6營駐防於該地。本港附近地方招募兵勇200餘人赴旅順，歸提督宋慶節制。

8月6日上午7時，「通州」號輪船自天津駛到，我國小村公使一行搭乘該船回國。予以一函致書記官中島雄。又草擬交上海東文三（黑井悌次郎）報告書二通（第11號），報告北洋之動靜，託中島面交。晚上，招商局及道臺衙門官員來，似有所探查。

8月7日本日派高兒至威海，使之窺伺北洋艦隊動靜。

8月8日本日派穆十去旅順，探聽情況。下午2時，前於7月19日派往旅順之遲某，因無便船以致在彼處延誤，經過21天始得歸來。

8月10日「武昌」號輪進港，下午3時開往上海。致函東文三，報告威海、旅順之形勢。此函寄至四馬路三山公所，由白巖龍平轉交（第12號）。下午3時高某從威海歸來，謂據昨9日下午3時所見，目下碇泊於該港之軍艦有鎮遠、定遠、經遠、靖遠、來遠、致遠、平遠、超勇、威遠、廣丙、廣甲、康濟、湄雲、鎮東、鎮中、鎮北、鎮邊十七艘，另魚雷艇四艘。暮時，煙臺市內宣稱我艦以窺伺威海，開炮數發而去，人心頗為洶洶。

8月11日上午有便船，送出致上海東文三關於威海之報告，由田鍋安之助轉交（第13號）。帝國軍艦昨日炮擊威海之說已證實。本日碇泊於威海之軍艦悉數出口，僅留鎮東、鎮北、鎮邊、鎮中四艘。此說係自威海歸來之送信者所報告。

8月13日傳說孫金彪派兵2營駐紮於煙臺威海間之要地。

8月14日10日，鎮遠、定遠、經遠、來遠、致遠、靖遠、平遠、廣

第五章　日本諜報的重中之重

甲、廣丙、濟遠（10日下午經修理後返回威海）、揚威十一艦，帶魚雷艇兩艘，自威海出口，赴朝鮮近海，因未遇敵艦而於13日返抵威海。又本日鎮遠、定遠、經遠、來遠、致遠、靖遠、廣甲、廣丙八艘出威海，巡航旅順、大沽等處。

8月17日從中國信局發出由田鍋安之助轉交上海東文三之報告（第14號）。目前自煙臺率兵2營赴威海之孫金彪，昨日返煙，帶回400人，其餘600人到威海後分紮於沿途要地。駐防旅順之豫軍8營於14日由陸路向朝鮮出發。

8月19日廣乙號遇難之兵於本月14日自威海出發，據來此地者稱：目下威海僅有超勇及魚雷艇3艘，其餘軍艦大都在大沽、山海關一帶，裝載陸軍送往沙河子。丁汝昌現亦在天津。此外，據18日上午所見，鎮北、鎮中、鎮邊、鎮東四小艦亦在威海。上海東文三覆函到，謂予之第12號報告未曾送到。

8月21日潛伏於天津之石川伍一終於被官府捕獲。下午派高某去天津，命其窺探石川之現狀，兼探聽津沽之動靜。

8月26日下午上海東文三所派特使來到，稱東京本部來電，命予速往上海。蓋以予之第12號密函及第14號密函均落於中國官府之手故也。予立即收拾，因派往天津之急使尚未返回，稍事等待。擬乘「通州」號輪赴上海。

從宗方小太郎這20幾天的日記中，可以知道，他始終在煙臺坐鎮指揮，命手下被收買的中國人，如穆十、遲某、高兒（又作高二，即高順）等，頻繁往來於旅順、威海等地，將北洋艦隊的行蹤隨時報向日本國內，影響日本聯合艦隊力爭掌握海上的主動權甚深。

關於宗方小太郎在煙臺的這段經歷，他本人曾有一篇自述：

第二節　日諜天津密會與宗方小太郎重返煙臺

（7月）31日公布宣戰之電報到達。8月4日及6日，在北京、天津、芝罘等地之日本人隨公使、領事等歸國。此時日本之留於華北者，僅天津我友石川一人而已。此後予即潛伏於芝罘，變服裝，改姓名，稱宗玉山、宗鵬舉或鄭如霖，向威海、天津、旅順、膠州等地進行偵察，屢次出入於生死之間。報告此間敵國軍情，每次均經上海友人之手轉致本國。8月26日，上海東文三之使者來到，帶來密函報告，予之軍事報告二封中途為中國官府所奪，索予甚急，何不速歸。且此時軍令部來電，召予速返上海。於是決計南歸，唯以派往旅順、膠州、天津之偵察員尚未歸來，因稽留數日，策劃善後，託之於中國人某。[284]

由於宗方小太郎的第12號和第14號兩封密函在上海為探員沈敦和所截獲，查實係偵察軍情。南洋大臣劉坤一來札，令登萊青道劉含芳查拿，加以上海及東京皆促宗方小太郎速至上海。宗方小太郎只能一走了之了。

關於上海官廳所截獲的日諜密函究竟是哪兩封，宗方小太郎本人的記述前後不一。8月26日的日記說是第12號和第14號，而8月31日的日記又說是第12號和第13號，那麼，應以何者為是呢？揆以情理，8月26日所記可能是正確的。因為第12、第14兩封密函皆是從信局付郵，自然容易被查出，而第13號密函是託熟悉的人帶往上海，不太可能有問題。不管怎樣，即便是只有第12號密函被查獲，也足以構成官府查拿的證據了。現宗方小太郎的第12號密函已被發現[285]，其內稱：

20天前派往遼江探事人杳無蹤跡，本月8日午後忽然回來。據云因無便船以致遲緩，其探得之事實半多傳聞。派在威海衛之探事人後日諒可回來。8日又派一人赴膠州灣。6天前在威海之兵船係定、鎮、來、平、經、

---

[284]　《中日戰爭》（中國近代史資料叢刊續編），第6冊，第120頁。
[285]　《中日戰爭》（中國近代史資料叢刊續編），第6冊，第132～134頁。

第五章　日本諜報的重中之重

靖、廣甲、廣丙以下共 15 艘。一切俟探事人回來再詳告。

前託由天津回去之某人帶呈一書，未識曾否收到？此後除非緊要之事，不肅函奉聞。故先約定，閣下留意焉。至於閣下處，亦除非緊要之事，望勿通信。其來往信中應忌避之字，概用本國字母代寫。本地官府頗嚴，萬一緊要之信在中途為彼得見，自必禍及鄙人。日前領事署員撤退之後，因有一電報前來，以致招商局並道臺衙門派員前來清查蹤跡可疑之日本人，多方搜尋。又日前有某人之私信在大沽被清兵奪去，自此以來，該處地方官日派小火輪嚴查。鄙人只有小心避之一法。目下僕使用清人作探子，頗為困難，尚乞原諒。

這就很清楚了，不用說官府的探員，即使是一般識字者，也完全能夠看出這是一份日諜的機密報告。所以，上海官廳一面派員在碼頭等地嚴查可疑者，一面報請南洋大臣行札登萊青道，告以：「獲到倭人宗方自煙來信，查核來摺，實係偵探軍情，飭即查拿。」[286] 無奈各處衙門辦事拖拉成風，加以繁文縟節，等公文送到煙臺時已到了 9 月下半月，而宗方小太郎早在半個多月以前已經逃離煙臺了。

宗方小太郎是在 8 月 29 日逃離煙臺。這一天，恰好英國怡和洋行的「連升」號客輪從天津開來，在煙臺碼頭上下客後再開往上海。他先將領事館善後問題委託中國人張某辦理，然後除數種重要檔案隨身攜帶外，均留置於館內，與上海派來的「特使」同時登船。沒想到一登上「連升」號，便發現有六個認識他的中國人，所以在將近兩晝夜的海上航行中一直提心吊膽。他在日記中詳細記下了當時的情景：

8 月 29 日出領事館時已被中國人所知，予雖知事已敗露，進退兩難，但毋寧進而失敗，遂決心斷然登上連升輪。船上見舊時相識之湖南人某某

---

[286]　《中日戰爭》(中國近代史資料叢刊續編)，第 6 冊，第 132 頁。

第二節　日諜天津密會與宗方小太郎重返煙臺

二人及其僕從二人,予故作不知之態,避至下層之下等船艙。既坐定,忽見南京長江水師提標親軍中營把總即在前面之船艙,亦熟人也。此時置身敵中,一無辦法可想。一度想棄船登岸,又恐為當地人所識破。轉念抵達上海之兩晝夜間,同船前後有相識者六人,萬無認不出之理。於是決心一死,委命於天。……唯蔡某之房間即在面前,欲避不能,若不先發制之,終難自全,遂毅然前往叩其室,會見蔡氏。蔡見予,大驚無言。予徐徐曰:「兩國已開戰矣。」彼冷然曰:「果有此事乎?未之聞也。」暗示與予斷絕之意。余曰:「余幸為儒生,在國內無官職,依舊得放浪於山水之間。今將暫歸滬上,以避紛擾。」彼曰:「嗟!危哉!足下之死生實在此船中。豈未聞官府懸賞數百金以購公等乎?」予不動,從容曰:「不向船中人告知予為日本人,可乎?」彼曰:「當然。若一旦知君為東人,恐我無見君之期矣。」余聞此言即知其意,遂曰:「然則遵命,不敢以告他人。亦願足下祕而不宣也。」蔡諾之。少焉,上海官廳特派駐船之官員來,詢予之籍貫、姓名、職業及前往何處。予答曰:「湖北蔡店人,姓鄭,煙臺和記洋行職員,現將返鄉。」彼不再詰問,當即離去。適臥於予之身後吸食鴉片之船客,亦為湖北蔡店附近之人,若此人與予交談,或將露出破綻亦未可知也。3 時開船。

8 月 30 日一夜多雲有雨。天明後頗恐為另五人所識破,時加警惕,天幸終未為彼等所發現。

宗方混過了船上這一關,雖將要下船時又遇到麻煩,卻也終於化險為夷。

8 月 31 日上午 10 時半,輪船進入吳淞口,因得碇泊該處之中國軍艦發出之訊號,輪船停止前進。余竊疑其故。少頃,船內喧聲頓起,謂有營官來捕捉日本人。即上甲板窺探,見洋員兩名及中國員弁三人自小艇登船。既已下定決心,知終不可免,若退避逡巡,反更為彼所疑,遂進至

第五章　日本諜報的重中之重

清弁之前,從旁聽其所問。清弁問船長:「日本人宗方在船上否?」船長答:「船上無日本人。」清弁又謂:「或已改裝,難以辨別,亦未可知。彼膚色白而眼大。」洋員亦有所詢問,因予不懂洋語,只聽其三次講到 munakata,此為宗方之日語發音也。船上乘客皆面面相覷。予則故意呆立一旁,一面揮扇,一面聽其問答。船長既肯定船上無日本人,彼等遂遍視船內後離船。連升輪隨即開航。萬一彼等就乘客逐一詢問,乃至檢查行李,則予萬無逃生之道矣。[287]

由於作為武員的蔡廷標喪失民族觀念和清朝官吏的層層失職,宗方小太郎才得以逃脫。

宗方小太郎逃到上海後,又開展了一些活動。後來風聲越來越緊,便與黑井悌次郎同乘英國輪船「安塞斯」號於 9 月 8 日離滬,於 11 日逃回日本。

第三節　力爭海上主動權

當宗方小太郎被上海官廳通緝後,日本國內的報紙曾登載過他在中國被處決的消息,人們皆信之。後來宗方小太郎脫險回國,日本媒體競相報導,並加以渲染。可是,愈到後來,宗方小太郎的事蹟愈被誇大。如 1934 年平山岩彥等人回憶[288]:

英船高升號運載李鴻章毅軍□千人將出發至仁川,被宗方探知,立即通報我方,在近處的浪速艦艦長東鄉果斷一舉擊沉「高升」號,使內閣為

---

[287]　《對支回顧錄》,下卷,第 370～371 頁;《中日戰爭》(中國近代史資料叢刊續編),第 6 冊,第 118～119 頁。
[288]　平山岩彥等:《我們的回憶錄》,《九州日日新聞》1934 年 9 月連載。

第三節　力爭海上主動權

之震驚。然此舉使牙山、成歡等地的陸上敵人敗退，解除了後顧之憂，不僅渡過漢江，啟京城、平壤戰捷之端，而且順利跨過鴨綠江，進入滿洲。

1972年，波多博回憶[289]：

當時，他為海軍潛入芝罘、威海衛要塞地帶。芝罘是通商口岸，他便以芝罘為根據地，隨時潛入威海衛，刺探北洋艦隊之所在。對於日本海軍來說，此事非常重要，因為要取得制海權必須準確地掌握北洋艦隊的情況。正由於此，日本海軍才得以封鎖威海衛，並擊敗了北洋艦隊，從而獲得了制海權。

這兩篇回憶文字的共同特點，是充滿了溢美之詞。前一篇將甲午戰爭期間日本軍隊的所有戰績都歸於宗方小太郎一人，未免過於出格，此不言而喻。後一篇說日本海軍封鎖威海衛也是宗方小太郎的功勞，其實日本海軍封鎖威海衛是在西元1895年1月，而宗方小太郎早在1894年8月底便逃離了煙臺，也是十分牽強附會。不過，這裡提出的爭取制海權倒是個至關重要的問題，它與宗方小太郎究竟有什麼關係，則需要釐清。

應該說，理論上來講，中日雙方在黃海海戰以前誰都不算掌握了制海權。在戰爭爆發之初，中日海軍力量整體上旗鼓相當，但在某些方面日本海軍則占有一定的優勢。儘管如此，日本艦隊並無主導地位，其海上主動權自然便受到了限制。在這種情況下，如何力爭海上的主動權便成了日本海軍的首要任務。

起初，日本軍艦用掩蓋國籍或假冒其他國家國籍的辦法來渾水摸魚，但很快便被中國將領識破。如煙臺守將孫金彪即接到德國商人來告，該德商自朝鮮來，「途遇倭船，假用英旗，船身有經塗黑者」[290]。還有丁汝昌

---

[289]　波多博：〈談宗方先生〉，《宗方小太郎文書》，第701～706頁。
[290]　故宮博物院編：《清光緒朝中日交涉史料》，卷15，1932年，第35頁。

第五章　日本諜報的重中之重

給李鴻章的報告：「查倭人狡計百出；其兵商各船往往假用他國旗幟，往來朝鮮海面，幸圖影射。且借用他國旗號，時刻無定，見德船則升英旗，見英船或升法旗。似此混亂，誠於各國商務大有妨礙。」[291] 也有記載謂曾見日艦懸掛美國旗[292]，甚至乾脆不掛任何旗幟[293]。這些記載的真實性究竟如何？在甲午戰爭以來的100年間，由於始終未曾發現日方的資料以相印證，研究者為慎重起見，一般都不予引用。後來，日本學者從日本防衛研究所圖書館裡發現了當年日本海軍軍令部編纂的一部相當龐大的海戰史，即未曾公開刊行的《二十七八年海戰祕史》。它與東京陽春堂正式出版的《二十七八年海戰史》不同，記載了大量的機密事項。如其中提到日本海軍軍令部曾為「高千穗」號等艦事先確立的偵察方法，即有「為不使敵人察覺我們的偵察行動，特懸掛外國軍艦旗幟」的內容，甚至具體到何時掛美軍艦旗、何時掛英軍艦旗等等[294]。可見，此事確鑿無疑。為此，總理衙門曾致英國公使歐格訥照會，內有「探聞日本船隻假用英旗，尤為險詐。既如此陰謀，難保不用假他國旗號，以圖混跡」等語。但英國與日本早有默契，雖在覆照中也承認「冒用他國旗號，所犯匪輕，該船應科以重罪」[295]，但在事實上並未直接出面制止。故後來日本海軍更是肆無忌憚，不但在軍艦上仍懸英國旗，而且還公然冒充英國人[296]。

日本海軍用假冒他國軍艦固然便於在海上隱蔽行動和偵察，但還不算取得海上的主動權。當時，日本海軍的作戰方針是，在中日兩國海軍尚未

---

[291]　《清季中日韓關係史料》，卷6，1972年，第3447頁。
[292]　《中日戰爭》(中國近代史資料叢刊續編)，第1冊，上海人民出版社、上海書店出版社，2000年，第66頁。
[293]　顧廷龍等主編：《李鴻章全集》，電稿二，第846頁。
[294]　中塚明：〈關於日本海軍的二十七八年海戰祕史〉，見戚俊傑、劉玉明主編《北洋海軍研究》，天津古籍出版社，1999年，第106頁。
[295]　《清季中日韓關係史料》，卷6，第3373、3466頁。
[296]　戚其章：《甲午戰爭史》，人民出版社，1990年，第369～370頁。

第三節　力爭海上主動權

決戰，即日本尚未獲得制海權之前，應先力爭取得海上的主動權。日本海軍軍令部將宗方小太郎從漢口急調煙臺，目的就是要貫徹其既定的作戰方針。應該說，宗方小太郎不辱使命，按時送出了一份關於北洋艦隊動靜的重要報告。這是他在8月6日託公使館書記官中島雄帶給上海黑井悌次郎轉報東京的第11號密函。此報告稱：

  北洋艦隊之勢力自上月24[297]日在仁川近海小敗以後，似頗受挫折。以今日之情況猜想，已可斷定中國艦隊已捨去進取之策，改為退守之計。依鄙人所見言之，北洋艦隊絕不能越出北緯16[298]度之外。昨日下午鎮邊號開入海港，茲就艦上之人探聽，目下碇泊於威海之艦數僅鎮遠、定遠、來遠、經遠、致遠、鎮西、鎮中、鎮北、鎮東九艘。此外，如平遠、靖遠、超勇、揚威、康濟、威遠等艦，則已出口進攻云。據本月4日威海偵察員歸來（3日晨發自威海）稱，威海艦隊預定以3日正午為期開往朝鮮。今日視之，此言與鎮邊艦上所帶來之報導頗相符合，或為實情亦未可知。然假定上述平遠等艦果已向朝鮮出發，則旅順、大連灣要地已無一艦碇泊。以目下形勢而言，中國斷無使自身之要地空虛而向朝鮮進攻之勇氣。由是觀之，雖有所謂以威海艦隊之半數開向朝鮮之說，其實可能派遣至旅順地方。……

  今日之急務，為以我之艦隊突入渤海海口，以試北洋艦隊之勇怯。彼若有勇氣，則出威海、旅順作戰。彼若不出，則可知其怯。我若進而攻擊威海、旅順，則甚為不利，應將其誘出洋面，一決雌雄。否則，持重於朝鮮近海，以待彼之到來，其中雖必有所深謀遠慮，然為鄙人所不能理解者也。根據鄙見，我日本人多數對中國過於重視，徒然在兵器、軍艦、財力、兵數等之統計比較上斷定勝敗，而不知在精神上早已制其全勝矣。

---

[297]　《清光緒朝中日交涉史料》，卷16，第36頁。
[298]　顧廷龍等主編：《李鴻章全集》，電稿二，第866～867頁。

第五章　日本諜報的重中之重

噫！今日之事，唯有突擊之一法。「突擊」二字，雖頗似無謀之言，然不可不知無謀即有望也。[299]

在此報告中，宗方小太郎根據所獲得北洋艦隊行蹤的情報，斷定中國海軍「已捨去進取之策，改為退守之計」，並建議以艦隊「突入渤海海口」，將北洋艦隊「誘出洋面」，然後伺機「一決雌雄」。日本海軍當局十分重視此建議，立即採納，決定進而採取以艦隊遊弋於渤海要港之外並伺機擾襲的行動計畫。

從此，旅順、大連、秦皇島、成山、威海衛等要地海上不時可見到日本軍艦的蹤跡，使清政府難測日軍的意圖所在。8月10日，日本艦隊突然襲擊威海發，當地告急電報紛至沓來，清政府大為震動。茲將其要者錄之如下：

本月初九日夜，有倭船四只從成山洋面滅燈潛行。初十日早，威海炮臺開炮轟擊，仍往西北行駛。[300]

丁提督初九早統定、鎮、致、靖、經、來、平、甲、丙、揚共10船，赴大同江巡擊，僅留超勇及二蚊船防威海。頃威海文武急電，倭兵船21只，突於初十卯刻駛近威海南北口外紛撲，戴宗騫、張文宣、劉超佩等各督炮臺弁兵齊放大炮轟擊，中傷不少，現尚相持。

成山頭電：9點30分，只見倭船7艘由威逃回，過成山，相距三十餘里；6艘向東北速駛；一向東云。查成山向東北、向東，皆指韓境。倭來威大小21艘，除逃回7艘外，計尚有14船在北洋游弈。

威海申初電：倭船擾南北兩口俱不得逞，分兩起東走。前自山頂瞭

---

[299]　《中日戰爭》(中國近代史資料叢刊續編)，第6冊，第114～115頁。
[300]　《清光緒朝中日交涉史料》，卷16，第36頁。

第三節　力爭海上主動權

望,已不見倭船。[301]

由以上電報可知,日本海軍根據宗方小太郎所送北洋艦隊將開往朝鮮的電報,認為這正是襲擊威海的好機會。自從獲悉北洋已於 8 月 9 日早晨開去朝鮮,便於是日夜令各艦滅燈潛行,隱蔽於成山洋面。

10 日黎明後,日艦分批向威海南北兩口紛紛猛撲,威海南北幫及劉公島炮臺開炮轟擊,相持約 3 個小時,日艦始陸續東駛遠逸。

日本海軍擾襲威海衛之日,正是丁汝昌率北洋艦隊主力到達朝鮮大同江口之時。丁汝昌一面派廣甲艦帶魚雷艇兩艘進入江口,一直進探至鐵島,一面率各艦巡視近海各島,均未發現日艦蹤影。此為 8 月 11 日之事。正在此時,日艦 20 餘艘則「乘虛往來威海、旅順肆擾,各處告警」,並散布擬「赴山海關、秦皇島截奪鐵路」之謠。12 日,清廷降旨:「丁汝昌所帶兵艦現在何處?著李鴻章嚴飭令速赴山海關一帶,遇賊截擊,若能毀其數船,亦足以贖前愆。」此旨由李鴻章委託金龍船主代為傳諭,在海洋島與北洋艦隊相遇。丁汝昌當即下令起碇西航,於 13 日晨回到威海後,見到李鴻章電令:「此正海軍將士拚命出頭之日,務即跟蹤,盡力剿洗,肅清洋面為要,不可偷懶畏葸干咎。」但是,丁汝昌率艦迅赴「直、奉洋面巡緝」的結果,「日船並未直撲山海關,大沽口更無日船游弋」,證實所傳不過是謠言而已。[302]

日本海軍跟北洋艦隊玩這種像捉迷藏的遊戲,將北洋艦隊牽著鼻子走,使其東尋西找而一無所獲,十分被動。為此,李鴻章甚是難堪,也非常惱火。他致電丁汝昌和戴宗騫,大為不滿地說:

---

[301]　顧廷龍等主編:《李鴻章全集》,電稿二,第 866～867 頁。
[302]　顧廷龍等主編:《李鴻章全集》,電稿二,第 876、878～879、883 頁。

第五章　日本諜報的重中之重

倭船究係何往？戴電，今早大幫南行，見我船，即退向北。丁又云，明日向西剿洗。豈回威一日，並未探確敵蹤，即謂向西剿洗，又空走一遭，徒令各處疑懼耶？

朝廷亦同時降旨切責：

丁汝昌巡洋數日，何以未遇一船？刻下究在何處，尚無消息，李鴻章已專船往調。著再設法催令速回北洋海面，跟蹤擊剿。該提督此次統帶兵船出洋，未見寸功，若再遲回觀望，致令敵船肆擾畿疆，定必重治其罪。[303]

此後，日本海軍繼續如法炮製，北洋艦隊始終一籌莫展。雖然在9月17日黃海海戰以前20幾天內，理論上來說中日雙方都未掌握制海權，但由於日本海軍根據宗方小太郎的建議而制定了游弋加襲擾的機動靈活戰術，事實上已取得了海上主動權。對日本海軍來說，宗方小太郎的「功績」就在於此。所以，他逃回日本後，明治天皇睦仁命他穿著在中國偵探時所改裝用的華服來見，在廣島大本營親自接見，並加以慰問。他不禁為之感激涕零，在日記裡寫道：

區區微功竟達叡聞，以一介草莽之軀，值此軍事倥傯之際，得荷拜謁萬乘之尊之光榮，實不勝感泣之至！微臣滿腔之感激，實有筆舌不能盡者也。[304]

還對友人說：「小太郎畢生之願足矣！」[305]

對於宗方小太郎之流的「興亞志士」來說，對天皇愚忠，死心塌地為明治對外侵略擴張的「武國」方針賣命，已成為他們的行動目標。但是，

---

[303]　顧廷龍等主編：《李鴻章全集》，電稿二，第881～882頁。
[304]　《中日戰爭》（中國近代史資料叢刊），第6冊，第124頁。
[305]　《對支回顧錄》，下卷，第539頁。

他們何曾想到,在他們充當「時代跟風者」的同時,卻正在釀成日後日本的民族悲劇!

第四節　從〈中國大勢之傾向〉到〈對華邇言〉

　　日本的許多「興亞志士」大都是一身而兼二任:既充當來華蒐集情報的間諜,又充當為日本對華侵略獻計獻策的謀士。宗方小太郎就是其中的代表之一。他拜謁明治天皇之後,又先後受到海軍大臣西鄉從道大將和海軍軍令部部長樺山資紀中將的接見,談話間都問及中國形勢及對華方略。為此,他撰寫了兩篇建言,即〈中國大勢之傾向〉和〈對華邇言〉。

　　〈中國大勢之傾向〉初寫於西元 1893 年,1894 年 10 月又重新改寫。宗方小太郎在建言中承認「中國為四千年來之古國,文物制度粲然俱備」,而且物產豐富,「不論何國恐無能與之比肩者」。特別是近年中國實行改革,「若至他年該國氣運大開,擴大修築鐵路、電線、道路,以便交通運輸,開採各種礦產,豐富財源,保護誘掖殖產興業貿易,刷新腐朽之官制、學制,大力振興陸海軍之日,成為世界最大強國,雄視東西洋,風靡四鄰,當非至難之業。而中國之現勢似正向此一方向前進。如海陸軍及製造業逐年興盛,物質上之進步較之前數年絕不能同一視之。於是,世人之論中國者,均以為可畏或汲汲於得其歡心」。對此,他頗不以為然,認為皆是皮相之見。蓋「此僅係形式上之觀察,見其形而下未見其形而上者也」。在他看來,中國之痼疾有三:

　　其一,外強中乾,徒具其形。「蓋善觀人之國者,必先洞察其心腹,然後及其形體。觀內而不察外,或知外而不量內,則不能謂得其真相。表

第五章　日本諜報的重中之重

裡洞照，內外兼察，始可說其國勢所趨，可知其每日每月正向危殆之域行進。今中國外形之進步，猶如老屋廢廈加以粉飾，壯其觀瞻。外形雖美，但一旦遇大風、地震之災，則柱折棟挫，指顧之間即將顛覆。」

其二，吏治不修，民心叛離。「蓋國家者，人民之集合體也。換言之，即人民則為組織一國之必要分子也。若分子腐敗，欲國家獨強，豈可得乎？故中國之腐敗，即此必須之分子之腐敗也。上至廟堂大臣，下至地方小吏，皆以利己營私為事，朝野滔滔，相習成風，其勢不知所底。……彼愚蠢之黎民為地方汙吏所魚肉，亦無所訴其冤屈。清國之大害在於上情不能下達，下情不解上達，中間壅塞不通，並非朝廷有時不施仁政，蓋為地方官吏所壅塞也。其美意不能貫徹至民間，實為可悲。……顧今日之中國，有治法而無治人。治國之法雖備，但無治理之人。國勢陵夷至此，絕非偶然之數也。以今日之勢占卜中國之前途，早則十年，遲則三十年，必將支離破碎呈現一大變化。此四五年來，民心叛離最甚，似已厭惡朝政，草澤之豪傑皆舉足而望天下之變。」

其三，名臣凋零，亂象顯露。「今日之政府已完全立於絕望之地。而處於內外多難之今日，縱令勉強維持其命脈，蓋亦無所依靠者也。……老臣宿將，今尚在世當要路者，其威名聲望亦漸不敢鎮禍端。回顧此六七年間，中國之柱石過半逝世。僅存者不過數人，此數人之年歲亦已在六旬以上。今後不出十餘年元勳諸氏必將謝世。至此時機，則為國內紛擾之時，憤懣不平之氣一時爆發，風雲卷地而起，揮戈逐鹿中原者所在蜂起。唯此一時機最有可觀，亦最為有利。有志於亞細亞大局者豈能於此間無所作為乎哉？……此時若有非凡之士，起於草澤之間……以大義名分明示天下，誠心誠意代天行道，普救蒼生，乘機而起，（愛新）覺羅氏之天下不知所歸也。」

第四節　從〈中國大勢之傾向〉到〈對華邇言〉

　　根據以上分析，宗方小太郎最後提出：「為神州兩方欲理藩籬者，對此不可不有所深思也。」[306] 點出了此篇建言的主題所在。

　　為什麼宗方小太郎要在此時將〈中國大勢之傾向〉改寫呢？不是別的，是因為宗方小太郎發現日本的戰爭機器已經出現了嚴重問題。雖然經過平壤之役和黃海之戰，戰爭的優勢已在日方，但它繼續支撐這場大規模的侵華戰爭卻越來越力有未逮了。首先是它的財力難以支持。英國駐日本公使楚恩遲（P. de Poer Trench）給外交大臣金伯利（John W. Kimberley）的報告說：「儘管日本人強作樂觀，但該國的財政形勢日益嚴峻，所有情況都證實今後幾個月內這方面的壓力將更重。問題不在於管理，而在於是否還能滿足如此龐大的駐海外部隊的鉅額開支。……如果中國不迅速接受條件，則完全可以預言，日本將在本年底前陷入嚴重的財政困難。」[307] 正是針對這種情況，宗方才上此建言，以提醒當局：進攻中國猶若摧枯拉朽，切勿就此罷手，喪失此次以中國為日本「藩籬」之良機。

　　日本最高當局很重視宗方小太郎的這篇建言，決定將戰火燒到中國本土。為解決燃眉之急的財政困難，日本一方面在國內多方設法籌集軍事經費，先後以軍事公債、有息流通券、土地稅、第二次戰爭貸款等名目斂款 11,400 萬日元；另一方面，又在戰爭中加強了劫掠，所得金銀貨幣折 3,000 萬日元。兩相合計為 14,400 萬日元，折合庫平銀 9,600 萬兩 [308]。這才使日本能勉強繼續打這場戰爭。

　　西元 1895 年 1 月，宗方小太郎住在日本大本營所在地的廣島。此時，清政府所派議和大臣張蔭桓、邵友濂正在前往日本的途中。此事引發日本

---

[306]　《中日戰爭》（中國近代史資料叢刊續編），第 6 冊，第 126～131 頁。
[307]　《中日戰爭》（中國近代史資料叢刊續編），第 11 冊，中華書局，1996 年，第 547 頁。
[308]　戚其章：《國際法視角下的甲午戰爭》，人民出版社，2001 年，第 376、390 頁。

第五章　日本諜報的重中之重

朝野重大關注。1月21日，宗方小太郎寫了另一篇建言〈對華邇言〉上報。這篇建言的寫作意圖，以他自己的話來說，就是要「大戰而大勝之」，「以勢力壓制、威服中國」之後，做到「對彼永久不失勝算」，始可與中國言和；否則，不但「中日和平終不能持久」，而且「煦煦之仁，孑孑之義，非所以馭中國人之道也」。[309] 顯而易見的是，他正試圖說服日本當局，透過這次侵華戰爭，使中國永遠成為日本的附庸，淪入萬劫不復的境地。

為達到上述目的，宗方小太郎向日本政府建議，在與中國議和時務必提出如下九項條款，其中主要有六項[310]：

1. 使中國政府訂立誓文不再置喙朝鮮獨立。

2. 使中國政府永遠割讓盛京省之沿海部分，山東、江蘇之一部及臺灣全島與我國。

3. 使中國政府出賠償金□億元。在賠償金全部交納前，以天津、牛莊二港為質，並將我軍隊留在天津、大沽等要地，其費用應由中國政府負擔。

4. 根據最惠國條款，將通商條約改訂為最高級者。

5. 使中國政府新開湖南岳州府為商埠，立租界，並在該省內部航行小輪船。

6. 在四川之重慶，湖北之宜昌、漢口，江西之九江，（安徽之）蕪湖設立租界。

對於宗方小太郎的建議，日本當局頗感興趣，並將其基本內容盡量寫進所擬的《馬關條約》預定條款中。故有論者稱：「試將上述諸條款與

---

[309]　《中日戰爭》(中國近代史資料叢刊續編)，第6冊，第140頁。
[310]　《中日戰爭》(中國近代史資料叢刊續編)，第6冊，第142頁。

第四節　從〈中國大勢之傾向〉到〈對華邇言〉

《馬關條約》相比較，不難發現有驚人的相似之處。」[311] 這是符合實際情況的。

茲將〈對華邇言〉建議之有關條款與《馬關條約》做一對比，列表如下：

〈對華邇言〉	《馬關條約》
1 朝鮮獨立。	第1款：中國承認朝鮮完全「獨立自主」。
2 割讓盛京省之沿海部分，山東、江蘇之一部及臺灣全島。	第2款：中國永遠讓與奉天省南邊地方，臺灣全島。及所有附屬各島嶼，澎湖列島。
3 賠償金□億元，日軍留駐天津、大沽等要地為質，由中國政府負擔駐軍費。	第7款：日本駐軍威海衛以為賠款交付保證。《另約》：中國支付威海衛日本駐軍費每年庫平銀50萬兩。
4 訂立最高級的通商條約。	第6款：本約批准互換後，中日兩國速派全權大臣會同訂立通商行船條約。1896年7月21日《中日通商行船條約》訂立，日本獲得了與歐美列強同樣的治外法權和片面最惠國待遇等在華特權。
5 開湖南岳州府為商埠，立租界，在該省內河有航行權。	第6款：開湖北沙市、四川重慶、江蘇蘇州、浙江杭州為通商口岸；日本輪船得由湖北宜昌駛至四川重慶，由上海進入吳淞江及運至蘇州和杭州。
6 在重慶、宜昌、漢口、九江、蕪湖設立日租界。	從1896年開始，日本以《馬關條約》為據，強迫清政府先後同意在蘇州、杭州、漢口、天津、重慶等地設日租界。

從上表可以看出，儘管根據中日雙方談判時的實際情況，《馬關條約》可能會微調〈對華邇言〉的建議內容，但二者的基本精神卻完全一致。

---

[311]　吳繩海、馮正寶：《宗方小太郎與中日甲午戰爭》，見夏良才主編《近代中國對外關係》，四川人民出版社，1985年，第134頁。

第五章　日本諜報的重中之重

不僅如此，宗方小太郎還對日本政府的戰後對華策略有建言。他寫道：

> 戰爭結束後，我國應對中國施行之事業，兵略上、政略上均不遑列舉。迄今為止，所逡巡躊躇不敢實行之事項，亦可乘戰勝之威力，不誤機會陸續斷然實行。而其尤者為整理占領地之兵備，擴張道路、電線、鐵路，並在各要港設立汽船會社，興盛中國南北沿岸之航海業，特別以臺灣為經略南方之策源地。在中部則在上海、漢口培養基礎，在長江上下游通行輪船；一方面擴張占領地之民政事務，選俊傑為長官。在於寬猛兼濟，恩威並施，大行仁政，懷庶民，來百工，隱然形成一國也。[312]

就是說，日本不能僅僅滿足於從《馬關條約》條款中所獲取的巨大利益，更要進一步從各方面控制中國，使中國完全成為日本的殖民地。

宗方小太郎從西元1884年來到中國，直到1923年因為腎病死於上海，終其一生都是為日本軍國主義侵華效命。宗方小太郎的墓誌銘寫道：「一生獻於日本對華事業，為日本興盛期在中國從事活動之極其重要之人物，無論在文武兩方的活動，其功績均極巨大。」[313] 碑文不長，語義卻力求模糊。例如：何謂「興盛期」？實際上是指日本對外侵略的甲午戰爭。何謂「活動」？實際上就是蒐集情報。何謂「文武兩方」？實際上是以此淡化宗方小太郎作為軍事間諜的一面。如此看來，所謂「一生獻於日本對華事業」一句中的「對」字，若改為「侵」字，就能比較準確概括宗方小太郎一生了。

---

[312]　《中日戰爭》(中國近代史資料叢刊續編)，第6冊，第143頁。
[313]　島田四郎：〈宗方小太郎〉，《宗方小太郎文書》，第695頁。

第六章

甲午日諜的第一案

第六章　甲午日諜的第一案

▌第一節　一起意外的涉外事件

西元 1894 年 8 月 1 日午夜，英國船籍的「重慶」號客輪正停靠在塘沽碼頭，突然有一大群身分不明的人湧上重慶輪，搜查登船的日本乘客，並扣留船上的十幾名日本男女。因為「重慶」號是英國船籍，船上乘客中日本人不少，而日本使領人員下旗回國後其僑民之合法權益又歸美國保護，特別是船上還有重要的西方國家乘客，即法國駐華武官斐里博（Fleurac）陸軍上尉及其夫人，故此事竟成為一起為世人矚目的涉外事件。

事情十分突然，消息卻不脛而走，迅速傳開，而且越傳越離譜。8 月 2 日，英國駐天津領事寶士德（Henry Barnes Bristow）致函北洋詢問，要求澄清：「風聞昨夜中國兵勇在塘沽登重慶輪船，將所有日本人盡數擒拿至岸上殺死，復將屍首棄置船上等語。是否屬實？唯祈示知。」[314] 並親自往見向李鴻章抗議，聲稱「此事的嚴重性在於侮辱了英國國旗」，要求向英國作「書面道歉」。李鴻章乍聞之下，一時不辨真相，便一面道歉，一面保證「所有人犯都將按律懲處」[315]。隨後，即命津海關道盛宣懷詳查。盛宣懷為穩妥起見，派他所信任的德國商人信義洋行經理滿德前去查實。滿德回來報告說：

> 我軍騷擾倭人事，所幸領事女人與小孩尚未十分騷擾，約獲倭女 10 人上岸，在棧房內管押。由半夜 1 點鐘至第二日早 5 點鐘光景，計上重慶船之兵勇約 70 人，隨帶刀槍，其勢洶洶，所有在船女人及小孩等因懼而

---

[314] 《盛宣懷檔案資料選輯之三甲午中日戰爭》，下冊，上海人民出版社，1982 年，第 111～112 頁。

[315] *British Documents on Foreign Affair-Reports and Papers from The Foreign Office Confidential Print*，Part I，Vol. 4 Sino-Japanese War，1894，pp. 282～284。

第一節　一起意外的涉外事件

啼號，兵勇上船時各房艙俱檢視，即法國武官及斐理博之女人房艙均行檢視，幸無傷害等事。[316]

滿德的報告講了「重慶」號事件的經過，卻並未查明肇事者究係何人。

其後查明，原來帶頭上船的直隸雄縣青年賈長瑞，其兄賈長和在北塘練軍步隊左營充當正兵，前奉派乘「高升」號赴援朝鮮，不久傳來被日本軍艦擊沉的消息。祖母和母親日夜哭泣，命賈長瑞前往左營駐地打探消息。賈長瑞來到北塘營裡查問，聽說消息屬實，便順便收拾其兄遺下之破舊鞋帽及腰刀帶回。不料 8 月 1 日夜行至塘沽時，聽到街上人聲嚷亂，說有日本船裝了許多東洋奸細，正想為兄復仇的賈長瑞，一時憤恨難忍，便戴上其兄的破舊頂帽，帶上腰刀，冒稱六品頂戴，和一夥人上船，共同捆縛十幾名日本男女下船。正在此時，清兵聞訊趕來，賈長瑞等也就一哄而散。這就是「重慶」號事件發生的原委。經北洋所派候補知縣阮國楨會同天津知縣李振鵬審訊，判稱：

查此案因日本人搭坐輪船，停泊塘沽，大眾誤傳日本船載來日本奸細，前往檢視。並因高升輪船被日本擊沉，傷斃中國多命，以致眾怒勃發，亂擁上船，本係不謀而合。該犯賈長瑞因其兄充當通永練軍，亦在英國高升輪船被日本人擊斃，憤恨難忍，冒充官弁，同眾上船，意在捉拿日本奸細報仇請賞，並未攫取財物。其時黑夜下雨，實不知英國船隻。唯其假冒頂戴，首先誤上英船滋事，實屬大有不合，深堪惋惜。自應按照中國律例治罪，以敦中英睦誼。擬請將該犯賈長瑞用重枷枷號一個月，押赴塘沽碼頭滋事處所示眾。因其誤上英船，情節較重，從重俟枷滿後永遠監禁，以示懲儆。[317]

---

[316]　《盛宣懷檔案資料選輯之三甲午中日戰爭》，下冊，第 121～122 頁。
[317]　《中日戰爭》(中國近代史資料叢刊續編)，第 5 冊，中華書局，1993 年，第 537 頁。

第六章　甲午日諜的第一案

　　上案雖然偵破結案，卻倒引出了另一樁大案，就是號稱甲午日諜第一案的石川伍一間諜案。那麼，「重慶」號事件怎麼會跟石川伍一間諜案牽扯在一起呢？原來，當8月1日午夜重慶號上遭到搜查之際，一封重要的日諜密涵意外落到了官府之手。

　　先是日本海軍在朝鮮豐島海面襲擊北洋艦隊後，中日兩國宣戰在即，日本駐華的使領人員都在準備撤退。日本駐天津領事荒川巳次於8月1日乘海關小火輪到塘沽，搭上「重慶」號客輪，計劃先撤至上海，然後回國。當時，日本海軍武官瀧川具和大尉尚在天津，因「重慶」號航途中要在煙臺停靠碼頭，便託荒川巳次帶了一封密函給在煙臺的日本駐華武官井上敏夫海軍少佐。荒川巳次一行是日本使領人員撤退的第一批，因事前未對其採取保護措施，以致在塘沽發生了這起意想不到的事件。與荒川巳次同時搭乘重慶輪的還有日本駐華武官神尾光臣陸軍少佐等人。「重慶」號於8月4日上午抵達煙臺。宗方小太郎在當天的日記中寫道：

> 上午，與天津領事（荒川巳次）及僑民一同自該地撤退回國，乘重慶號輪來此之神尾（光臣）少佐、林（正夫）中尉、木下（賢良）、吳（永壽）等，登岸至領事館。輪船泊於大沽時，中國兵槍上刺刀，闖入輪船，拘引日本的婦女數名及領事之子……堤大尉致井上少佐之密函亦被搶去。[318]

　　該日記裡的「堤」乃「堤虎吉」的簡稱，即瀧川具和。瀧川具和的密函為官府所獲，便為天津破獲石川伍一間諜案提供了重要的引線。

---

[318]　《中日戰爭》(中國近代史資料叢刊續編)，第6冊，中華書局，第113頁。

第二節　石川伍一其人及其落網經過

　　石川伍一，秋田人。遠祖本姓源，因封於奧州石川鄉，改姓石川。

　　西元 1879 年，赴東京就學，攻讀漢籍，並學習漢語。此時受興亞主義思潮影響，萌發「大陸雄飛」之志。1884 年，西航上海，後至煙臺，專心研究中國問題，並熟練漢語，凡三年之久。1887 年，聽聞荒尾精創辦漢口樂善堂，便毅然前往加入，從此開始了他在中國的間諜生涯。

石川伍一

　　根據荒尾精制訂的「四百餘州探險」計畫，石川伍一第一次接受的偵察任務是深入中國西南調查，事後提交的報告書，附有相當精密的地圖。西元 1891 年，石川伍一被派到天津，做駐在武官關文炳海軍大尉的助手，遍歷山東、直隸及奉天省各地，從事各方面的調查。1892 年，關文炳死於海難後，日本海軍參謀部特派井上敏夫接替其職，仍由石川伍一擔任助手。1893 年 5 月，石川伍一與井上敏夫乘帆船由煙臺出發，遊歷長山島、廟島、砣磯島、城隍島、小平島等，並觀看旅順炮臺。回程又往貔子窩、大沽山，以及朝鮮大同江、平壤和仁川口等處，經威海衛返抵煙臺。

第六章　甲午日諜的第一案

其所經海面及海口，均測其深淺。同年 8 月，再乘日艦「筑紫」號，隨同海軍少佐井上敏夫、陸軍少佐神尾光臣等，進入旅順、大連灣、大和尚島、威海衛等處，窺探各要塞形勢，從而掌握了大量的重要情報。

其後，石川伍一回到天津，住在紫竹林松昌洋行，以該行職員的身分為掩護，專門蒐集軍事情報。西元 1894 年春，石川伍一透過天津護衛營弁目汪開甲結識了軍械局書辦劉棻。劉棻，字樹棻，號桂甫，天津人，時年 49 歲，在軍械局充書辦 20 餘年。石川伍一見劉棻在軍械局登記清冊，便有意與他來往，以掌握軍械局生產軍火情況，先後送他賄銀 80 元。劉棻貪圖好處，喪失民族立場，答應為其辦事，於是薦自己的親戚王大到石川伍一處服役，以便隨時傳遞情報。他多次向石川伍一提供有關情報，甚至將天津各軍營槍炮、火藥、子彈數目清冊及軍械所東局海光寺各局所生產子藥每天多少、現存多少的底冊，也均照抄一份，祕密交給石川伍一。在此期間，石川伍一除透過王大同劉棻保持聯繫外，還以洋銀 50 元賄買天津水師營差役于邦起，專門託他打聽軍情電報。[319]

7 月 25 日，日本海軍不宣而戰，在豐島海面襲擊北洋艦隊，挑起了甲午戰爭。由於形勢急轉直下，日本駐華公使小村壽太郎一面準備下旗歸國，一面思考在使領人員撤退後諜報工作如何安排。起初，鑑於天津駐在武官海軍大尉瀧川具和（化名堤虎吉）和陸軍中尉山田要主動要求留下，他同意了。當小村壽太郎於 8 月 3 日來到天津後，才發現原先的打算行不通。小村寫給日本外務省的報告稱：

3 日午前 11 時，抵天津三岔口。……於紫竹林旅館投宿途中，駐天津美國領事李德來迎。據該氏所言，盡知該地清人對我國臣民頗抱敵愾心之

---

[319] 《中日戰爭》（中國近代史資料叢刊續編），第 5 冊，中華書局，第 92～94 頁。

第二節　石川伍一其人及其落網經過

情況。停留該地之我陸軍省員山田要及海軍省員堤虎吉提出仍欲繼續留住天津之意，但果如英國公使之所告，則有因此而妨害租界地安寧之慮。因該建議不無道理，故亦召集上述兩氏。僅石川伍一、鐘崎某（三郎），即辮髮清服之二人……批准其繼續滯留。[320]

由小村壽太郎的報告可知，日本使領撤退後在天津留駐武官的計畫，顯然是事先告知英國公使歐格訥。因為當時日本在天津還沒有租界，只有英、法、美三國有租界，都位於海河西岸紫竹林一帶，其中法租界自中法戰爭後對華貿易一蹶不振，美租界長期無人管理，唯英租界一枝獨秀：不僅設有英商滙豐銀行，連被稱為英國「皇家四大行」的怡和、太古、仁記、新泰興洋行也設在這裡。[321] 所以，歐格訥不同意日本在宣戰後仍保留駐天津武官，擔心影響紫竹林租界的對華貿易，這非常合理。小村壽太郎無奈，只好接受山田要、瀧川具和的意見，批准將石川伍一、鐘崎三郎二人留下來。

本來，在 8 月 1 日，即中日兩國宣戰的當天，天津城守營即奉命注意在津日人之行蹤。當日午夜發生「重慶」號事件，瀧川具和致井上敏夫密函為官府所得，城守營更嚴密地監視日人。

正在此日，城守營千總任裕升探知了石川伍一、鐘崎三郎二人的行蹤。當時，前駐法國公使館參贊陳季同正在北洋，致函盛宣懷稱：

頃據任裕升面稱，東倭改裝奸細，今午已見二人，其行止亦已詳探明確，聞現該奸細等將移居英租界三井洋行等情。

弟飭其稍緩動手，須先向尊處請示。鄙意若能誘出租界，即可以捉拿無礙。未知尊意如何？仍候諭知，祇遵辦理。……

---

[320]　《中日戰爭》（中國近代史資料叢刊續編），第 9 冊，中華書局，1994 年，第 402 頁。
[321]　費成康：《中國租界史》，上海社會科學院出版社，1991 年，第 278～279 頁。

第六章　甲午日諜的第一案

　　再，項聞日本公使、領事本晚起程返國，而神尾尚住恆豐泰客寓指揮偵探一切事宜。順以奉聞。[322]

　　這說明石川伍一、鐘崎三郎二人的一舉一動皆在官府的掌握之中，只是因為日本公使小村壽太郎、領事荒川巳次尚未離開天津，而且兩名日諜身在英租界，官府投鼠忌器，要避免西方列強出面交涉，所以陳季同主張慎重從事，建議：「若能誘出租界，即可以捉拿無礙。」因事關重要，盛宣懷當天即轉報北洋大臣衙門。

　　到8月3日，因美國領事李德已經面告小村壽太郎，不同意石川伍一、鐘崎三郎二人繼續留在紫竹林租界，石川伍一便於夜間先將行李搬到劉棻家中，鐘崎三郎則一時難以找到存身之處，便逃出租界，潛往山海關一帶活動。這樣，李德才致函李鴻章：「美國領事有幸通知閣下：在美國領事之急切要求下，日本公使將帶走天津之所有日本臣民。並宣告，如果他走，北京與天津不會遺留一個日本臣民。」[323] 其實，李德故意模糊說辭，把日本間諜離開天津租界說成是「北京與天津不會遺留一個日本臣民」，為其掩護。

　　至此，李鴻章已無任何外交上的顧忌，便命幕下的羅豐祿函示盛宣懷：

　　據陳敬如（季同）云，日本代理公使小村壽太郎尚在恆豐泰，本日下午5點鐘起程。其領事荒川巳次、武從員神尾光臣等，已於昨夜11點鐘，由海關小火輪送到重慶船上，本日開往矣。在津如有奸細，已可勢（著）手查拿監禁。[324]

---

[322] 《盛宣懷檔案資料選輯之三甲午中日戰爭》，下冊，第111頁。
[323] 《中日戰爭》（中國近代史資料叢刊續編），第9冊，中華書局，第407頁。
[324] 《盛宣懷檔案資料選輯之三甲午中日戰爭》，下冊，第114頁。

第二節　石川伍一其人及其落網經過

石川伍一雖然準備離開紫竹林租界，搬到天津城裡劉棻家中，總覺得難保安全，又想轉移到王大家裡藏起來。8月4日早晨，當他剛走進劉棻的家不久，就被城守營派人拿獲了。5日，盛宣懷向李鴻章報稱：

> 昨晚拿獲日本奸細一名，能說英語，亦能說漢語，剃頭改裝，於昨日小村走後，搬入東門內劉姓屋內居住。劉係軍械局書辦。拿獲後，請陳季同來看，據云此人名石川，即是出入倭武官處之奸細，已飭天津縣訊供及暫行管押，令研訊供單呈核。昨日美領事來，云倭人均已跟隨小村回去，此間並無人留，而石川不去，且由紫竹林搬住城內，其為奸細無疑。[325]

天津知縣李振鵬領命後，當即進行審訊，但未審出什麼重要情況。他只好先行向盛宣懷回稟：

> 頃奉手諭，已將房主劉棻、代為賃屋之王大拿獲到案，卑職隔別逐加研訊……詰以尚有幾人在津，（石川）堅供無人。未加刑訊，尚難憑信。據供，領事回國之前一日尚見領事。詰以領事交代什麼，供稱令其早日回國。王姓刑訊，供稱每月6元隨伊服役，令其覓房，尚未覓妥，先在劉棻家居住，初四日搬去，當日即被拿獲。劉棻供，在軍械所充書辦二十餘年，與倭人石川素不認識，伊委弟王大引伊來暫歇棧房。任弁裕升尚未來，先將三犯管押，候再研審。[326]

由於石川伍一狡猾抵賴，劉棻不肯認帳，初審沒有結果，只好等候再審。

天津拿獲石川伍一後，雖然李鴻章並未立即奏報朝廷，但消息是很難封鎖住的。在8月6日，即天津縣初審石川案的第二天，總理衙門致美國駐華代理公使田夏禮（Charles Denby Jr.）一件照會，內稱：「現在日本開

---

[325]　《盛宣懷檔案資料選輯之三甲午中日戰爭》，下冊，第123頁。
[326]　《盛宣懷檔案資料選輯之三甲午中日戰爭》，下冊，第123～124頁。

第六章　甲午日諜的第一案

釁,其國商民之在中國者,由貴國代為保護。……查《公法》第 627 至 641 條,論處治奸細之例甚嚴。現既失和交戰,其安分商民自應照約保護,而此等奸細不在保護之列,亦必從嚴懲治,以符公法。」8 日,田夏禮復照總理衙門,提出處理日本間諜案的原則意見:

> 如在內地果有此等奸細,尚望於拿獲後將取訊口供詳細查明,實係證據昭然,方得斟酌定案。倘其情節尚在疑似之間,切勿遽刻懲辦。緣此等事最易辦理過情,中國若行錯辦,未免或留後日之悔。據想,即係實有日本人來作奸細之據,如遽行嚴懲,亦非切當辦法。是以請貴王大臣查照,如遇有日本人改裝在內地作奸細者,即將其解交就近海口逐其回國,使之不得與內地華民交接,於中國防洩軍機似亦為無礙。且此辦法,已足為懲其作奸細之罪矣。甚望貴王大臣本仁慈之心,不因兩國失和於日本人民恨惡而深絕之可也。[327]

田夏禮復照言辭懇切,實是為救石川伍一卻不露絲毫痕跡,似其用心純係本諸人道而已。如果清政府同意了田夏禮的意見的話,那麼,對石川伍一的處理頂多只能驅逐出境了。

其實,田夏禮的意見不但不合中國法律,也不符國際公法。如德國法學教授步倫(J. G. Bluntschli)所著《國際法》(*International Law*),由同文館於西元 1880 年以《公法會通》為書名翻譯出版,其第 628 章即規定:「細作前來探聽消息者,一經拿獲,其事雖敗,仍以死罪處之。」[328] 據此,總理衙門自然不同意田夏禮所提出的處理日本間諜案的辦法,於 8 月 12 日照會田夏禮,嚴肅指出:

---

[327]　《中日戰爭》(中國近代史資料叢刊續編),第 5 冊,第 44、47～48 頁。
[328]　《公法會通》,卷 7,同文館,光緒六年刊本,第 39 頁。

第二節　石川伍一其人及其落網經過

本衙門查中日兩國現已開仗，戰守機宜，關係極重。日本奸細改裝剃髮，混跡各處，刺聽軍情，實與戰事大有關礙。且慮潛匿煽惑，不得不從嚴懲治，以杜狡謀而圖自衛。來文謂如有奸細即解交就近海口逐其回國，實不足以懲其作奸之罪，亦與公法不符。[329]

石川伍一被捕之後，日本多方請求美國設法營救，美國也確實大賣力氣。由於總理衙門拒絕了田夏禮的建議，美國便轉而直接要求李鴻章設法通融，將石川伍一釋放回國。8月29日，田夏禮透過李德轉交其致李鴻章之電報，內稱：「據日本國家聲稱，石川伍一並非奸細。本大臣應請中堂開放，送交駐津李領事轉飭回國。」石川案雖尚未審出結果，但在京城裡早已眾口哄傳，且朝廷正在詢問此事，李鴻章不敢大意，何況石川伍一疑點甚多，謂其「並非奸細」殊難憑信，便命盛宣懷代復李德予以駁辯：

查函內所稱中國前獲之日本人石川伍一，據日本國家聲稱並非奸細，貴國田大臣來電擬請開釋等語。本道查《中日修好條規》載明，兩國商民，均不准改換衣冠。是兩國和好，尚然有此禁例。現在兩國失和，忽然改裝易服，潛匿民家，四出窺探，其意何居？況日本領事出口之後，日本人之在中國口岸者，已由貴國兼理。該犯石川儘可安寓租界洋行，何以假冒華人，私至城內居住？日本小村公使出口之後，本道曾與貴領事面談，日本人現留天津者尚有若干人，須告知本道以便查察。當時丁副領事在座，轉譯貴領事語意。答稱：「天津人心浮動，誠恐事出意外，所有日本人之在天津者，均已隨同小村回國」云云。何以該犯石川獨不同行，且不令貴領事知其住處？尤屬令人不解。至該犯被獲之時，形跡可疑之處，不一而足。其為奸細無疑！貴國外部告知我駐美楊大臣云：「保護」二字，公使與領事勿得誤會。倭人圖謀中國，干犯律例，不得恃美官為護符等語。

---

[329]　《中日戰爭》（中國近代史資料叢刊續編），第5冊，第54頁。

第六章　甲午日諜的第一案

想田大臣等必當遵照。石川一犯自應由中國官密訪確情，徹底根究，未便遽行開釋。[330]

此駁覆函，理直氣壯，無懈可擊，使美國公使對石川案再無置喙之餘地。

第三節　京官奏參與石川案的審結

石川伍一間諜案是甲午戰爭初期在天津破獲的一件要案。按照常理，坐鎮天津全面負責指揮對日作戰的北洋大臣李鴻章，應該迅即將拿獲石川伍一的經過奏報朝廷。但奇怪的是，李鴻章卻遲遲不肯奏聞，這確實異乎尋常。

最先將石川案公開揭發出來的是史科掌印給事中余聯沅，他於 8 月 13 日（即拿獲石川伍一的第 10 天）奏稱：「天津拿有倭人奸細，供出擬用炸藥轟火藥局，並供京城內奸細亦不少。」8 月 15 日，總理衙門致電李鴻章，詢問有無其事。當天，李鴻章覆電稱：「津郡拿獲倭人奸細名石川，剃髮改華裝已久，專探軍情，研訊狡不承認。俟有確供，即嚴辦。」這才正式承認此事。但是，李鴻章在辦理此案中的遲緩和遷延做法，不能不遭到主戰派官員的強烈抨擊。禮部右侍郎志銳指出：「天津軍裝局總辦候補道張士珩，為李鴻章外甥，昨聞於其所用書辦家擒獲日本奸細現聞尚游移未辦。以公法論，日人當斬；以國法論，書辦應誅。至漫無覺察之張士珩，罪以失察，未免輕縱。應請飭下李鴻章，據實具奏，應斬應議，即乞

---

[330]　《中日戰爭》（中國近代史資料叢刊續編），第 5 冊，第 81～82 頁。

第三節　京官奏參與石川案的審結

皇上立與施行。若任其瞻徇，何以彰明國法？」[331] 余聯沅揭露李鴻章「貽誤大局」者有六，其一即「獲敵奸細，不加窮究，且欲縱之」，目之為通敵之秦檜，甚至建議朝廷另「簡知兵之大臣，以統其師」。[332]

這樣一來，就讓清廷開始重視石川伍一間諜案，降旨令李鴻章確查。8月30日，李鴻章致電總理衙門稱：

> 遵查五六月間，聞有倭人在大沽、山海關一帶往來窺探，通飭營局嚴密查防。七月初四，拿獲改裝倭人義倉吉，又名石川伍一，即係軍械局員訪聞，會同海關道密商，天津鎮派弁緝獲，發縣訊究。據供向在松昌洋行貿易，改裝多年。領事行後，租界不能住，因託向從服役之王大，代覓其戚書吏劉姓之屋暫住。立將該書吏劉棻斥革，押交王大歸案。飭縣再三研訊，均供無傳播軍情等事。美領事復求保送回國，然其形跡可疑，未便准釋，仍飭押候訊辦。[333]

若將這封電報與前此之代復李德函做一對比，便不難發現有若干自相矛盾之處：電報稱石川伍一「向在松昌洋行貿易」，肯定其為正當商人，而對覆函所稱其「四出窺探」的話則避而不談。此其一。電報說石川伍一「改裝多年」，仍重複他本人在8月15日電報中「剃髮改華裝已久」的說法，與覆函中所說「現在兩國失和，忽然改裝易服」的話相牴牾。此其二。電報輕描淡寫地謂石川伍一是因「領事行後租界不能住」，才向劉棻賃屋「暫住」的，而覆函卻質問李德：在天津的日本人均已隨同領事回國，石川伍一為何「獨不同行」，且不令美國領事「知其住處」？對於這一關鍵性的問題，電報則諱莫如深，又是為什麼？此其三。電報說石川伍一「供

---

[331] 《清光緒朝中日交涉史料》，1932年，卷16，第28、33、35頁。
[332] 《清光緒朝中日交涉史料》，卷18，第7頁。
[333] 《清光緒朝中日交涉史料》，卷19，第5頁。

第六章 甲午日諜的第一案

無傳播軍情等事」，不但改變了 8 月 15 日電報「專探軍情，研訊狡不承認」的語氣，而且與覆函斬釘截鐵地斷言「其為奸細無疑」的話大相逕庭。此其四。之所以會出現諸如此類的眾多前後不符之處，不是別的，而正是李鴻章在石川案的處理上舉棋不定的複雜心態的具體反映。

當時，李鴻章的心態確實十分複雜。他明知石川伍一確為間諜，所以駁回了美國領事李德將其「保送回國」的要求，他這樣做是對的。但是，他始終對和局存在幻想，擔心窮究此案會影響和局的挽回。自從日本挑起甲午戰爭後，他一方面調兵遣將，布置防務，做出抵禦的姿態；另一方面，卻瞻顧徘徊，日夜籌思挽回和局之法。他對日本對中國的侵略野心和列強在遠東的基本政策始終缺乏清醒的認識和猜想。當日本軍艦擊沉「高升」號後，他認為該船「上掛英旗，倭敢無故擊轟，英國必不答應」[334]。後接駐英公使龔照瑗的電報，稱他向英國維多利亞女王呈遞國書時，聞進見之前，女王怒云：「倭太無理！」繼又聽到傳言，日本政府準備「向英謝罪，議賠船貨」。他更加相信英國對日本無端挑起釁端不會袖手旁觀了。不僅如此，當石川案正在審理之際，他跟俄國公使喀西尼（A. P. Cassini）也一直保持聯繫，並親自和喀西尼的代表巴福祿（A. T. Pavlov）在天津祕密會談。這使他相信「俄似有動兵逐倭之意」[335]。因此他斷定日本不可能一意孤行，戰爭也不會擴大，和局絕對有望。當時，天津即傳有「萬壽（十月初十慈禧六十壽辰）前必議和之說」[336]，多謂出自李鴻章親信之口，當非捕風捉影之言。天津還「遍傳李鴻章以 300 萬賠償兵費」[337] 之

---

[334] 《清光緒朝中日交涉史料》，卷 15，第 27 頁。
[335] 《東行三錄》，上海書店，1982 年，第 152～153、194 頁。
[336] 《清光緒朝中日交涉史料》，卷 19，第 25 頁。
[337] 《清光緒朝中日交涉史料》，卷 17，第 3 頁。

第三節 京官奏參與石川案的審結

說，並「以殺了要賠錢為辭」[338]，反對深究石川案，恐亦非無稽之談。與李鴻章關係極深的吳汝綸曾致書友人云：「東事既起，廷議決欲一戰，李相一意主和；中外如水火之不相入。當時敵人索 600 萬，李相允 200 萬，後增至 300 萬，內意不許。」並特別說明：「以上所見，皆某所親見。」[339] 可見，李鴻章正處心積慮地籌思挽回和局之法，不希望為了一樁間諜案而使自己保全和局的願望化為泡影。

李鴻章一直幻想保全和局，這是其晝思夜想求之未得的，自然不會輕易放棄。但還有令他非常掛念的事情是，石川案牽涉到北洋一大批人，特別是他的外甥張士珩也身列其中。當時，張士珩以道員領軍械局，管理極其混亂，貪汙盜竊，偷工減料，以假充真，從不過問。據參加甲午海戰的美籍洋員馬吉芬（Philo Norton McGiffin）揭露，軍械局所供炮彈「或實以泥沙」，「且藥線鐵管僅實煤灰，故彈中敵船而不能裂」。[340] 定遠艦槍炮大副沈壽堃也指出：「中國所製之彈，有大小不合炮膛者；有鐵質不佳，彈面皆孔，難保其未出口不先炸者；即引信拉火，亦多有不過引者。」[341] 這且不說，更為重大的問題是，張士珩和他手下的不少人都與石川案有關。對此，李鴻章心知肚明。張士珩也感到惴惴不安，曾以父死為由請求「奔喪終制」，李鴻章不許，勉以「移孝作忠」。[342] 並在 8 月 30 日致總理衙門的電報中特別提到日諜石川伍一「即係軍械局員訪聞」，試圖為張士珩掩飾。李鴻章之所以對石川案的處理一拖再拖，是深怕株連過多，這也是一個重要原因。

---

[338] 《清光緒朝中日交涉史料》，卷 20，第 17 頁。
[339] 吳汝綸：〈答陳右銘書〉，《吳汝綸尺牘》，黃山書社，1990 年，第 71 頁。
[340] 《中日戰爭》（中國近代史資料叢刊），第 1 冊，第 173 頁。
[341] 《盛宣懷檔案資料選輯之三甲午中日戰爭》，下冊，第 404 頁。
[342] 《中日戰爭》（中國近代史資料叢刊續編），第 6 冊，第 493～494 頁。

第六章　甲午日諜的第一案

　　清廷卻感到事態重大，對石川案始終抓住不放。9月1日，即有密寄上諭：「領事既行，該犯何不隨同回國，仍復溷跡寄居？情殊可疑。著李鴻章督飭嚴行審訊，如究出探聽軍情等確據，即行正法。王大、劉姓如有通同情弊，並著按律懲辦，不得稍涉寬縱。」8日，又有嚴旨指責李鴻章：「屢經言官以該督隱匿不奏參奏，天津距京甚近，若其事毫無影響，何至眾口喧傳？倭人既形跡可疑，豈宜含糊輕縱？著李鴻章飭將該犯石川伍一嚴行審訊，務得確情，明正其罪。」同一天，江南道監察御史張仲炘上摺，奏請密查北洋情事，內專論張士珩云：

> 張士珩者，李鴻章之甥，而軍械局之總辦也。向來置買軍械，即與驗收者通同一氣，器多窳敗，又復偷盜抵換不堪應用者。……即書辦劉姓一案，亦因關礙張士珩，慮其和盤托出，故不審究。若將劉姓提交刑部，必可傾吐無餘。[343]

　　此奏可謂正中李鴻章的要害。李鴻章看朝廷抓住不放，又怕真的將此案移交刑部審理，也不敢再搪塞拖延了。

　　9月11日，李鴻章致函總理衙門稱：「查石川一名係屬奸細，現正集證審問。」[344] 先堵住言官們的口再說，所以明確承認了石川伍一「係屬奸細」。其實，最晚到9月4日，此案已經審結了。但到9月17日，總理衙門始收到結案的電報，內稱：

> 八月初四、五日，飭津海關道盛宣懷嚴密根究，傳到崔姓等，曾在倭武員處服役，人證確鑿。即提石川伍一與已革書吏質訊，無可狡辯，始均供認：前駐津之倭海軍武員井上敏夫等，曾囑石川伍一轉託劉棻私抄中國

---

[343]　《清光緒朝中日交涉史料》，卷19，第7、25～26頁。
[344]　《中日戰爭》(中國近代史資料叢刊續編)，第5冊，第86頁。

第三節　京官奏參與石川案的審結

海軍炮兵數清單,給過謝禮。宣戰後,倭員回國,留探軍情,改裝華服,以七月初四日潛至劉棻家藏匿,當日即被軍械局員會同官弁獲住等語。」[345]

3天後,又收到兩份奸細的供詞[346]:其一,是石川伍一的供詞;其二,是劉棻的供詞。石川伍一間諜案的審理過程,雖經過一些波折,但終於結案。

9月20日午時,以天津知縣李振鵬為監刑官,將劉棻綁赴市曹處決;以天津城守營千總任裕升為監刑官,將石川伍一押赴教場,照公法用洋槍擊斃。[347]

同案犯被拘禁者有5人,即汪開甲、于邦起、王大,以及續獲的戴士元和汪忠貴。經津海關道盛宣懷派委候補知縣阮國楨會同天津知縣李振鵬審明:「戴士元供認勾結石川伍一,轉邀汪開甲等潛探軍情。汪開甲供認幫同偵探。于邦起、汪忠貴均供未聽從探聽軍情,王大供不知情。」經呈報北洋大臣李鴻章批准,判決如下:「戴士元正法;汪開甲永遠監禁;于邦起、汪忠貴雖未串謀,然並不據實首告,暫行監禁5年;王大取保釋放。」[348]

---

[345] 《清光緒朝中日交涉史料》,卷20,第3頁。
[346] 《中日戰爭》(中國近代史資料叢刊續編),第5冊,第92～94頁。
[347] 《中日戰爭》(中國近代史資料叢刊續編),第5冊,第103頁。
[348] 《中日戰爭》(中國近代史資料叢刊續編),第5冊,第421頁。按:中日《馬關條約》簽訂後,日本根據該約第9款「此次交仗之間,所有關涉日本軍隊之中國臣民,概予寬貸,並飭有司不得擅為逮繫」的明文,要求釋放汪開甲等人。經李鴻章核准,汪開甲、於邦起二人均准其照約保釋;惟汪忠貴另犯捏信招搖一案,與日本情事無干,本案應准保釋,仍歸另案辦理,以清界限。

第六章　甲午日諜的第一案

第四節　石川案之餘波與〈石川伍一供詞〉的真偽問題

　　石川伍一間諜案雖告審結，然其餘波卻長期未能平息。因此案審理過程中有種種可疑之處，令人難以參透，故奏參李鴻章者大有人在。其中，最為奇特者莫過於禮部侍郎志銳的〈奏為辦事大臣結黨阻戰並陳日本奸細實情摺〉了。

　　志銳此摺上於9月20日，即天津處決石川伍一和劉棻的當天。他提出了一個十分尖銳的問題，說李鴻章所奏報的〈石川伍一供詞〉乃是「偽供」。他敢於這樣斷言，而且言之鑿鑿，毫不含糊，似乎不會是捕風捉影。志銳奏稱：

（李鴻章）所奏者，非實情也，乃偽供也。津中人士無不切齒！奴才連次接得津信，深悉其情，並得奸細親供一張。如按其供內所敘情形，則此次朝廷主戰，外間不過照令奉行，絕無爭前效命之理。且軍械所與日本通，炮藥局與日本通，我之底蘊皆洩於人，姑勿論前敵諸人皆喻北洋主和之意。即使奮勇，而接濟不通，是必敗也。亦勿論李鴻章之通倭與否，但其立意不戰，則手下通倭之人必多方蠱惑以亂其心，且百計刺探，以洩其謀。漢奸不絕，內奸不除，斷無能操勝算之理！……奴才所深慮者，供內所敘各處奸細甚多，未聞有查拿之舉。恐錄呈御覽之供，必已大為改飾。茲特另片抄呈，即乞皇上檢查所奏之供，以為核對。若果不符，則供內所敘之委員、跟役以及各處坐探奸細，均請特派能員設法嚴密捉拿，交部訊究。

　　並附〈日本奸細石川伍一供單〉抄件：

第四節　石川案之餘波與〈石川伍一供詞〉的真偽問題

我係神大人差來坐探軍情的。自光緒九年，即在中國北京、天津等處往來。現在住在軍械所劉樹棻家中，或來或去。代日本探官事的人，有中堂簽押戴姓、劉姓、汪大人，還有中堂親近的人，我不認識。我認識劉樹棻，係張士珩西沽炮藥局委員李輔臣令汪小波引薦的，已有二三年了。劉樹棻已將各軍械營槍炮、刀矛、火藥、彈子數目清冊，又將軍械所東局、海光寺各局製造子藥每天多少、現存多少底冊，均於正月底照抄一份，交神大人帶回我國。張士珩四大人與神大人最好，因此將中國各營槍炮子藥並各局每日製造多少底細告知神大人。水師營務處羅豐祿大人的巡捕于子勤，還有北京人高順，在煙臺、威海、旅順探聽軍情。神大人同欽差、領事起身之時，約在六月二十八九。七月初二、三日，神大人半夜在裕太飯館請中堂親隨之人，並汪小波、于子勤、戴景春、戴姓、劉姓、汪大人、劉樹棻等商議密事，遇有要緊軍情，即行飛電。所說皆係實話，未見面的人不敢亂供姓名。我係日本忠臣，國主欽差遣探軍情，不得不辦。在中國探軍情的不止我一人，還有鐘崎，住在紫竹林院元堂藥店。又穆姓在張家口，現在均到北京。又有鍾姓一人，由京往山海關，皆穿中國衣服。又有日本和尚，現在北京，能念中國經，皆說中國話。打電報叫日本打高升船官兵的信，是中堂衙裡送出來的；電是領事府打的。所供是實。[349]

如果志銳所上奏摺及所呈〈日本奸細石川伍一供單〉到了光緒皇帝手中並發下的話，那麼，在當時肯定會成為爆炸性新聞，朝廷上下也都會亂成一團。志銳倒似有先見之明，在奏摺最後寫上了這樣兩句話：「求皇上將奴才此摺並所錄供單先不發下，以俟查拿究辦後之水落石出。蓋內外合黨密信甚多，稍一漏洩，則外間之彌縫立至，將終無查清之時矣。」[350] 軍機處的親王大臣們見此摺事關重大，非同小可，乾脆順水推舟，也不呈送

---

[349]　《中日戰爭》（中國近代史資料叢刊續編），第 1 冊，中華書局，1989 年，第 234～236 頁。
[350]　《中日戰爭》（中國近代史資料叢刊續編），第 1 冊，第 235 頁。

第六章　甲午日諜的第一案

御覽，壓了下來。就這樣，志銳摺連同〈日本奸細石川伍一供單〉在軍機處的檔案堆裡沉睡了近百年，直到1980年代，準備編輯中國近代史資料叢刊續編的《中日戰爭》卷時才發現，得以重見天日。

將志銳所呈〈日本奸細石川伍一供單〉與李鴻章所報〈石川伍一供詞〉稍作比較，便可明顯看出，二者的差別非常大。首先，〈石川伍一供詞〉只承認託劉棻開過炮械數目清單和營兵數目清單，而〈日本奸細石川伍一供單〉還供出其他不少的重要情報。其次，也是更為主要的，〈石川伍一供詞〉只供出了劉棻以外與其有聯繫的一般差弁二人，而〈日本奸細石川伍一供單〉則供出了包括張士珩、羅豐祿在內的北洋大臣李鴻章手下的一大批人。究竟以何者為是？人們一直難窺此案的真相，志銳也十分擔心此案「將終無查清之時矣」，那麼，今天能否解開這樁歷史要案之謎呢？

問題的關鍵在於：志銳所說他呈奏的〈日本奸細石川伍一供單〉為「奸細親供」是否可信？先釐清這個問題以後，才有可能判別李鴻章所報送的〈石川伍一供詞〉真偽。

〈日本奸細石川伍一供單〉文字不長，尚不足500字，但供出的人卻達十餘人之多，這是最值得注意的。〈石川伍一供詞〉卻只供出四人，即劉棻、王大、汪開甲和于邦起。這四人在〈日本奸細石川伍一供單〉中都可以找到：〈石川伍一供詞〉和〈日本奸細石川伍一供單〉都有劉棻、王大，沒有什麼問題，只是對汪開甲、于邦起二人的名字在〈石川伍一供詞〉和〈日本奸細石川伍一供單〉有所不同，但所指並非他人。〈石川伍一供詞〉說「我和劉棻認識，是前在護衛營的汪開甲引薦的」，〈日本奸細石川伍一供單〉說「我認識劉樹棻，係張士珩西沽炮藥局委員李輔臣令汪小波引薦的」，汪開甲與汪小波自是一人；〈石川伍一供詞〉說「于邦起前在水師營當差」，〈日本奸細石川伍一供單〉說于子勤是「水師營務處羅豐祿大人的

第四節　石川案之餘波與〈石川伍一供詞〉的真偽問題

巡捕」，于邦起與于子勤也自是一人。不過，從〈日本奸細石川伍一供單〉稱劉棻之字看，小波應是汪開甲之字，子勤應是于邦起之字。由此看來，〈日本奸細石川伍一供單〉極像石川伍一的親供筆錄，而〈石川伍一供詞〉則是經過定讞者重新整理過的。當然，這還只是露出的一點蛛絲馬跡，尚不足為憑也。

應該著重地考察一下〈日本奸細石川伍一供單〉供出而〈石川伍一供詞〉卻未提到的人，便可知道〈日本奸細石川伍一供單〉的真正價值了。這些人大致分以下三類：

其一，是李鴻章手下的要員，如張士珩、羅豐祿、李輔臣等。張士珩與日本駐華公使館武官神尾光臣「最好，因此將中國各營槍炮子藥並各局每日製造多少底細告知」；還讓屬下「西沽炮藥局委員李輔臣令」汪開甲引薦書辦劉棻與石川伍一相識，故劉棻有恃無恐，大膽妄為，「將各軍營槍炮、刀矛、火藥、彈子數目清冊，又將軍械所東局、海光寺各局製造子藥每天多少、現存多少底冊」，均照抄一份交神尾光臣帶回日本。再像于邦起，乃是「水師營務處羅豐祿的巡捕」，也與日本諜報來往頻繁；曾在神尾光臣離開天津前夕參加裕太飯館聚會，「商議密事」。

其二，是石川案續獲的嫌疑犯二人。〈日本奸細石川伍一供單〉稱：「代日本探官事的人，有中堂簽押戴姓、劉姓、汪大人。」三人皆有姓無名。但是，石川案告破後，被簽押的劉姓只一人，就是劉棻。此「劉姓」所指，不會是別人。現據西元1895年7月署北洋大臣王文韶致總理衙門諮文，可知石川案內，「先經緝獲華人劉棻、汪開甲、于邦起、王大四名」，「嗣續獲戴士元、汪忠貴二名」。這樣，問題也就十分清楚：「戴姓」就是戴士元；所謂「汪大人」就是汪忠貴。兩人也都參加了神尾光臣在裕太飯館「商議密事」的聚會。經審訊，戴士元「供認勾結石川伍一」，處以

227

第六章　甲午日諜的第一案

斬刑；汪忠貴堅不承認「串謀」，或有某種背景，以「不據實首告」罪，從輕發落，處以監禁 5 年。[351]

其三，〈日本奸細石川伍一供單〉另供出奸細 3 人，即日人鐘崎、華人高順和穆姓。鐘崎，即日本間諜鐘崎三郎，原先和石川伍一都潛伏在紫竹林租界，石川伍一被捕前則已潛往山海關一帶活動了。高順又稱高二或高兒，係宛平縣人，在北京順治門外車子營路北居住，賣身投靠日本諜報機關，在日本武官井上敏夫海軍少佐指揮下偵探軍情。[352] 由於他頗為勤奮，井上敏夫回國後又得到日諜宗方小太郎的重用。宗方小太郎在西元 1894 年 9 月回國前，在日記中多次寫到高順：

8 月 7 日本日派高兒至威海，使之窺伺動靜。

8 月 10 日下午 3 時，高某由威海歸來，謂目下碇泊於該港之兵船有 17 艘，此外尚有魚雷艇 4 艘。

8 月 21 日下午派遣高某至天津，命其窺探石川之現狀。

9 月 1 日上午根津（一）、津川（謙光）兩大尉來訪，對偵察軍情之方法有所商議，決定將予之部下中國人高某招來上海。

9 月 3 日本日遣使赴煙臺，為迎接高某來滬也。

9 月 7 日高兒自煙臺來信。[353]

再聯繫到高順於同年 11 月在北京被捕後的供詞，內有奉井上敏夫之命「觀看旅順炮臺」[354] 等語，可知〈日本奸細石川伍一供單〉所供「還有北京人高順，在煙臺、威海、旅順探聽軍情」的話，都是真實可信的。至於

---

[351]　《中日戰爭》(中國近代史資料叢刊續編)，第 5 冊，第 421 頁。
[352]　《中日戰爭》(中國近代史資料叢刊續編)，第 5 冊，第 396 頁。
[353]　《中日戰爭》(中國近代史資料叢刊續編)，第 6 冊，第 115～117、121～122 頁。
[354]　《中日戰爭》(中國近代史資料叢刊續編)，第 5 冊，第 396 頁。

第四節　石川案之餘波與〈石川伍一供詞〉的真偽問題

穆姓，〈日本奸細石川伍一供單〉未提其名，但確有其人。穆姓，即穆十。〈高順供詞〉有「穆十係跟日本人宗姓的」[355]，可知穆十也是投身宗方小太郎部下者。再查宗方當時的日記，也有幾次提到了穆十：

7月31日本日將自天津隨來之穆十派至威海。

8月8日本日派穆十至旅順，探聽情況。

9月7日穆已逃歸天津。

鐘崎三郎、高順、穆十這三個人，都是〈石川伍一供詞〉中所無者，而〈日本奸細石川伍一供單〉則予以供出，可見〈日本奸細石川伍一供單〉不僅具有很高的史料價值，而且其可信度也不是〈石川伍一供詞〉所能比擬的。

另外，〈日本奸細石川伍一供單〉還供出了一些不知姓名的人。如稱：「代日本探官事的人還有中堂親近的人，我不認識。」又稱：「神大人半夜在裕太飯館請中堂親隨之人商議密事，遇有要緊軍情，即行飛電。」這些李鴻章「親近的人」或「親隨之人」，可惜姓名已不可考。尤為重要的是，〈日本奸細石川伍一供單〉供出了一件重要的案情：「打電報叫日本打高升船官兵的信，是中堂衙門裡送出來的。」由此可見〈日本奸細石川伍一供單〉的分量了。

總之，對〈日本奸細石川伍一供單〉所供內容的真實性是無可懷疑的。當然，這份〈日本奸細石川伍一供單〉也不是一次口供的紀錄，而是多次審訊口供記錄的整理稿。由於整理者並不真正熟悉案情的細節，故文中多有重複，甚至不一致之處。如對於日本間諜鐘崎三郎，一會兒稱「鐘崎」，一會兒又稱「鐘姓」；對於劉棻，一會兒稱其字「劉樹棻」，一會兒

---

[355]　《中日戰爭》(中國近代史資料叢刊續編)，第5冊，第397頁。

稱「劉姓」，或者二者同時出現，似為二人。但是，所有這些，都不能影響〈日本奸細石川伍一供單〉的重要價值。因為〈日本奸細石川伍一供單〉供出了許多鮮為人知的日諜內幕情況。如〈日本奸細石川伍一供單〉稱高順「在煙臺、威海，旅順探聽軍情」、鐘崎三郎「由京往山海關」潛伏活動等，證以日方記載，皆屬事實。像這樣的日諜內幕，是局外人所無法編造的。

如果說志銳提供的〈日本奸細石川伍一供單〉真實可信的話，那麼，是否可以說李鴻章呈送的〈石川伍一供詞〉就是「偽供」呢？將〈石川伍一供詞〉與〈日本奸細石川伍一供單〉做一對比，可以看出以下幾點：（一）凡與李鴻章衙門有關的人和事都被隱瞞。（二）對於張士珩這個重點人物，不但隱瞞其犯罪嫌疑，反而為其評功，說石川伍一是「被軍械局訪聞」拿獲的。（三）對於無法隱瞞的劉棻其人，也盡量簡化其犯罪事實，如他與石川伍一相識「已有二三年了」，卻將其相識時間改為「本年正月」。如此等等，不一而足。由此可見，志銳所說李鴻章「錄呈御覽之供，必已大為改飾」的話，倒是比較符合實際情況。

第五節　石川案與日本豐島襲擊有關嗎

1894 年 7 月 25 日，日本海軍在朝鮮豐島海面襲擊北洋艦隊，致使中國濟遠艦受傷，廣乙艦觸礁自焚，操江運輸船被俘，高升運兵船被擊沉沒。中日甲午戰爭爆發。此事是否與石川伍一所竊取的軍事情報直接有關呢？對此，長期議論不休，迄無定說。

當時，許多論者都認為，日本豐島襲擊與日本間諜在華活動有關。上

第五節　石川案與日本豐島襲擊有關嗎

海報紙刊有〈論行軍以間諜為先〉一文，從歷史到現狀全面論述了「師期暗洩機要」的原因：

> 倭亦東方小國耳，自步武西法以後，侈然欲為東方至強之國。……十年來孜孜偵探，其遣間諜至我國者，或察政務之設施，或考江山之形勝，無不瞭如指掌。而我尚以大度容之，絕不為之準備。迨至兵釁既開，彼又密遣間諜陰赴各處偵探。師期暗洩機要，遂致高升被擊，船沒師熸。論者或歸咎於我國防閒之不密，而不知彼國間諜得我情以報彼國者，隨時隨地無不有漢奸為之朋比，未易摘其伏而發其奸。後經各省大憲下令嚴拿倭奸……天津則將石川（等）先後明正典刑，而倭奸始稍斂跡。[356]

此文肯定了北洋艦隊「師期暗洩機要」的原因，不是別的，而是日本「密遣間諜赴各處偵探」之結果，而在天津處決的日諜石川伍一即其所遣間諜之一。此論視野開闊，著眼於全域性，而不局限於一事一地，值得重視。

不過，相信石川案與日本豐島襲擊直接有關者大有人在。最先指實此事者為禮部右侍郎志銳。他於 8 月 16 日奏稱：

> 天津軍裝局總辦候補道張士珩為李鴻章外甥，昨聞於其所用書辦家擒獲日本奸細，供出日本截我高升、操江二船，皆其先期電聞。[357]

其後，戶科給事中洪良品也於 9 月 20 日奏稱：

> 前日拿獲日本奸細一名，冒廣東人，剃髮穿中國衣服，有器械局書吏劉桂甫者收藏在家，在其家內搜出私信一函，所有高升輪船兵若干、帶兵官姓名，並所帶物件以及青菜若干斤，均詳信內。其為與之暗通無疑。[358]

---

[356]　《中倭戰守始末記》，卷 3，1895 年，第 24 頁。
[357]　《清光緒朝中日交涉史料》，卷 16，第 35 頁。
[358]　《清光緒朝中日交涉史料》，卷 20，第 17 頁。

第六章　甲午日諜的第一案

所揭發之事相當具體，不能不使人信之無疑。故後來池仲祐撰《海軍實紀》即以此為論，明確指出：「天津軍械所有老書手者，為日軍間諜，以情輸日，高升被擊，實彼通訊於日，故日軍得其準時。」[359]「老書手」，即指劉棻。「以情輸日」，具指送軍情與日諜石川伍一。此說儼然成為定論。

此說廣泛流傳，聞者信之，論者也無人有所質疑。唯姚錫光撰《東方兵事紀略》，在〈援朝篇〉中對日諜獲取情報的手段又有新說：

蓋（李）鴻章以議和不成，始租輪載北塘防兵渡援，以兵輪三艘翼之而東。而倭人間諜時在津，賄我電報學生某，得我師期，遂為所截，我兵輪即逃回威海。於是倭人既擄我操江運船，而逼我在高升船之兩營兵降，我將士抵死拒，倭遂以炮擊高升船，並以水雷沉之，我兩營殲焉。[360]

此說頗覺新穎，遂為一些學者所採用。

然姚錫光之說並無佐證，迄今仍找不到一條史料可資支持，故令人難以憑信。事實上，賄買電報生的事情是不可能發生的。因為當時的電報局只收發電碼，並不負責將電文譯成電碼。這在《寄報章程》中有明確的規定：「凡來去電報，照萬國通例本局不能翻查，以防洩漏。」「如係送來密碼，局中無從知道。」[361] 天津電報局的規章制度也非常嚴格，「無論華洋官商各報向皆慎密，其值班者固常在報房，即下班者亦不出外，從無洩漏」[362]。故從電報局內部賄買電報內容，這事實上是不可能的。姚說必

---

[359]　謝忠嶽編：《北洋海軍資料彙編》，下冊，中華全國圖書館文獻縮微複製中心，1994年，第1201頁。

[360]　《中日戰爭》（中國近代史資料叢刊續編），第1冊，第17～18頁。

[361]　東北地區中日關係史研究會編：《中日關係史論集》，第2輯，吉林人民出版社，1984年，第80頁。

[362]　《海防檔》（中國近代史資料彙編），電線，1957年，第1125～1126頁。

第五節　石川案與日本豐島襲擊有關嗎

出自訛傳，可謂明矣。

姚說既難以成立，是否仍要回到前說，即肯定日本豐島襲擊與劉棻向石川伍一提供情報直接有關嗎？有的論者正是這樣，繞了一大圈又回到了原先的起點，並舉出三點理由以證實此說[363]：

其一，「石川伍一確係日本派遣的間諜，日本對此並不諱言」。

石川伍一承認自己是日本間諜，在華探聽軍情，卻始終不承認自己的情報直接與日本豐島襲擊有關，這又如何解釋？當石川伍一被捕時，日本間諜分布於中國各地者尚多，不能說只要是日本間諜就與日本豐島襲擊有關。

其二，「由於與『高升』號同航的『操江』號載運的是餉銀和軍械，必須從天津軍械局裝運，所以從軍械局總辦的書吏處完全可以拿到這個具體情報」。據論者之意，操江既裝餉械必從天津起碇，劉棻作為軍械局總辦的書吏就「完全可以拿到這個具體情報」；而「高升」號既與「操江」號「同航」，則劉棻也就知道了「高升」號的出航時間。實際上，這兩點推斷皆有悖於事實。「操江」號既未從天津起碇，也未與「高升」號「同航」。「高升」號是在 7 月 23 日早晨從塘沽出口直航牙山，而「操江」號則在塘沽裝載餉械後奉命經煙臺抵威海，然後攜帶丁汝昌的文書等件於 24 日下午 2 時由威海起航赴朝。「高升」號和「操江」號如何「同航」呢？前提既不能成立，則所謂「完全可以拿到這個具體情報」的推論也就失去了依據。

其三，「石川伍一拿到情報後，有可能用密電發出去。中國禁止發華洋文密電是在豐島海戰後的第三天。清政府在電報管理上的顢頇無形中幫助了敵人。」這也只是一種推測，並無事實根據。揆諸實際，當時日本間

---

[363]　《中日關係史論集》，第 2 輯，第 83～84 頁。

第六章　甲午日諜的第一案

諜的通例，規定發電報用明碼暗語，而不用密碼。此例甚多，毋庸列舉。所以，關於石川伍一本人發密電的推斷，也難以成立。

根據以上分析，足以說明，論者所得出的「『高升』號被擊沉和『操江』號被虜是日特石川伍一從天津軍械局拿到的情報」的結論，背離了歷史事實。

之所以會出現上述誤判的情況，主要的原因恐怕是把日本的諜報活動看得過於簡單了。無論是戰爭爆發前還是以後，日本在中國大陸始終或多或少地潛伏著間諜，而且收買了一大批漢奸甘心為其效勞，所以他們要獲得某一種情報都不是只靠一名間諜，而是各有分工。例如，〈石川伍一供詞〉也好，〈日本奸細石川伍一供單〉也好，皆說明劉棻只給石川伍一開過海軍炮械清單和清軍營兵數目清單，根本拿不出有關中國派兵的情報。但是，這並不妨礙其他的日本間諜蒐集中國派兵的情報。

大量的資料顯示，日本要拿到中國運兵的情報，並不是什麼困難的事情。日本間諜起碼有兩個可以利用的管道：一是李鴻章身邊的人，即隱蔽的管道；一是親到碼頭偵探，即公開的管道。

先看隱蔽的管道：據〈日本奸細石川伍一供單〉可知，當時為日諜所收買並為其提供情報的就有「中堂親近的人」或「中堂親隨之人」，他們與日本駐華武官神尾光臣關係親密，有時在一起聚會，「商議密事」，以便「遇有要緊軍情，即行飛電」。甚至「高升」號運兵的消息，也「是中堂衙裡送出來的，電是領事府打的」[364]。

再看公開的管道：日本要掌握中國的運兵情況，並不一定只刺探天津。當時，日本間諜麇集津沽一帶，大肆活動。甚至像瀧川具和這樣的海

---

[364]　《中日戰爭》（中國近代史資料叢刊續編），第1冊，第235～236頁。

第五節　石川案與日本豐島襲擊有關嗎

軍武官,也化名改裝,有時扮作商賈,混跡於天津生意場上;有時裝成苦力,出入於塘沽碼頭區。事實上,要拿到中國向朝鮮派兵情況的情報,在塘沽相當容易。因為在戰爭爆發之前,官府並不重視塘沽碼頭的警衛工作,「仍令在華倭人自如偵探」[365]。更有甚者,當「高升」號等運兵船停泊塘沽碼頭期間,竟有「倭夷往來不絕,凡我船開行,彼即細為查探,非但常在碼頭逡巡,竟有下船在旁手持鉛筆、洋簿,將所載物件逐一記數,竟無委員、巡丁驅逐」[366]。日本間諜活動之猖狂,於此不難窺其一斑。由於清朝當局的腐敗顢頇,日本間諜可以在塘沽碼頭區自由活動,完全能夠掌握中國運兵船的起碇時間。再據德商信義洋行經理滿德致函李鴻章稱:

> 倭人在中(國)竟能洞悉中國軍事。此非滿德臆造妄言,即如滿德奉憲委乘愛仁輪船運兵赴牙山事,當滿德未抵塘沽時,居然有一倭人久住塘沽,此倭人才具甚大,華、英、德、法言語俱能精通,看其與他人言論間隨時用鉛筆注載。此小行洋人俾爾福所見。及滿德坐火車時,又有一倭人同載,滿德並不敢與之交談,則愛仁、飛鯨、高升船載若干兵、若干餉,何人護送,赴何口岸,該倭人無不了徹於胸也。既能了徹,安見不電知上海,由上海電知伊國也。不然,高升船之罹災,何以若是之速也?[367]

所有這些,足以表明塘沽碼頭是日本間諜隨時掌握中國運兵情況的一個更直接的管道。

如果再進一步細緻研究日本豐島襲擊的話,還有一個值得重新考慮的問題,那就是日本豐島襲擊的主要目的何在。論者一般認為,日本海軍擊沉高升運兵船即其豐島襲擊之目的。此說沿襲已久,迄無異議,實則大謬

---

[365] 《盛宣懷檔案資料選輯之三甲午中日戰爭》,上冊,上海人民出版社,1980年,第31頁。
[366] 〈鄭觀應、陳獻致盛宣懷函〉,轉引《歷史研究》1980年4期,第45頁。
[367] 《盛宣懷檔案資料選輯之三甲午中日戰爭》,下冊,第103頁。

第六章　甲午日諜的第一案

不然。因為在當時的情況下，日本既要掌握中國運兵的情況，也要掌握北洋艦隊的行蹤。而且，從軍事策略來說，後者是更為重要的。日本情報當局特派老資格的間諜宗方小太郎坐鎮煙臺，就是為此。

宗方小太郎確實不辱使命，很快探聽到了北洋艦隊的動向。試看他在7月19日所寫的日記：

> 上午牧相愛自北京、天津到來。託其搭乘通州號輪船返上海之便，將致津川三郎之函帶去。本日派去威海之偵察員歸來談，碇泊於該港之鎮遠等艦已作戰備，將於今日或明日相率赴朝鮮云。有魚雷艇二艘隨往。此外，定遠艦因修理，攜帶魚雷艇前往旅順，預定昨日返回威海。[368]

這份關於北洋艦隊即將出海的情報是準確的。果不其然，兩天後李鴻章即電令丁汝昌：「汝須統大隊船往牙山一帶海面巡護，如倭先開炮，我不得不應。祈相機酌辦。」當天，丁汝昌覆電稱：「濟遠、廣乙、威遠今早已開。帥令大隊赴牙，昌擬率定、鎮、致、靖、經、來、超、甲、丙九船，雷艇二艘同行。唯船少力單，彼先開炮，必致吃虧，昌唯有相機而行。倘倭船來勢凶猛，即行痛擊而已。」[369] 此宗方小太郎的報告被帶到上海後，迅即電傳回國內，日本大本營便下令開始著手襲擊北洋艦隊的準備了。

為此，日本海軍軍令部部長樺山資紀海軍中將，於7月22日下午攜參謀總長有栖川熾仁親王的密令來到佐世保，向日本聯合艦隊傳達了到朝鮮牙山海面伺機襲擊北洋艦隊的命令。[370] 23日上午11時，日本聯合艦隊離開佐世保港。24日下午5時許，繞過朝鮮半島的西南端，抵達黑山島

---

[368]　《中日戰爭》（中國近代史資料叢刊續編），第6冊，第110頁。
[369]　顧廷龍、葉亞廉主編：《李鴻章全集》，電稿二，上海人民出版社，1986年，第800、804頁。
[370]　戚其章：《甲午戰爭史》，人民出版社，1990年，第51頁。

第五節　石川案與日本豐島襲擊有關嗎

附近時，日本聯合艦隊司令長官伊東祐亨海軍中將命令第一游擊隊之吉野艦、秋津洲艦、浪速艦三艦前進偵察，並授命第一游擊隊司令官坪井航三海軍少將曰：「此行至牙山灣偵察，若該灣附近清國艦隊力量弱小，則無必要與之一戰；若其力量強大，則攻擊之。」因李鴻章下令後，又改變主意，制止海軍大隊出海，結果只有濟遠艦、廣乙艦、威遠艦三艦駛往牙山。25日上午6時半左右，吉野艦等3艘日艦航抵豐島西南時，發現了中國軍艦。威遠艦已先行回國，此時在牙山灣只有濟遠艦、廣乙艦兩艘軍艦。顯而易見，從雙方的力量對比看，日方占有壓倒優勢。但是，坪井航三採納艦隊參謀釜谷忠道海軍大尉的意見，認為：「雙方力量孰強孰弱，需要戰爭方能判斷。重要的是要出擊，才是執行司令長官命令的主旨所在。」於是，日艦第一游擊隊三艦不等日艦本隊趕到，便於7時45分襲擊中國軍艦。

由上述可知，日本聯合艦隊駛向豐島海域的既定計畫，主要是攻擊北洋艦隊本身；擊沉「高升」號只是因與其不期而遇，而不是原先的預定目的。事實上，清政府同時租用3艘英國商船運兵，考慮三船同到渡兵上岸困難，便決定分批由塘沽起碇：「愛仁」號，裝載官兵1,150人，7月21日下午開；「飛鯨」號，裝載官兵700人，7月22日傍晚開；「高升」號，裝載官兵1,116人，7月23日早晨開。[371] 如果日本以擊沉中國運兵船為主要目的，為什麼不打「愛仁」號和「飛鯨」號，而專打「高升」號呢？這也說不通。

總之，石川伍一賄買劉棻刺探軍情是真的，但劉棻所提供的軍事情報與「高升」號之沉並無直接關係，這也是事實。「以公法論，日人當斬；以國法論，書辦當誅」，自然沒有問題，但罰與罪必須確實相當，才真正符

---

[371]　戚其章：《甲午戰爭史》，第45頁。

第六章　甲午日諜的第一案

合按律而斷的精神。歷來人們大都認為石川案與日本豐島襲擊直接有關，硬將兩件事聯繫在一起，其實並不符合歷史的本來面目。

第六節　從石川案看京城日諜嫌疑案的處理

石川伍一間諜案的審理雖然歷經波折，總算是終於結案了。這與清政府嚴查奸細的堅決態度有關。石川案發生後，由於言官的揭發，朝廷震驚。8月13日，光緒皇帝頒發諭旨稱：「前因倭人構釁，京城地面必須加意防範，諭令步軍統領衙門、順天府、五城御史訪拿形跡可疑之人。茲據給事中余聯沅奏聞，天津拿有倭人奸細等語。倭人詭謀叵測，亟宜加意嚴防，著懍遵前旨，一體設法密查，免致混跡為患，務宜切實辦理，不得稍涉大意。將此各諭令知之。」[372] 在朝廷的嚴諭下，各有關主管官員不敢怠慢，督率所屬也都開始行動。此舉果然奏效，竟牽出兩起奸細嫌疑案。

第一起，是戰爭初期形勢逼出來的一樁案件，即日人川畑丈之助（一作「川畑丈之助進」）奸細嫌疑案。

川畑丈之助，鹿兒島人。小學畢業後入縣立師範學校，因受其長兄平吉的影響立志從軍，中途退學，於西元1888年進入熊本步兵第二十三聯隊，成為一名陸軍士官候補生。1892年3月，任陸軍步兵少尉。他平時頗留心中國問題，認為中日兩國之間遲早必有一戰，於是萌發了到中國探查的念頭。同年9月，他辭去職務西渡中國，到東北地區調查，潛伏達2年之久。[373] 1894年7月25日，甲午戰爭爆發，川畑丈之助遂離開東北，經

---

[372]　《清光緒朝中日交涉史料》，卷16，第28頁。
[373]　黑龍會編：《東亞先覺志士記傳》，下卷，原書房，1933年，第210～211頁；東亞同文會編：《對支回顧錄》，原書房，1981年，第668～669頁。

第六節　從石川案看京城日諜嫌疑案的處理

煙臺、天津前往北京活動。8月1日,川畑丈之助來到煙臺。此日,宗方小太郎在日記中寫道:「本日川畑某經滿洲至此地。彼鹿兒島人,前曾辭去陸軍少尉之職來中國,滯留於□□府,近日將去北京。」原稿眉批云:「川畑丈之進自滿洲至芝罘。」[374] 當月上旬,川畑丈之助即住在孝順衚衕的美國教堂裡,暫時潛伏。

川畑丈之助潛伏北京之日,正值石川伍一在天津被捕之時。石川案發生後,北京到處搜查形跡可疑之人,川畑丈之助只能藏在教堂裡,不敢外出露面。8月13日,江海關道又在上海法租界查出兩名「改裝倭人」,引起中美之間的一場外交糾紛。8月16日,總理衙門照會美國代理公使田夏禮,要求田夏禮轉飭駐上海總領事佑尼干(Thomas R. Jernigan)「速將該倭人二名即交上海道審辦」。美國起初不肯交出,中國堅決要求引渡,兩國關係一度趨於緊張。8月22日,因前此總理衙門致函田夏禮,謂「以日本令華人在彼寄寓者報名註冊,日本既如此清釐,中國亦應於日本人之寓華者如此照辦」,田夏禮也不得不表態稱:「查日本人之寓居中國者多半回國,其未回國(者)現在無多,如中國欲令現尚寓華之日本人報名註冊,本署大臣有何不願?若將日本人現在寓華數目請本國領事查明轉以相告,亦無不可。」[375] 在這種情況下,川畑丈之助在美國教堂藏身就很困難了。儘管京城的步軍統領衙門也好,順天府也好,都不會搜查美國教堂,但川畑丈之助既不敢讓人窺見,又無法開展活動,待在北京已經毫無作用了。於是,為確保安全起見,他便商請美國教士劉海瀾(Harrison Hiram Lowry),幫助他設法離開北京回國。

8月31日,田夏禮致函總理衙門稱:

---

[374]　《中日戰爭》(中國近代史資料叢刊續編),第6冊,第113頁。
[375]　《中日戰爭》(中國近代史資料叢刊續編),第5冊,第60、64頁。

第六章　甲午日諜的第一案

　　昨據本國住孝順衚衕劉教士稟稱：該教堂內向設有學中西文藝學房，學生內有日本人川畑丈之助一名。兩月前該學房放熱學時，該學生即出外遊歷。昨於七月三十日（8月30日）旋回學房，仍欲入學。伊尚不知中日業已失和。該教士因際此時，不願留此日本學生，欲其回國等因。相應函請貴衙門大臣查照。希望繕發路照一紙，送由本館發給該學生川畑丈之助執持赴津，再由本署大臣轉移本國駐津領事館，俟其抵津即行遣其回國可也。

　　對於這個突然冒出來的日本「學生」，總理衙門的親王大臣們乍聞之下，即感到疑竇叢生，難保無有奸細嫌疑，因為既是正當學生，為何外出遊歷時竟不領取護照？按照常規的處理辦法，應該面訊這個日本「學生」，只要一面訊就會露出馬腳來。但是，多年來的深刻教訓猶歷歷在目，涉及外國教會的事情要小心慎重為妙，所以總理衙門既不要求所謂日本「學生」呈驗護照，又不要求該人前來面訊，竟於9月2日回了田夏禮一封莫名其妙的覆函：

　　查本衙門前經派員特向貴署大臣詢問有無倭人潛留京城，準貴署大臣面稱並無倭人蹤跡。現在倭人忽稱由外旋回，究於何處遊歷，由何處回京，無由詳其蹤跡。且出外兩月之久，尚不知中日業經開戰，仍欲入學，殊難憑信。中日開戰以後，本衙門未便再發護照。寓華倭人既歸貴署大臣保護，應請貴署大臣問明該倭人何年來京附學，本年避暑往來蹤跡，先行見覆，再與貴署大臣商辦可也。[376]

　　該覆函雖稱來函所云「殊難憑信」，卻專門問起一些諸如「何時來京附學」、「往來蹤跡」等難以查明的枝節問題；雖宣告中日開戰後「未便再發護照」，卻又露出「再與商辦」的口氣。顯然，總理衙門是想找臺階下臺了。

---

[376]《清季中日韓關係史料》，卷6，1972年，第3535、3539頁。

第六節　從石川案看京城日諜嫌疑案的處理

田夏禮看到信中口氣，即知事情當可順利辦好，便趁熱打鐵，煞費苦心地編了一紙回信，於9月5日送交總理衙門。信內稱：

本署大臣查據劉教士稱：該學生係於本年三月初三日來京入學，至五月初二日放熱學時，中國學生均各回家，學中教習亦多有往內地避暑者。該日本學生於五月二十四日出京遊歷，經過懷來縣及宣化府，至張家口遇雨守候，雨霽過新河站哈拉城，至察哈爾。又至蘇門哈達，由舊路旋京，於七月二十九日（8月29日）進城。仍欲在學房附學，教士因恐生事，是以不願收留。該日本人係極好學生，並甚樸實等語。查該教士人品向來方正，以上所言實為可靠。仍請貴衙門大臣查照，繕給該日本人川畑丈之助由京赴津之護照，俾其平安抵津，以便本國駐津領事官遣其回國可也。

這完全是編造的滿紙謊言！但是，總理衙門決定「稍與通融」，提出：「倘貴大臣能保該倭人立即出境，必無作奸犯科，有干中國國法軍法之處，即由貴館繕寫護照，將此註明再送至本衙門用印給發，以便貴署大臣遣送倭人回國。」[377] 於是，田夏禮照此辦理，由美國公使館為川畑丈之助繕寫護照，總理衙門加印，將其遣送上海，於10月4日乘船回國了。

此事的處理有諸多問題，就這樣眼睜睜放走一個假日本學生、奸細嫌疑犯了。不過，對於總理衙門來說，也有其不得已之處。因為當時並未拿獲川畑丈之助的同案犯，也未掌握川畑丈之助從事偵探軍情的確鑿證據，無法揭穿田夏禮、實際上是劉海瀾編造的謊言。此外，最令總理衙門親王大臣頭痛的是，適在此次中美交涉之際，又發生了中法兩國關於清兵殺死法國傳教士趙得夏的交涉。8月13日，法國公使施阿蘭（Auguste Gérard）向總理衙門發出強硬的照會，謂直隸提督葉志超部下兵士，於7月29日

---

[377]　《清季中日韓關係史料》，卷6，第3557、3580頁。

第六章　甲午日諜的第一案

在朝鮮公州將趙得夏殺斃，「其罪我國家不能置諸不理也」[378]。總理衙門被教案嚇到了，生怕法國再借題發揮，局面愈來愈難以收拾，答應處決凶犯並撫卹死者，以平息此事。而川畑丈之助回國事，因涉及美國教堂，也只好睜一隻眼閉一隻眼，給美國一個「稍與通融」的面子，免得繼續糾纏下去。

第二起，是步軍統領衙門偵破的一樁案件，即日本公使館華人差役奸細嫌疑案。

案犯三人：高順即高二，宛平縣人，年33歲；趙春霖即趙二，天津縣人，年45歲；吳承棟即吳三，宛平縣人，年33歲。此三人都是受僱於日本使館的差役，於10月14日被步兵統領衙門右翼四旗協尉玉等尋蹤拿獲。因此案發生在京城，11月18日有諭旨交刑部衙門審理，「盡法懲辦」。經過刑部遴派司員嚴加訊鞫，始各供出其私通日人、充當奸細等情節：

高順：「早年在煙臺地方受僱日本武官井上敏夫傭工。井上敏夫各處遊歷，帶同高順並日本人石川伍一，由煙臺乘坐小船至沿海各島，並皮子窩、大沽山及盛京等處。所走洋面，井上敏夫均用十斤砣試水深淺，並令伊觀看旅順炮臺。本年五月間隨井上敏夫回至煙臺，井上敏夫令伊每日代看海關上懸燈掛旗，報知軍船、貨船往來數目。及日本與中國在牙山打仗，伊仍舊代探船隻。」

趙春霖：「早年來京，在東交民巷受僱日本公使館傭工。光緒十年、十一年間，日本人東敬名（日方記載作『東靖民』）至營口並瀋陽船廠及寧古塔等處遊歷，趙二跟隨同往。行至中途被地方官拿獲，解至上海。將趙二查訊保釋，旋自來京，仍給日本館跑送信件，並代買各物。……本年六

---

[378]　《清季中日韓關係史料》，卷6，第3625頁。

第六節　從石川案看京城日諜嫌疑案的處理

月間日本與中國失和……伊因聞知神機營官兵駐紮南苑,當向翻譯官告知。」

吳承棟:「先年僱給日本駐京人服役。本年日本與中國失和,其人起身回國,吳三送至天津旋即回京。」

刑部取供後,復會同都察院、大理寺「提犯親訊,供悉如前,再三審訊,矢口不移,應即擬結」。遂於翌年 1 月 13 日判決如下:

查律載境內奸細走透消息,及境外奸細入內探聽事情者,斬監候等語。今高順、趙二均為倭人服役多年,並隨同各處遊歷,倭人之沿海試水深淺,到處採探道路,自屬居心叵測。而該二犯乃甘心為效奔走,迨失和後仍一為看望船隻來往,一為告知營兵駐紮處所。雖與刺探機密走漏軍情有間,究未便遽從寬典,自應嚴行懲辦,均照奸細本律問擬。高順即高二,趙二即趙春霖,均合依境內奸細走透消息及境外奸細入內探聽事情者斬律,擬斬監候,秋後處決。吳三即吳承棟,甘心為倭人服役,雖未為之探聽事件,亦應從嚴懲辦。酌擬在部監禁五年。俟事平後再行酌核辦理。[379]

《馬關條約》簽訂後,應日方的要求,李鴻章奏請將高順、趙春霖、吳承棟三犯釋放。6 月 28 日,清政府按該約第 9 款「此次交仗之間,所有關涉日本軍隊之中國臣民概予寬貸,並飭有司不得擅為逮繫」之明文規定,命中城兵馬司將高順等三名在押犯交日本公使館收領。

將此案與石川案相比較,頗有其相似之處,審得都很不徹底。以高順為例,他先跟井上敏夫,後跟宗方小太郎,死心塌地為日人效勞,出賣民族利益,但在審訊中卻堅稱其所為「係外國跟役照常應辦事件,並非因打

---

[379]　《中日戰爭》(中國近代史資料叢刊續編),第 5 冊,第 394～395 頁。

第六章　甲午日諜的第一案

仗後打探軍情」[380]，也就蒙混過關了。兩案也有不同之處，即雖然同樣受到西方國家，特別是美國的干擾，但審理的結果卻不相同：石川案的主犯之一的劉棻是被當即押赴市曹斬決；此案的主犯高順和趙春霖卻被判「擬斬監候，秋後處決」。為什麼會有如此之變化呢？不是別的，而是反映了清政府轉而執行與日議和政策。清政府既已決定對日乞和，而且請美國作為中日之間的「居間人」，對奸細案的處理自然要留有餘地，暫「擬斬監候，秋後處決」可以拖一下，以待時局的變化。其實，這也正是美國公使田貝（Charles Denby）所期望的。高順等犯被捕後，田貝曾致函總理衙門稱：

> 既係本館僱用之人，本館自應知其被拿係因何罪，有何證據。本大臣不知是否實有其罪，是以不能定請釋放此人。唯該家眷常來本館哀求，云其實為無罪。想中日現已欲行議和，此人在押，受苦已經數月，擬請轉行酌為開釋可也。[381]

這封求情信正說到了「欲行議和」的點子上，清政府不能不加以考慮了。因此，所謂「擬斬監候」者，「酌為開釋」之變相也。果然，還沒等到秋後，《馬關條約》便已簽訂，於是高順等便像日本俘虜那樣享受優待交給日方了。

---

[380]　《中日戰爭》（中國近代史資料叢刊續編），第 5 冊，第 395 頁。
[381]　《中日戰爭》（中國近代史資料叢刊續編），第 5 冊，第 240 頁。

第七章

江浙日諜案中之案

第七章　江浙日諜案中之案

第一節　關東諜蹤

　　從 1870 年代以來，關東地區一直是日本情報機構關注的重點。早在西元 1872 年，日本即曾派遣陸軍中佐池上四郎、陸軍大尉武市熊吉、外務權中錄彭城中平三人到中國。他們三人裝扮為中國商人，潛入關東地區調查，歷時一年，歸國後向日本當局提出了一份《滿洲視察覆命書》，甚受重視。這是日本明治政府上臺後向中國派出的第一批間諜。自此以後，日本向關東派遣間諜的活動日趨頻繁，很難完整統計。但從相關資料可知，日本在甲午戰爭初期向關東地區所派的情報人員，一般是採取以下三種方式：

　　第一，是長期隱蔽的方式。為日本海軍軍令部效勞的山本條太郎，曾長期藏身於營口中國人潘玉田開設的永茂油坊裡，即是一例。另外，根據知情人的回憶，有兩名日本軍事間諜冒充山東籍漁民，潛伏在旅順口附近的小平島當間諜。其中一人原名已佚，化名田老二；另一人名津久居，化名林大辮子。這兩名日諜不但蒐集軍事情報，而且還與關東「眾匪首拉攏勾結，為各匪幫供應槍械子彈等，自己也成立一小幫，跟著各匪幫活動」。田老二還騙娶了一名山東籍的王姓女子，以為掩護。戰爭爆發後，旅順炮臺守軍發現夜間時有燈光訊號閃爍，引起注意，多方監視偵察，發覺田老二形跡可疑，即將他拘捕審訊。田老二堅不吐實。被他騙婚的女子深明大義，協助守軍搜尋，終於查出間諜確證。[382]

　　第二，是從海上登陸偵察的方式。甲午戰爭爆發後，日本海軍奉命尋找日軍登陸作戰的上岸地點，關東也是偵察的重要目標。日本軍艦多次游

---

[382]　甯武：〈清末東三省綠林之產生、分化及其結局〉，見中國人民政治協商會議全國委員會編：《文史資料選輯》，第 6 輯，中華書局，1960 年，第 136～137 頁。

第一節　關東諜蹤

弋於榆關近海及旅順後路海域，甚至派人乘小艇登岸測量，即為此也。現從總理衙門檔案中找到兩份署吉林將軍恩澤致總署諮文，發現圖們江口附近也是日軍所考慮的登陸地點之一。當時，日本軍艦在海上遇到中國漁民就捉，遇到越南漁民也捉，奴役他們。越南漁民徐東力為日艦所拘，連同兩名中國人，被迫隨同四名日兵在圖們江口附近上岸，潛入吉林琿春探查，因走散乞食而被捕。據徐東力供稱：

現年20歲。於上年（西元1894年）八月內合鄉鄰人共11名，在本國海岸捕魚，俱被日本人擄去。分置各兵船上，令穿日本衣服，每人每月應許給洋銀7元，與彼服（役）。現由南洋駛來兵船三只，船上日本人最多。彼2只暫停海洋，距此處三五百里。小的在此船上，到溫貴口探查海冰解否。在西水羅地方，隨同一日本小官、3名兵，並兩名華人，均改裝穿船內所攜之中國衣服登岸。分為兩路，密探該處一帶有無華兵守禦。小的同二華民、一日本人行至大河邊，被韓人們逐散，彼幾人不知去向，小的隻身來至被拿處。因夜晚飢甚，進一民房乞食，致被拿獲。次日解至營盤審問，轉送到案。今蒙審訊，除此別情一概不知。所許之洋錢，迄今一元亦未領得。所供是實。[383]

徐東力雖走散被捕，然兩路日諜皆完成探查任務而回到了艦上。

第三，是分批潛入偵察的方式。甲午戰爭爆發後，曾有多批日諜進入關東活動，如鐘崎三郎潛往山海關一帶，前田彪等潛伏營口，松田滿雄等潛入旅順口，等等。但是，在戰爭期間採用這種派遣間諜的方式危險性很大：一是日諜的活動範圍不能過大；二是日諜探查活動的時間不能過長。這就是日本軍事情報機構要不斷向關東派遣間諜的根本原因。所以，甲午戰爭爆發之初，關東濱海一帶，一時諜影幢幢，或出沒於駐軍防區，或深

---

[383]　《中日戰爭》（中國近代史資料叢刊續編），第5冊，中華書局，1993年，第350頁。

第七章　江浙日諜案中之案

入於海防要塞，較之他處尤甚，就不足為奇了。

當時，被派往關東活動的日諜大都是裝扮成中國商人，變名易姓，行動極其方便。應該說，他們幾乎每次都是完成任務後安然離開。但是，他們也會有失手的時候。如在上海法租界查出的兩名要前往關東的日本「商人」，尚未登輪離滬即被拿獲。這便是下一節所要談到的「日商」間諜嫌疑案。

第二節　上海租界裡的日本「商人」

西元 1894 年 8 月 13 日，即天津石川伍一間諜案破獲後十天後，在上海的法租界裡又發生了一起震驚中外的日本間諜冒充商人案。

此案的兩名主犯，都是上海日清貿易研究所的畢業生：一名楠內友次郎；一名福原林平。

楠內友次郎，佐賀人。原姓青木，因承鹿兒島藩士楠內家之嗣，改姓楠內。稍長移居鹿兒島。曾以從軍為志，投考陸軍士官學校，因視力不足而未通過體檢，從此斷絕從事軍旅之想。西元 1885 年，進入早稻田大學前身的東京專門學校，學習法律。後轉入英語科就讀。1890 年 9 月，荒尾精在上海創辦日清貿易研究所的消息傳來，楠內友次郎異常興奮，遂乘輪航滬，參加該所。1893 年畢業後，入上海日清商品陳列所，從事日本和中國的海產品調查。1894 年初，橫濱貿易新聞社社長要深入中國內地調查，楠內友次郎與之同行，歷時數月返回上海。戰爭爆發後，楠內友次郎仍留在上海，藏身於日清商品陳列所，在炮兵大尉根津一的領導下從事偵察活動。這是楠內友次郎間諜生涯的開始。當時，他曾致書其兄，略謂：

第二節　上海租界裡的日本「商人」

今日之事，乃國家安危之關鍵，皇運隆盛之所繫。苟帝國臣民臨事而偷安，異日之事不可問矣。弟幸以聊通敵情之故，暫時隱身於該邦，以謀國家進取之道。然輕舉妄動有誤忠孝大義之虞，為慎重起見，一時音問或缺，務望諒之。[384]

福原林平，日本岡山縣人。少年時代曾進入著名的閑谷黌學習。閑谷黌是日本創辦歷史最長的藩校之一，明治維新後一度趨於式微。到西元1883 年學者西毅一任黌長，該黌名聲復振。所設學科，無論英、漢等語還是數學等，皆以灌輸忠君愛國為最高要求。在西毅一的教育薰陶下，福原林平也以慷慨國士自許。1890 年，上海日清貿易研究所在日本國內招收新生，福原林平欣然應試，但未被錄取。他在失望之餘，想起在閑谷黌時曾聽過荒尾精所作關於東方問題的演說，當時大受鼓舞，便鼓起勇氣往訪荒尾精，暢談「興亞之志」。荒尾精聽後，頗為讚許，當即拍板破格准其入學。1893 年，福原林平從日清貿易研究所畢業，又進入商品陳列所。此後，他曾乘輪溯江而上，考察長江流域。途中所聞所見，使他感觸良多，詩興大發，作有七律六十餘首。其一云：

欲試長江萬里遊，飄然來投月明舟。

把杯堪笑人間事，越水吳山使我愁。

此行使他看到在中國的土地上，西方列強恣意橫行，連秀麗的越水吳山也似帶愁容，不禁感慨繫之。其二云：

身在忙中閒日月，商賈餘事養玄玄。

膽心渾是乾坤氣，任他蛟龍何所邊。

寫自己心不在商，胸懷整頓乾坤的大志。其三云：

---

[384]　黑龍會編：《東亞先覺志士記傳》，下卷，原書房，1933 年，第 442 頁。

第七章　江浙日諜案中之案

> 卿在瀛洲北海天，余遊萬里蜀吳川。
>
> 此江月影此真影，寫出往時奇遇緣。[385]

此詩是作者思念留在日本國內未婚的戀人山本幸子之作。這反映出福原林平的另一面。山本幸子讀到此詩後，深受感動。據說，福原林平死後，山本幸子終生未嫁，專心於女子教育事業。[386] 西元 1894 年戰爭爆發後，福原林平與楠內友次郎一樣，也留在上海，在根津一領導下從事軍事偵探活動。

西元 1893 年 8 月上旬，根據根津一的命令，楠內友次郎和福原林平擔起深入關東腹地偵探清軍兵力及布防情況的重任。根據 1895 年 7 月時已晉升陸軍炮兵少佐的根津一所寫的〈見認證書〉：

> 右者於明治二十七八年事變之際，正住在中國上海日清商品陳列所。同年 7 月，下官坐鎮上海，負責偵查敵人軍情，二人皆欲不惜犧牲為國家報效。於是，下官令其深入滿洲內地，專門從事偵探敵狀的活動。預定計畫是：先乘船到營口，經遼陽抵奉天，再去遼陽，返回奉天後將敵情以電報傳來；復前往鳳凰城，隨時報告沿途所見敵情。其後，即向鴨綠江行進，調查事變之初渡江入朝清軍的總數及其沿義州街道行軍途中之情況，向在韓之第一軍司令長官報告；隨後即擔任該軍之陸軍嚮導。交付二人之任務確實至難。8 月 10 日夜，二人變裝離開陳列所宿舍，扮成湖北商人，投宿於中國客棧。[387]

由此可知，此番任務艱難危險，非同尋常。楠內友次郎和福原林平接下任務後，感到心中沒有把握，只能冒險一試。當時，福原林平致其父信

---

[385]　《東亞先覺志士記傳》，下卷，第 531 頁。
[386]　《東亞先覺志士記傳》，上卷，第 445 頁。
[387]　東亞同文會編：《對支回顧錄》，下卷，原書房，1981 年，第 584～585 頁。

第二節　上海租界裡的日本「商人」

中稱，此次「進入中國內地，參加大日本征服中國之旅」，有「神佛保佑，必可平安無事」；卻又謂「不死之威靈將守護國家千載」。[388] 這是福原林平的真實感情流露，也說明他深知此行前途莫測。

根據根津一的安排，楠內友次郎和福原林平為此行進行了周密的準備。他們攜帶了關東地圖以及駐軍番號和將領銜名的清冊，而且還特別草擬了一份〈暗碼注釋單〉，以備用暗碼電報通報軍情之用。〈暗碼注釋單〉如下表所列[389]：

類別		暗碼	注釋
地別	北部	上等品	奉天府之兵
		中等品	遼陽府之兵
		下等品	錦州以西兵之總稱
	西部	上等品	錦州附近之兵
		中等品	寧遠附近之兵
		下等品	由山海關內來之兵
	東部	上等品	岫巖附近之兵
		中等品	鳳凰城附近之兵
		下等品	由鳳凰城東來之兵
	南部	上等品	旅順口附近之兵
		中等品	大連灣附近之兵
		下等品	復州一帶兵之總稱
	中部	上等品	營口附近之兵
		中等品	蓋平附近之兵
		下等品	遼陽、奉天地面之兵

[388]　《東亞先覺志士記傳》，上卷，第 444 ～ 445 頁。
[389]　《中日戰爭》(中國近代史資料叢刊續編)，第 5 冊，第 201 ～ 204 頁。

第七章　江浙日諜案中之案

類別	暗碼	注釋
事別	穀類	步兵勇練軍
	雜貨：漆器、瓷器、洋傘、自來水、鏹水	炮兵
	酒類	騎兵
	皮類	兵船
	銀	水雷
	金	防禦兵
	暗碼	注釋
	銅	籠城防禦兵
	賣	兵赴朝鮮
	買	兵赴山海關
	九八	恰祥記
	無買賣	兵赴旅順口地方
	市上靜謐	兵赴奉天府
	何物價多	聚糧多
	何物價少	修理兵馬來往之路
	甚清靜	兵赴營地方
	行情不變	兵不動
	某物某月國中下旬價何賣買無賣買	某兵某月國中下旬某營向某地方發
	何月何日何貨行情騰貴若干	何月何日何兵何營增兵若干
	某月歸家得病某月某日已癒	某月某日某兵由鴨綠江過朝鮮
	某月以來病未癒	事變以來兵尚未由鴨綠江過朝鮮
	品切	兵甚少

252

第二節　上海租界裡的日本「商人」

類別	暗碼	注釋
事別	貨缺	兵無多
	販路	兵去向
	銷場	兵去向
	銷路	兵去路
	上下不定	兵數增減未定
	漲落未定	兵數增減未定
	在貨	在此之兵
	現貨	現在之兵
	殘貨	留營兵若干
	存貨	現在有兵若干
	手放	兵數減少
	脫手	兵數減少
	人氣引立	添兵甚多
	生色	增兵
	市上	當時
	市面	目前
	行市	模樣
	沉清	兵甚少
	太清淡	兵數非常之少
	商賣何卜十日不味	不知兵之情形
	光景無味	不知軍情
	賣急速售	招募兵甚急
	破談	兵減若干復從探聽
	不成功	兵未齊
	入荷來貨	兵到了

253

第七章　江浙日諜案中之案

類別	暗碼	注釋
事別	不振商勢	駐紮之兵不多
	市情不興	駐紮之兵不多
	買控	兵不動
	停辦	兵不動
	要買	派兵赴某處
	收買	兵已到
	賣控	兵已派出
	停售	兵已派出
	賣望	兵已派兵
	銷路有望	兵非常之多
	相場幾何	軍情若何
	行市如何	軍情若何

　　楠內友次郎、福原林平此行一開始即極不順利。根津一所寫的〈見認證書〉說：「8月10日夜，二人變裝離開陳列所宿舍，扮成湖北商人，投宿於中國客棧。」所述過於簡略，難以從中看清事情的原委。事實上，按預定的計畫，他們準備先乘11日的客輪到營口，然後走陸路北上經遼陽到奉天的。不料船期有變，11日的班次被取消，延期至14日起航。他們怕住處附近耳目甚多，決定離開日清商品陳列所，到法租界中國人所開的同福客棧住下，以等待14日的船期。

　　應該說，楠內友次郎和福原林平還是很謹慎小心。因係執行特殊任務，他們二人為避免目標過大便分開行動。福原林平先在12日住進同福客棧，到第2天，即13日，楠內友次郎才到同福客棧投宿。同時，景山長治郎也在另一家全安客棧住下。景山長治郎前曾與前田彪、成田煉之助

第二節　上海租界裡的日本「商人」

一起前往關東，以營口為據點，深入關東腹地，進行了大量的偵察活動，十分熟悉情況。根津一考慮到楠內友次郎、福原林平二人從未到過關東，很難達成任務，故決定加派前不久由關東回到上海的景山長治郎與他們同行。儘管他們藏頭露尾，行動詭祕，還是被官府所布眼線認出。14日晚上，楠內友次郎、福原林平正在客棧裡，剛好遇見了道臺衙門差弁，而景山長治郎因住在另一家客棧，得以僥倖漏網。

因此事發生在上海法租界，中國地方當局無法將兩名日諜嫌疑犯直接帶走審訊，便由租界當局將其送交美國駐滬總領館看管。江海關道沈能虎當即致電報告北洋大臣李鴻章，內稱：

此間昨得倭奸二人，搜有關東輿圖及帶兵銜名，乃不即時送縣，輒交法捕房致送美署，竟不交出。聞已電達總署。倭雖美保，應保安分之人，乃搜有作奸實據，即屬不安分之人。亦託名保護，實則窩奸，大有害於友國。總署應力爭交出，力置於法。[390]

與此同時，蘇松太道黃祖絡電稟南洋大臣劉坤一，並轉報了總理衙門。

8月16日，軍機處電寄劉坤一諭旨：

奉旨：劉坤一電稱，上海租界查獲華裝倭人二名，搜出圖據，現在美領署管押等語。本日已由總理衙門照會美使，飭令領事交出訊辦。著劉坤一即飭江海關道告知美領事，迅即交犯嚴訊，並根究黨與，一律搜捕，按照軍律懲辦。欽此。[391]

總理衙門遵旨於當天照會美國駐華代理公使田夏禮稱：

---

[390]　故宮博物院編：《清光緒朝中日交涉史料》，卷17，1932年，第17頁。
[391]　《清光緒朝中日交涉史料》，卷16，第39頁。

第七章　江浙日諜案中之案

　　查拿日本奸細一事，本衙門於本月初六日援照公法照會貴署大臣查照在案。茲準南洋大臣電稱：十三日，上海道在法租界客寓查有華裝倭人兩名。飭委會捕，拘至捕房，搜出圖據。法領事以倭人現歸美國保護，交美署管押。委員向美署索交，領事謂事關重大，須電駐京大臣飭遵等語。查滬關所拿華裝倭人二名，既經搜出圖據，確係奸細，不在保護之列，按照公法自應由中國訊明辦理。相應照會貴署大臣轉飭駐滬美領事，速將該倭人二名即交上海道審辦。是為至要！[392]

　　總理衙門的照會依國際公法要求引渡兩名日諜嫌疑犯，理直氣壯，但美國心存袒護，拖延不肯交出，從而引發了中美之間一連串的交涉。

第三節　盂蘭盆會假僧遇真僧

　　正當清政府為引渡兩名假日本商人而與美國努力交涉之際，在浙江又發生了一起假扮僧人的日諜嫌疑案。

　　1894年8月15日，乃夏曆七月十五日。按傳統，此日為佛教盂蘭盆法會之日。西晉竺法護所譯《盂蘭盆經》稱：「年年七月十五日，常以孝慈憶所生父母，為作盂蘭盆，施佛及僧，以報父母長養之恩。」日久成為習俗，民間多謂此日修供，其福百倍。值此佛教盛會之日，到普陀山燒香禮佛的僧人和民眾連續多日絡繹不絕。許多僧人16日從上海搭船，19日到鎮海改乘武寧輪船，來普陀朝聖。其中，有一僧舉止怪異，眾僧上前問訊。結果該僧答不出，竟勃然大怒，冒出日本話來。此僧因此露出馬腳，

---

[392]　《中日戰爭》（中國近代史資料叢刊續編），第5冊，第60頁。

第三節　盂蘭盆會假僧遇真僧

被看破原來是一個假冒的日本和尚。[393]適在此刻，元凱兵輪大副把總貝名潤上船檢查，對其盤詰。「據稱係廣西人。繼又稱為貴州人，欲赴普陀山。言語支離，並無隨帶行李。搜查身上，只有墨盒紙筆、普陀山僧名單一紙、時辰表一個、洋銀 22 元，又小洋 1 元 4 角 5 分、洋傘一把。」[394]因其形跡可疑，顯然係假冒僧人欲為不法之事，遂將其拘捕。

這個假冒的日本和尚又是何許人？不是別人，正是來華多年的日本間諜藤島武彥。藤島武彥是日本鹿兒島人，出生於一個藩士家庭。

西元 1885 年，進入東京陸軍士官學校，因學習英語、數學兩門課程甚覺吃力，一時困惑。經一位姓赤塚的前輩指點：「男兒欲安身立命，宜向中國大陸發展。」[395]藤島武彥遂決意渡海赴滬，以研究中國現狀。1888 年，他到漢口投於荒尾精門下，成為樂善堂最年輕的成員。曾參與荒尾精所組織的「四百餘州探險」，先後兩次赴中國西北數省活動，歷時兩年之久。1890 年，荒尾精在上海籌辦日清貿易研究所，經費難以籌措，藤島武彥遂毅然回國，在大阪興辦紙革製造所，以所獲利潤為辦所費用之補助。甲午戰爭爆發後，他乘德國客輪再渡上海，投根津一手下以聽調遣。根津一命其剃髮變裝，經直隸出關東，向鴨綠江前進，一面沿途偵探軍情，一面等候與北渡鴨綠江的日本第一軍先遣隊會合，並擔任嚮導。但是，藤島武彥回國後剪去髮辮，裝扮困難，因此根津一想到不如讓其先扮成和尚模樣，去找正在普陀山法雨寺研究佛學的高見武夫，學習一些佛門規矩和禮儀，再北上執行任務不遲。於是，他便從上海乘船南行，湊巧趕上盂蘭盆會，這才演出了武寧客輪上那尷尬的一幕。

---

[393]　《東亞先覺志士記傳》，上卷，第 450 頁。
[394]　《中日戰爭》(中國近代史資料叢刊續編)，第 5 冊，第 124 頁。
[395]　《對支回顧錄》，下卷，第 574 頁。

第七章　江浙日諜案中之案

藤島武彥被捕後，承認自己是日本人，裝扮和尚，卻又編了一套瞎話搪塞：「姓藤島，日本國大阪人，家業鐵商。六月二十七日在大阪動身，七月初一至長崎，初三、四日上船至上海，十八日在上海搭乘武寧輪船至寧波。欲到法雨寺訪日本僧高見，因彼高見猶未知今回兩國失和之事，故特至法雨寺告事情迫切，使他回國。」詰問：「既稱鐵商，何以故扮僧人？」答以：「現因中倭開仗，來往不便，故由上海削髮來鎮。」寧紹臺道吳引孫見此情況，認為：「藤島改扮僧裝，行蹤甚為詭祕，供詞亦極閃爍，難保非圖混入內地窺探軍情。尤恐有華人作奸，亟應徹底根究，以期水落石出。」即派候補通判梅振宗，會同鄞縣知縣楊文斌審訊，亦無結果。吳引孫親自主審，逐層指駁，藤島「於無可分辯之時，始據供稱係上海日本大越領事遣其來甬。並稱前往普陀，因恐路上有人盤問，故先落髮」。對於「有無探看軍情」、「使探何事，同伴何人」諸問題，堅不吐實。其供詞如下：

名武彥，二十六歲，是日本大阪人。光緒五年到中國讀書，並在漢口開店，出賣海帶菜等貨。……現在中日有交戰事，寧波東洋人都已回國了。有一個姓福的東洋人，住在上海跑馬場開雜貨店，與高見是好友，他因有病回國了。六月二十七日，小的由大阪動身，趁機搭日本船，過了兩三天到長崎。七月初四日到上海，會見那前在漢口領事處寫字的速水一孔，是小的朋友。十一日，帶領小的去見駐上海日本領事大越大人。那大越當與小的盤費英洋二十元，囑令小的到普陀山邀高見和尚同到上海，可與小的一同回國。並沒別言交代，也沒應許賞官賞財的事。十二日，大越就同速水一孔回國了。小的又受姓福的朋友所託，代向高見說他有病在家的話。因想日本人到中國來不便，故於十七日剃落頭髮，不為識破日本人了。況且小的會講中國話，所以小的扮作和尚，趁機搭輪船要去普陀。小

第三節　盂蘭盆會假僧遇真僧

的是有家私兼開店業，漢口、上海認得小的的人俱多。……今蒙研訊，小的實止受領事所託，去普陀接高見，並非奸細，探聽炮臺洋面消息事。求寬恩是了。[396]

藤島武彥想蒙混過關，編造連篇謊話，但為了圓謊，不得不交代出兩個人，即「姓福的東洋人」和他的「好朋友高見」。

藤島武彥供詞中的「姓福的」自然是指福原林平，那麼「高見」又是何人？「高見」就是高見武夫，日本岡山縣人。少時就讀私塾原泉學舍，後又進入閑谷黌，與福原林平為同窗好友。西元1890年，負笈東京，一度入東洋大學前身的哲學館，師從號稱「妖怪博士」的宗教哲學家井上圓了。不久，又赴鎌倉，向圓覺寺宗演和尚學習禪學。一天，荒尾精也來到圓覺寺，對高見武夫大講東亞問題，談得非常投機。荒尾精勸他前往中國。高見武夫一時衝動，便與福原林平商議一起渡華。臨行前，岡山國清寺住持海晏和尚付給高見武夫一紙介紹信。1893年11月，二人同時來華，福原林平留在上海，高見武夫則直接潛伏在普陀山法雨寺。法雨寺主持見有海晏和尚的介紹，怎知道他是日本間諜，並未懷疑。

高見武夫住進法雨寺後，過了半年多平靜的日子。在此期間，他似乎相當消沉。他性格內向，淡薄世事，又多愁善感，本不是那種慷慨悲歌之士。《高見武夫傳》的作者對他的性格是這樣評論的：「君素來沉默寡言，常手不釋卷，是一位篤學者。」但因經受不住荒尾精的蠱惑，竟接受了這項本不適合他來承擔的任務，扮演了一名悲劇的角色。他愛好作詩，尤擅長七絕，吟詠之餘編為《夢痕錄》。茲從中選錄數首，以窺其當時的心境。其一題〈味蓴園〉：

---

[396]　《中日戰爭》(中國近代史資料叢刊續編)，第5冊，第124～126頁。

第七章　江浙日諜案中之案

> 秋雲欲瘦雨如絲，日落名園宿草悲。
> 一點疏燈心萬里，小樓剪燭夜題詩。
> 其二題〈春日感懷〉：
> 滿眼東風吹滿林，花開濺淚鳥驚心。
> 吳山越水三千里，春與春愁一樣深。

秋天觀日落是悲，春日賞花是愁，高見武夫每天沉浸在孤寂之中，無法排遣的是剪不斷的鄉思。高見武夫可能有些後悔，但尚未料到他走的是一條不歸路，最終成為日本對外侵略擴張政策的犧牲品。果然，藤島武彥一被捕，便將他供出來了。高見武夫受審時心存僥倖，認為沒有露出什麼把柄，把一切推得乾乾淨淨，連自己的姓也不承認。其供云：

> 年二十七歲，日本岡山縣人。姓關山，名高見，僧名開英。家有父母妹子。舊年十一月到普陀山，二月初八日落髮的，拜佛唸經。這藤島並不認識，他姓藤島名武彥。那日本人福源林，在上海英租界開瀛華廣懋館廣貨店，與僧人是朋友。自從日本岡山縣開各書院相見結交，到上海已有四年。現在福源林是否仍在上海，有無回國，僧人並不曉得。僧人前三年所見藤島不是這個藤島，這個藤島並不認識。藤島所說大越領事，亦不認識，並無往來。他為人好歹也不曉得。是實。[397]

在此案的審理中，由於無法掌握藤島武彥和高見武夫的確切證據，難以取得真供，一時無法結案。吳引孫決定：將藤島仍發鄞縣監禁，嚴飭獄官妥慎看守；高見武夫發交城中天寧寺，仍由普陀下院僧人看管，毋許遠離。

---

[397] 《中日戰爭》（中國近代史資料叢刊續編），第5冊，第126～127頁。

第四節　江浙日諜案中案的審結

　　浙江的日本假僧的審理既無進展，只得將案犯暫時看押，俟集有新證再行審理。直到上海的日本假商人案終告勘破，此案的重審才有了突破性的進展。

　　總理衙門深知，勘破上海法租界的日本假商人案的關鍵問題，在於引渡楠內友次郎、福原林平兩名案犯。為此，曾援照國際公法向美國駐華代理公使田夏禮發出照會。當時，田夏禮也好，美國駐滬總領事佑尼干也好，都是偏向日本，並不積極配合總理衙門的要求。他們所採取的一個主要策略，就是一個「拖」字。當收到總理衙門的引渡照會後，田夏禮先是復照，謂「現尚未接到該總領事詳報，無（由）知悉此案詳細情形，是以未便遽照所請飭行辦理」。此法可以暫時應付一下，但不能久拖，於是又想出了一個須請示本國外交部的藉口：

　　　據想本國駐上海總領事斷不能於日本不安本分之人，有意偏袒。唯因奸細之案，關係匪輕，總須先行細為商酌。現既電轉本國外部商辦此事，計來往海程，須經多日方能接有回電。[398]

　　後來，佑尼干更玩起了「替訊」的把戲。作為「替訊」的結果，他交出一份供詞給清廷：「數年前在滬讀書。回國後，今年夏至上海，業玉器古董。所帶地圖，好為中日有事備閱。」靠一場「替訊」的鬧劇，以遂其瞞天過海之計，當然不可能成功。於是，一時氣氛緊張：一方面，江海關道派委員到美國總領館「坐索」；另一方面，佑尼干「堅不肯交」[399]。雙方僵

---

[398]　《中日戰爭》（中國近代史資料叢刊續編），第 5 冊，第 60、63 頁。
[399]　《清光緒朝中日交涉史料》，卷 17，第 21 頁。

第七章　江浙日諜案中之案

持不下。

為了打破引渡日諜嫌疑犯的僵局，總理衙門致電駐美公使楊儒，令其速與美國國務院交涉。8月21日，美國國務卿葛禮山（W. Q. Gresham）當面向楊儒表態：「奸細應交，美使及領事祖宕非是，已電田使飭交。」[400]24日，總理衙門即照會田夏禮，請其遵國務卿之意，「轉飭駐滬總領事，速將日本奸細二名照交中國地方官審辦」。但田夏禮重演故技，仍藉故拖延。適在此日，在漢口發生了美國領事柴有德（Jacob T. Child）庇護日本間諜的事件。是日，「有倭人剃髮改易華裝，在漢口租界外行走。營勇向前盤詰，正欲查拿，該倭人即持刀抗拒，逃入租界。美領事不肯交出，謂係日本安分人，即時護送登輪往滬。」湖廣總督張之洞即電總理衙門，提出：「既係安分，何必改裝？情弊顯然。請照會美國駐京大臣切囑美領事，以後查有華裝倭人不得庇護。」於是，總理衙門向美國提出嚴正交涉，於8月31日照會美國公使田貝稱：

查中日未經失和以前，條約內載兩國商民不准改換衣冠，致茲冒混。是平時倭人改易華裝尚干例禁，況現當兩國開戰之際，倭人改裝剃髮，匿居中國，其為窺探軍情，有心混跡可知。此次漢口之改裝倭人，一經營勇盤詰，即持刀抗拒，逃入租界，情弊顯露。而美領事諱為日本安分之人，即時送滬，是否有意袒庇倭白。但論公法，似已未協，且於貴國保護真正安分商民之名有損。蓋緣滬關所獲倭奸，不肯交出訊辦，以致他口倭奸效尤無忌，實於中國軍情大有妨礙。應請貴署大臣嚴飭各口領事，嗣後如遇此等情事，即照公法交出訊辦，以敦睦誼可也。[401]

---

[400]　《清光緒朝中日交涉史料》，卷17，第26頁。
[401]　《中日戰爭》（中國近代史資料叢刊續編），第5冊，第66、76～77頁。

第四節　江浙日諜案中案的審結

總理衙門一面電令楊儒向美國國務院申明：「現寓韓、倭華民，倭甚虐待。倭人改裝剃髮，遊匿中國尚多，中國應援公法以為備。美願邦交，總宜平持，務囑外部速電田使，勿為口惠。」[402]

事情鬧到這種地步，美國政府似乎已意識到會影響其中立國的國際形象，為挽回局勢，早在兩天前（即8月29日），便發電訓給田貝，嚴加申飭。略云：

「保護」二字，爾與領事俱誤會。倭人圖謀中國，干犯律例，不得恃美官署為護符。美領事只可從中調停，仍守局外公例，不應該將該倭人收留。爾謂應由美領事公斷一層不妥。[403]

到9月1日，田貝才不得不電飭其上海總領事佑尼干，將兩名日諜嫌疑犯楠內友次郎和福原林平引渡給中國。3日，美領館將二犯移交給上海道署。經江海關道研訊，楠內友次郎供認「係日本人，小村囑為轉報軍情，未報被獲」；福原林平初「甚狡展，迨示以本人所寫暗處字據，始供欲探北路軍情，尚未赴津被獲」。8日，有旨諭南洋大臣劉坤一，「飭令江海關道取具供詞，即行就地正法」[404]。

劉坤一接旨後，並未立即執行。他認為，一則「案情關係重大，且該倭奸黨類甚夥，尤須一一追究」[405]，不應草草結案；二則「聞上海各領事均為該倭奸存希冀，就地正法恐滋饒舌」。故決定「飭即日連案派輪押解來寧懲辦」[406]。劉坤一的想法是對的，因為還有一樁浙江假冒日僧案等待重新審理，他希望從滬案中能夠發現新的線索和證據。於是，他下令將

---

[402]　《清光緒朝中日交涉史料》，卷18，第22頁。
[403]　《中日戰爭》（中國近代史資料叢刊續編），第1冊，中華書局，1989年，第187頁。
[404]　《清光緒朝中日交涉史料》，卷19，第24、27頁。
[405]　《中日戰爭》（中國近代史資料叢刊續編），第5冊，第185頁。
[406]　《中日戰爭》（中國近代史資料叢刊續編），第1冊，第205頁。

第七章　江浙日諜案中之案

兩名日諜嫌疑犯押解南京，派兩江營務處金陵洋務局道員曾廣照、羅嘉傑會同審理。

9月23日，提審福原林平。對於探聽軍情的訊問，福原林平躲躲閃閃，言語支吾，且破綻百出，難以定論。然其為探聽軍情，應該事無可疑。此日審訊還有一個最大的收穫，就是意外獲得了有關藤島武彥和高見武夫身分的線索。試看審訊時的紀錄：

（一）關於藤島武彥的回答：

問：你認識藤島武彥嗎？

答：認識，現不知他在何處。

問：他現在在做什麼？

答：不知。

問：他本來是做什麼？

答：他在日本大阪做買賣。

問：他幾歲？

答：大約二十七八。

問：他現在有留辮子嗎？

答：從前留過，現在不知。

問：藤島何時剃頭的？

答：去年八月回國，在大阪見他時，尚未剃頭。

（二）關於高見武夫的問答：

問：高見你知道嗎？

答：知道。他本來是個和尚，聽說他現在在普陀山。

第四節　江浙日諜案中案的審結

問：高見和尚你知道嗎？他名叫什麼？

答：知道。他姓高見，名武夫。

問：高見今年多大？何時當和尚的呢？

答：他 26 歲。他本是日本鎌倉地方的和尚，去年 11 月到中國後才剃頭的。[407]

透過對福原林平的初審，起碼釐清了兩個問題：第一，藤島武彥是冒充和尚，可得到進一步的證實。第二，知道了高見武夫的真實姓名，他自稱姓關山名高見並非真話，說明提供的是假供，必有不可告人之事。

9 月 24 日，提審楠內友次郎。一開始，楠內友次郎顧左右而言他，總是談別人的事，並捏造自己的事，不敢吐露實情。由於主審者已掌握一定的證據，再三研訊，楠內友次郎始願實供。供稱：

七月初間，西村著飯田正吉到我處，對我說：「西村此次前來上海，本欲去天津、煙臺等處探聽軍情，數日前所以託你我在上海代為轉電日本。」他聽說北邊各地方清國官員防查甚嚴，西村因此不敢前去。今西村令我在上海專辦轉電之事，託閣下前去煙臺、天津、牛莊探訪軍情。探得後請電致我處，我即代轉電長崎。目前西村先回長崎去等，專託我與閣下在此行事等語。登時我聽了飯田此言，再四思考，既受西村之託，只得前去天津、牛莊一行。然心中總覺害怕，過了三四天見到福原，他忽對我說：「閣下可曾受過他人密託沒有？」我登時答福原云：「你亦受他人之託否？」福原點頭。彼此心照不宣。福原復云：「我們均受他人之託，不得不去一次北邊，唯由瀛華廣懋館動身，耳目甚眾，不若移往中國客棧啟程，則諸事方便。」等語。當時遂與福原約定，同移住同福客棧。到了十二日，福原先搬去了。到十三日午後十一點，我方搬到同福客棧住宿一

---

[407]　《中日戰爭》(中國近代史資料叢刊續編)，第 5 冊，第 185～190 頁。

第七章　江浙日諜案中之案

宵，並未與福原商議事件。及至十四日清晨，我上街去買隨身物品，至中午回至客棧吃飯。福原和我說：「今日景山來過此地，約你下午傍晚時候到全安客棧前面橋上說話。」等語。我聽了福原此言，即出同福客棧，意欲覓一清靜剃頭店剃了淺髮，然後往全安客棧去會景山。不意沿途剃髮店人多，不便進去，只得緩行至全安客棧。到了全安客棧，該處正在唱戲，我遂在那裡聽了一點多鐘的戲，尚不見景山來。我又行至橋邊專候景山。候了良久，彼亦未來。及候至十點鐘光景，景山猶不來，我只得回同福客棧。回到客棧時，業已十一點鐘。不一會兒，遂有許多巡捕進客棧來，將我們拿去了。[408]

儘管楠內友次郎的供詞隱瞞了許多重要的情況，但他還是招認了兩件事實：一是他與福原林平是同夥；一是他們都是奉派北上探聽軍情。在這種情況下，福原林平不招也不行了。

9月28日，再次提審福原林平。審問一開始，主審官道員曾廣照、羅嘉傑首先開門見山地警告福原林平：「前日你所供之話中多不實之處，楠內昨日已照實供出了。你還要狡賴嗎？」福原林平只得承認前係謊供，今日要說真話。供稱：

今日我從實供，不敢說謊。有姓根津者，係與我同學之人。去年春天他回國去了，八月內我亦回國。十一月，我由日本到上海仍做生意。至今年七月初十日，忽接根津來信，託我探聽軍情。信中寄來奉天兵營人名兵數單一張，錦州、遼陽兵營情形單一張，暗碼電報一紙。我收了此信件，即與楠內商議：欲往天津探聽，因在日本鋪子不便相商，搬至中國人客棧，以便商量一切，並方便動身等語。楠內當即允許。我遂於十二日先搬住同福客棧住一宿。楠內是十三日搬去同福客棧的。十四日，我上街去買

---

[408] 《中日戰爭》(中國近代史資料叢刊續編)，第 5 冊。第 198～199 頁。

第四節　江浙日諜案中案的審結

東西，晚上十點鐘回至客棧。不多時，即被巡捕拿去。[409]

在物證人證俱在的情況下，福原林平被迫交代了自己的部分罪行，但在供詞中也夾雜了一些假資訊。由於主審的官員認為已經達到了審訊的目的，可以結案了，便不再繼續追問下去。

10月8日上午9時，兩江總督劉坤一欽遵電旨，飭將楠內友次郎、福原林平二犯押至江寧縣茞橋市刑場，處以斬刑。

江蘇的日本假商人案既經審結，便讓浙江的日本假僧人案的再審帶來轉機。此次浙江巡撫廖壽豐命杭州府知府陳璚主審，署按察使王祖光核看。由於藤島武彥、高見武夫二犯已知福原林平招供，因此審訊較前番順利得多。先審高見武夫。高見武夫供稱：「與日本人福原林平同館，彼此交好。十二月，我到普陀山。今年二月披剃為僧，密探中國地勢。……這藤島武彥也是同黨，他能說中國話，知中國事。他來招我，是要我一同窺探軍情。」由於福原林平、高見武夫兩個同黨都招了，藤島武彥見無可抵賴，只得招認：「因為中日交兵開戰，大越給我盤費洋元，記有暗碼，命我先到普陀山招高見武夫一同測繪中國地形，窺探軍情。我剃去頭髮，扮作僧人。那福原林平原是同黨。」[410]

10月27日，浙江巡撫廖壽豐欽遵電旨，飭將藤島武彥、高見武夫二犯押至杭州清波門外刑場，處以斬刑。臨刑前，高見武夫賦絕命詩云：

此歲此時吾事止，男兒不復說行藏。

蓋天蓋地無端恨，付與斷頭機上霜。[411]

---

[409]　《中日戰爭》(中國近代史資料叢刊續編)，第5冊，第200頁。
[410]　《中日戰爭》(中國近代史資料叢刊續編)，第5冊，第287～288頁。
[411]　《對支回顧錄》，下卷，第592頁。

第七章　江浙日諜案中之案

　　高見武夫此刻悔恨交加,無奈為時晚矣!

　　至此,這樁轟動一時的江浙日諜連環奇案才算畫上了句號。

第八章

旅順後路案

第八章　旅順後路案

第一節　六日諜登陸花園口

中日陸海決戰之後，日本就著手準備進攻中國本土的作戰。西元1894年10月24日，在日本第一軍突破清軍鴨綠江防線的同時，其第二軍也開始從旅順後路的花園口登陸。因為花園口是清軍未設防的地區，便於日軍登陸。

先是在選擇旅順後路的登陸地點問題上，日本第二軍內部有意見分歧。當時，主要有三種意見：

第一種，是從大連灣以東的大窯口登陸。提出此意見的主要是一批日清貿易研究所的畢業生，如大木熊雄、大川愛次郎、別府真吉、藤崎秀等。他們根據多次對遼東半島南海岸的偵察，建議：「先取大連灣附近之大窯口，再進而攻略大和尚山石門村，占領金州，以絕旅順後路。」[412] 雖然從大窯口登陸為進攻旅順的最近之路，但也有兩大不利之處：其一，由大窯口登陸，離徐家山炮臺過近，部隊上岸容易受到排炮的威脅；其二，正定鎮總兵徐邦道所統拱衛軍5營，其中炮隊1營駐金州城南，馬隊1營駐金州東北一帶，步隊3營駐金州，皆可就近截擊從大窯口上岸之敵。故此建議不但海軍不採納，連陸軍也不予考慮。

第二種，是從莊河縣以南的花園口登陸。這是日本海軍的觀點。日本海軍曾多次派遣艦隻，特別是八重山艦，測量從大連灣到鴨綠江口的遼東半島東海岸，認為花園口為最適宜的登陸地點。對此，日本第二軍參謀部則持有異議，認為花園口西南至金州約八十公里，距離稍遠，提出：「苟以花園口為日兵登陸之地，即至金州城，而其間有三河流不可徒涉，遲延

---

[412]　《中日戰爭》（中國近代史資料叢刊續編），第6冊，中華書局，1993年，第124頁。

第一節　六日諜登陸花園口

至數日，使敵兵完防禦，勢大不可。」[413]

第三種，是從花園口西南海岸的貔子窩登陸。這是日本陸軍的意見。因為貔子窩距金州較近，陸軍登陸後既可降低渡過幾條深水河流的困難，又便於展開軍事攻擊，所以陸軍頗為堅持這個提議。於是，日本陸海軍在登陸地點的選擇上便形成了僵局。這不是小事，若拖而不決，勢必會影響日本大本營執行作戰計畫。在這種情況下，便由日本聯合艦隊司令長官伊東祐亨海軍中將出面協調。

10月21日，伊東祐亨在旗艦「橋立」號上主持了陸海軍參謀聯席會議。會上，首先明確了討論問題的一個前提，就是必須執行的大本營所規定的遼東半島作戰方針：「欲遏止直隸省，先據金州半島；欲占有旅順口，不可不先取金州城。」[414] 因此，就貫徹大本營的作戰方針而言，無論海軍還是陸軍的方案都符合要求。主要的問題在於，哪一個方案更為有利。經過一整天的激烈爭論，終於有了共識，即採取海軍提出的花園口登陸的建議。22日，日本第二軍司令官大山岩大將釋出以下命令：（一）以花園口為登陸地點；（二）工兵準備在登陸後於沿途河流渡河；（三）派遣間諜偵察南北各路敵情，以確定登陸後的進軍路線。

在此關鍵時刻，要派出哪些人擔任前路偵探呢？這一任務由日清貿易研究所的畢業生來執行。向野堅一回憶：「日清風雲告急時，根津一要求：『日清之戰迫在眉睫，此戰係以自詡富強之清帝國為敵手，不容樂觀。所幸諸君通曉華語，又多少熟悉中國事，所以希望諸君暗察敵軍軍情及其他內情，為皇國效力。我等皆無異議，當即從命，決定開始行動。當時研究所蓄髮辮者有十幾人，我也在其中，裝扮為中國人從事軍事偵控極為方

---

[413]　橋本海關：《清日戰爭實記》，卷8，第277頁。
[414]　橋本海關：《清日戰爭實記》，卷8，第279頁。

第八章　旅順後路案

便。於是，我等同仁，或在長江，或去天津，或赴煙臺，各自分頭偵察敵情。戰事愈益逼近，繼續滯留上海確實危險，於是我等在日僑遣返之後，乘三井船離開該地，先在長崎上岸，然後赴廣島大本營報到。」[415] 至此，凡是從中國大陸撤回日本的間諜都集結在廣島。當時，按照日本大本營的計畫，第二師團將分乘20艘運輸船從花園口登陸。為配合此次行動，參謀本部召見山崎羔三郎、藤崎秀、鐘崎三郎、豬田正吉、大熊鵬、向野堅一，命其隨軍出發。時任大本營幕僚長的陸軍大將有栖川官熾仁親王親自接見這6人，諄諄囑託，予以鼓勵。隨後，山崎羔三郎一行即乘橫濱丸出發。在途中，日艦高千穗捕獲了一艘中國漁船，強行剝下中國漁民的衣服，讓山崎羔三郎、藤崎秀等裝扮，以便於登陸後潛伏活動。

10月23日拂曉，日本運兵船陸續抵達花園口海面。第一師團師團長陸軍中將山地元治將山崎羔三郎等召至面前，激勵說：「諸位誓把生命奉獻給國家，義勇奉公，為君國好自為之！」參謀長步兵大佐大寺安純也懇切囑咐：「諸君責任重大，既受命就一定要完成此項任務。」並命令：大熊鵬、豬田正吉往大孤山方向；由於山崎年長，而且精通中文，去旅順要塞；鐘崎三郎、藤崎秀偵察金州城及其附近，以及位於柳樹屯的和尚島炮臺；向野堅一探查普蘭店、復州的戰備情況。[416]

這樣，山崎羔三郎等化好裝後，便乘舢板在花園口登陸。按照命令，山崎羔三郎、鐘崎三郎、藤崎秀三人向西南方向，大熊鵬、豬田正吉二人向東北方向，向野堅一一人向西，大家分頭活動。可能他們一時尚未意識到，此次分手就是最後的永訣。

---

[415]　向野堅一：《回憶日清戰役》，油印本，藏大連市圖書館。
[416]　《中日戰爭》（中國近代史資料叢刊續編），第6冊，第185頁。

第二節 「三崎」命喪金州

　　山崎羔三郎等 6 名日諜登陸花園口之日，也是金州守軍嚴密防範倭奸潛入之時。當時，金州城鄉遍貼防奸布告：「倭寇奸細，潛入甚多，來往嚴視，捕拿重賞。」[417] 並具體規定了賞格，捕獲一名日諜送官賞銀 500 兩。[418] 另外，還頒發一種紅色通行證，凡乘擺渡過河者都要呈驗，無證者不但不准過河，而且要送衙門盤問。[419] 及日諜隨日軍先鋒部隊從花園口登陸後，駐貔子窩的清軍捷勝營營官榮安得到當地漁民的報告，又立即派哨長黃興武率馬隊馳赴花園口方向，要求不使一名倭奸漏網。

　　由於沿岸盤查很嚴，這一批上岸的日本間諜，除向野堅一被捕後僥倖中途逃脫外，其餘 5 人，即山崎羔三郎、鐘崎三郎、藤崎秀、豬田正吉和大熊鵬，都被清軍俘獲，無一倖免。

　　先說山崎羔三郎、鐘崎三郎和藤崎秀。山崎羔三郎是一名老練的日諜，在 6 人中來華最早，曾是漢口樂善堂成員，並參與了荒尾精所指揮的「四百餘州探險」活動。西元 1891 年，荒尾精在上海創辦日清貿易研究所，山崎羔三郎擔任了該所的庶務，負責募集經費等事宜。

　　西元 1894 年 6 月，因朝鮮形勢緊張，日本正策劃進攻駐牙山的清軍，便命山崎羔三郎速赴朝鮮聽候調遣。他由上海乘船到煙臺，又轉赴仁川上岸，然後直奔漢城，向大島義昌陸軍少將所屬混成旅團報到。大島義昌正在制定對清軍作戰的計畫，立派山崎羔三郎前往偵察清軍的部署情況。山

---

[417] 《中日戰爭》（中國近代史資料叢刊續編），第 6 冊，第 225 頁。
[418] 向野堅一：《回憶日清戰役》，油印本。
[419] 向野堅一：《追憶三崎山》，油印本，藏大連市圖書館；張本義、吳青雲編：《甲午旅大文獻》，大連出版社，1998 年，第 197 頁。

第八章　旅順後路案

崎羔三郎裝扮為華商，自稱在日本神戶經商，見中日兩國關係緊張，回國途中路過此地，願為國家效勞。[420] 清軍官兵皆信以為真，喪失警惕。於是，山崎羔三郎利用清軍的麻痺，採取各種手段，完全掌握了清軍的兵力、內部虛實及防禦計畫。他的偵察報告對大島混成旅團制定進攻清軍的計畫有很大的影響。到日本大島混成旅團攻擊清軍時，山崎羔三郎又擔當軍事嚮導，並參加作戰。其後，隨著日本不斷向朝鮮增兵北侵，又先後為日本第九師團和第五師團從事偵察活動，直到平壤戰役後奉調回國。向野堅一在給山崎羔三郎的兄長白水敦的信中極力稱讚其弟：

> 令弟山崎氏報國之志深，最早深入牙山敵營，又從軍於平壤之後。此次參加金州半島之戰，尤負最艱鉅之任務，捨身偵察金州、旅順。既奏大功又當大任，真九州男子之忠心光照東方，為後世之鑑。[421]

這次登陸花園口，山崎羔三郎被分派去擔任最為艱鉅的偵察旅順要塞的「大任」。

鐘崎三郎比山崎羔三郎小 5 歲，來華時間也比山崎羔三郎晚差不多 3 年，但經歷更特別。他於西元 1891 年進入上海日清貿易研究所；因特別受到荒尾精的賞識，半年後即開始獨立從事間諜活動。1894 年，鐘崎三郎奉命潛入山東，曾先後偵察膠州灣、威海衛軍港等處。隨後又調到天津，做日本海軍武官瀧川具和大尉的助手，乘船調查直隸海岸的最佳登陸地點。此後，他便潛伏在天津紫竹林租界裡的松昌洋行。中日兩國宣戰的翌日，即 8 月 2 日，他還從天津寫信給他的同鄉好友中村綱次說：

> 這次日清和平之局破裂，本日我僑民皆啟程回國。小弟思之再三，此正以身報國之時，決心留下，直至日本軍隊來攻。無論遭遇何等危險，都

---

[420]　玄洋社史編纂會編：《玄洋社史》，1927 年，第 500 頁。
[421]　《中日戰爭》(中國近代史資料叢刊續編)，第 6 冊，第 224 頁。

第二節 「三崎」命喪金州

要在敵國潛伏，以探聽敵情。若能逢凶化吉，當有魚雁報聞。倘無音信之時，亦即再無會期之日也。[422]

中村綱次閱信後，一直等待鐘崎三郎的消息，空盼了一個多月。原來，鐘崎三郎寄出給中村的信後，感覺處境不妙，便趕緊逃離天津，潛往山海關一帶。他詳細偵察了沿途及山海關一帶清軍布防情況後，才逃往上海乘輪回到日本。當時，日本大本營對山海關的情報掌握不多，及見到鐘崎三郎的報告，參謀次長川上操六喜出望外，稱讚其立下了「不世之功」[423]。

藤崎秀，字實夫，號雲岬，鹿兒島縣人。13 歲時有志於學。後進入郁文館，拜谷山初七郎為師。又曾進入號稱「鹿兒島造士館」的熊本濟濟黌學習。本來他立志投考海軍學校，因沒通過體格檢查而不能如願，無奈赴長崎另謀出路，一心要成為一名實業家。恰逢荒尾精正籌劃在上海成立日清貿易研究所，回國內招收學生，到全國各地發表演說，動員青年學子報名參加。藤崎秀在長崎聽了荒尾精的演說，大為感奮，親自往訪荒尾精，披瀝胸懷，並表示終生跟定了荒尾精。荒尾精嘉其志，答應資助其一半學習費用。西元 1890 年 9 月，藤崎秀渡上海入學，一學三年。1893 年畢業後，分到日清商品陳列所實習，實則開始蒐集情報。他常對人說：「余得以完成貿易研究所課程，皆荒尾先生所賜。禽獸尚知報恩，何況人乎？」[424] 他不改初衷，決心以荒尾精為榜樣堅定地助力侵華活動。甲午戰爭爆發後，藤崎秀等人奉命回國到廣島報到，被分配到日本第二軍第一師團。此次從花園口登陸，他雖然和鐘崎三郎分開行動，但所接受的任務

---

[422]　《日清戰爭實記》，博文館，1895 年，第 18 編，第 45 頁。
[423]　黑龍會編：《東亞先覺志士記傳》，上卷，原書房，1933 年，第 471 頁。
[424]　《東亞先覺志士記傳》，下卷，第 525 頁。

第八章　旅順後路案

都是偵察清軍在金州的布防情況及和尚島的防禦設施。

山崎羔三郎、鐘崎三郎、藤崎秀三人從花園口分手後，儘管偽裝巧妙，卻未攜帶通行證，不能不被懷疑。先是鐘崎三郎在碧流河西岸、山崎羔三郎在貔子窩被拘捕，隨後藤崎秀在曲家屯被拘捕，先後被押往副都統衙門審問。經查證三人確為日本間諜，三人也供認不諱。

10月31日，山崎羔三郎、鐘崎三郎和藤崎秀皆被押至金州西門外刑場，處以斬刑。因三人姓氏中都有一個「崎」字，故日人將三人合稱為「三崎」。

第三節　豬田正吉、大熊鵬失蹤之謎

再說豬田正吉和大熊鵬。

豬田正吉，福岡人。畢業於久留米明善中學校，與大熊鵬有同窗之誼。畢業後曾任小學教師，因不滿教師之職，不久又赴大阪謀事。此時，荒尾精在上海創辦日清貿易研究所，豬田正吉便於西元1890年9月航渡上海進入該校。畢業後到日清商品陳列所實習。甲午戰爭爆發後，便以該所職員的身分為掩護，專門刺探上海附近清軍動靜和軍艦進出的情報。1894年8月，奉調回國，擔任陸軍翻譯官。[425]

大熊鵬，幼名常太郎，後改名鵬[426]，福岡人。西元1890年3月，從久留米明善中學校畢業。同年9月，進入上海日清貿易研究所。1893年6

---

[425]　東亞同文會編：《對支回顧錄》，下卷，原書房，1981年，第619頁；《東亞先覺志士記傳》，下卷，第22頁。
[426]　《日清戰爭實記》，第27編，第50頁。

第三節　豬田正吉、大熊鵬失蹤之謎

月畢業，被派到日清商品陳列所實習。甲午戰爭爆發後，奉命潛伏上海，「冒生死，探敵情，向國內報告，供大本營參考」[427]。回到日本後被任命為陸軍翻譯官。

豬田正吉和大熊鵬二人，先後離開花園口後，不久即下落不明，生不見人，死不見屍。他們的失蹤成了一個謎，引起不少的猜測，但大多數人認為其性命難保。如向野堅一在他的《從軍日記》1月18日附有一封書信，稱：「豬田正吉氏去向大孤山方向，尚未有任何消息。大孤山歸岫巖管轄，金州城內毫無材料，生死不明。然⋯⋯恐保不住性命。大熊鵬氏亦同豬田氏，情況大致同上。」[428] 此時離他們花園口登陸的時間已兩個多月，仍然杳無音訊，所以推測他們必定是死了。

其實，豬田正吉、大熊鵬二人的失蹤，確實成謎。許多跡象表明，豬田正吉和大熊鵬絕不是死於清軍之手，而且死得也比較晚。

日本黑龍會於1933年出版《東亞先覺志士記傳》一書，根據多方蒐集到的資料，推測豬田正吉和大熊鵬是被宋慶的毅軍捕獲。西元1895年3月田莊臺大戰前夕，日軍透過收買漢奸，探悉宋慶幕下有兩名日本青年人，甚受宋慶「寵遇」。當時，日軍斷定，這兩人必是豬田正吉和大熊鵬，一度想將其救出而不果。及戰爭打響，日軍對清軍採取包圍之勢，清軍損失慘重，宋慶等脫圍而出。猜想在如此猛烈的炮火下，豬田正吉和大熊鵬很難逃生。戰鬥結束後，日軍試圖找到豬田正吉、大熊鵬的屍體，也未發現任何線索。[429]

以上所述，對其詳加考察，便可發現其中真假參半。據清朝檔案記

---

[427]　《東亞先覺志士記傳》，下卷，第147頁。
[428]　《中日戰爭》（中國近代史資料叢刊續編），第6冊，第225～226頁。
[429]　《東亞先覺志士記傳》，上卷，第490～491頁。

第八章　旅順後路案

載，西元 1894 年 11 月宋慶率部回救金州時，曾拿獲一名日本人，該日本人自稱富岡竹之助。宋慶致恭親王奕訢電稱：

> 適探兵由復州界拿獲倭人富岡竹之助一名，供稱「係書記。倭二軍，一軍司令官山縣有朋，二軍司令官大山岩，共約三萬，合趨金州。又有第三軍已發，亦欲由花園口登岸，云向奉天府，由彼仍向西進，金州之兵亦尚往北方」等語。今大高嶺已交戰，似所供非虛，但是否即第三軍已到，尚未探實。[430]

有論者認為，這個「富岡竹之助」可能就是豬田正吉的化名。其理由是：「據查日本第二軍在花園口登陸後至金旅之戰前後，除在花園口登陸時派出六名間諜外，未再派出其他間諜。此時日軍第一軍正在遼東、遼中一帶作戰，似也不可能向金旅一帶派遣間諜。故這名自稱富岡竹之助的日軍間諜很可能就是豬田正吉。」[431] 其實，還可以再加上兩條理由：一是此人的情況與日方的調查資料基本相符；二是此人的化名頗有意思，豬田為福岡人，即以其籍貫之漢讀諧音「富岡」為姓，又以其姓氏「豬」字之漢讀諧音「竹」和「助」，連成「竹之助」為名。可見「富岡竹之助」為豬田正吉之化名當屬無疑。

豬田正吉被毅軍俘獲後，供稱自己在日軍擔任書記，是一個文員，沒有被當作軍事間諜處置。因為當時宋慶完全相信豬田正吉的供詞。更為重要的是，豬田正吉表示了歸順之意，故被宋慶收在帳下，隨毅軍對日軍作戰。戰後宋慶給李鴻章的諮文稱：「查去歲十月內，毅軍探馬在復州境內擒獲日本書記富岡竹之助一名，隨帶在營。該俘求為剃髮，改換華裝。於

---

[430]　《中日戰爭》（中國近代史資料叢刊），第 3 冊，上海人民出版社、上海書店出版社，2000 年，第 208～209 頁。
[431]　郭鐵樁：《恨海——甲午大連之戰》，中央民族大學出版社，1997 年，第 130 頁注 3。

第三節　豬田正吉、大熊鵬失蹤之謎

本年二月十三日內田莊臺退兵時，被倭炮擊斃，屍身不全，混於亂軍中掩埋，無可辨認。」[432] 由此可知，豬田正吉自願歸順毅軍後，還隨同毅軍與日軍作戰達數月之久，是在西元 1895 年 3 月 9 日毅軍從田莊臺撤退時被日軍炮火擊斃。

至於大熊鵬的下落，直到 10 年後終於有了初步結果。大熊鵬的知己朋友水谷彬，曾撰寫過一篇〈大熊鵬君之足跡〉[433]，可資參證。據作者稱，1904 年日俄戰爭時，他作為陸軍翻譯官在海城軍政署任職，一年後又被派往牛莊軍政分署工作。1905 年 3 月，應當地牛馬稅捐局局長田心齋之召赴宴，席間結識了旗人武弁文林。交談之間，文林自稱，甲午戰爭時曾隸左寶貴奉軍某營，平壤之役身受兩處槍傷，回國傷癒後駐紮於莊河青堆子守備。一天，在營房附近發現一個身穿中國衣服的青年，舉動異樣，來回徘徊，似在查點炮數多少。擔任警衛的清兵生疑，將其拖至營內，彼默然不作回答。營官認為此人必係南方人，躲避戰火回鄉，迷路到此，命令將其釋放。這個清兵仍不甘心，搜查身上，發現內穿青色條紋襯衣，帶有辨識銅牌，並搜出筆記本，上面記錄某處火炮幾座等等，其為日本間諜無疑。適在此時，探騎來報，日本軍隊已經在花園口登陸。營官終於決定將該日探留置營中。文林還詳細描述了其人的身材及相貌特徵，問水谷彬是否知道此人。水谷彬聽後大喜，說：「這正是吾友大熊鵬君！十年間之祕密，今日終於真相大白了。」

那麼，大熊鵬的最終下落如何？根據文林所述情況可知，營官特別厚遇大熊鵬，始終留在身邊保護。其後該營退至岫巖，又退到海城草子峪。

---

[432]　《清季中日韓關係史料》，卷 7，1972 年，第 4389 頁。
[433]　《東亞先覺志士記傳》，下卷，第 620～622 頁。按：該文作者水谷彬後來長住中國，在旅順某校任教二十餘年。

第八章　旅順後路案

直到《馬關條約》簽訂後，中日兩國交換俘虜，始將大熊鵬送往奉天。臨行前，大熊鵬因親近文林，攜酒一瓶來餞別，並題詩一首云：

河漢洗兵器，乾坤日月新。

贈君一罈酒，請醉太平春。

從這首詩看，他被俘虜後受到很好的待遇，不禁心存感激，表示對和平到來的欣慶心情。當水谷彬問到大熊何以最終不歸時，文林稱：「那時這一帶流行瘟疫，他確係被送往奉天，或許染上瘟疫死於途中。」

文林的說法是否可信呢？回答應該是肯定的。據清朝檔案記載，中日兩國戰後交換俘虜，中方將日俘11名交給日方，其中有奉軍俘獲者，但無大熊鵬的名字。但這並不是清軍各部所獲全部日本俘虜，已經「正法」、「因傷身斃」或「病斃」者當然不計在內了。[434] 當時傳染病流行，日俘在解送途中飲食不潔，被感染的可能性極大。如錦州所看養的兩名日俘，本擬解至天津交給日方，即行至直隸境內先後患痢疾身亡。文林說大熊鵬病死於解送途中是十分可信的。

由此看來，豬田正吉、大熊鵬失蹤之謎既已解開，便可知他們的結局與山崎羔三郎等不同，不能等同視之。豬田正吉被俘後情願歸順，並共同對日作戰，大熊鵬也有悔罪之意，企盼中日兩國和平友好。

▍第四節　向野堅一普蘭店脫網逃生

在花園口登陸的6名日本間諜中，唯一的僥倖生還者就是向野堅

---

[434]　《清季中日韓關係史料》，卷7，第4410頁。

第四節　向野堅一普蘭店脫網逃生

一了。

向野堅一，日本福岡縣人。曾先後就讀於明善義塾及縣立修猷館。

西元 1890 年 9 月，進入上海日清貿易研究所。1893 年 7 月，被分派到日清商品陳列所實習。1894 年 4 月，奉命調查長江流域各通商口岸。同年 8 月，中日兩國宣戰，又被調回上海，專門偵察中國軍隊動靜及軍艦行蹤等情報。直到 9 月上旬，奉調回日本到廣島大本營報到。隨即被任命為第一師團陸軍翻譯官，執行特殊任務。[435]

向野堅一此次所接受的任務是偵察復州及普蘭店清軍的設防。

10 月 24 日午後 4 時左右，裝扮成中國商人的向野堅一，離開花園口獨自向目的地出發。此時，已經登陸的日軍先鋒部隊到處亂抓中國百姓，充當搬運軍用物資的民夫。向野堅一一身中國人打扮，「也被日本兵抓住，不容分說跟中國人一起當作民夫去搬運，因身邊都是中國人，雖身負特別使命也不能大聲說自己是日本人，最後只好藉口解手，離開民夫隊伍，向日本兵告知身分，故被放走」[436]。如果說這次的事純屬誤會，那麼，隨之而來的一場遭遇更是讓人心驚。

10 月 25 日，向野堅一渡過碧流河，行至王家屯附近，突然被村民的盤問。向野堅一在《從軍日記》中記此事道：

正要通過一村落，有一群人堵住問我的來處和去處。我答稱：「我是福建省福州府番船浦人，名叫吳文卿，本年 6 月在大孤山港做生意，倭兵來襲，所以我準備由皮子口（貔子窩）坐船去煙臺，經上海回籍。然後問路而去。」……後面土人跑來喊我回去。無奈勉強隨土人回到前村，我以上述言語再三答覆。土人不依，認為我是朝鮮人、日本的奸細。他們又仔

---

[435]　《向野堅一履歷書》，油印本，藏大連市圖書館。
[436]　向野堅一：《回憶日清戰役》，油印本。

第八章　旅順後路案

細檢查我攜帶的物品，忽發現一塊磁鐵，於是我受到更激烈的追問。我幾乎窮於應付。忽忽中生智，說我的職業即是開雜貨店，常販賣此類物品，怎麼以此懷疑是奸細。他們又向我追要地圖，我完全沒有作答。最後終於允許放行。才走……又有三十多土人追來，拖我回去，把我從頭到腳檢查又檢查，不放過每一物品，不斷催促我交出地圖。我答絕對沒有。土人不聽，最後又拖到前一村落，對我施行赤身檢查。

從復州到普蘭店之間的重要地名，我用鉛筆記在中國小說的一頁上，藏在襪底。怕被他們發現，在過小河時，故意使鞋掉在水裡，穿襪子的腳落在水裡，穿鞋摩擦，果然赤身檢查，紙片字跡全消，倖免他們責問。土人中有懂官話的說這不是高麗人，是中國人。但其中有六七個惡漢說：「不，是高麗人，裝扮成中國人。」有人打我，有的絆我，終不肯饒，將我的東西和小刀首先奪去。最後用一條繩子把我捆綁起來。遺憾！我終於被土人所捕獲。由三個人監視把我押往皮子窩兵營。

這時已過午後六時半，日落西山，晚鴉歸林，牧童驅牛羊歸。我被土人所捕，暗想一個自由之身，不料今日為清人所獲。嗚呼！我的命薄，如果我在此處喪命，復州的狀況不清，使命當然也不能完成。有什麼方法能免此難？邊走邊想，終無良策。我忽向三人哀求說：「我服從你們去皮子口兵營，路上不會逃走，絕不說謊話，此次事情我實在蒙冤，請替我鬆綁。」這幫凶狠的傢伙忽發善心，答應鬆開手。手得到稍許自由，心稍稍安頓。

這時接近午後七時，天黑得離三四個人的距離就不辨五指。兩個監視者只顧談話稍落於後，只有一人拿繩。我告訴他：「我實在是福建省福州人。家中有父母二老，今蒙冤被捕押送，如我回不去，父母最後只能餓死。你們如可憐我的實情肯釋放，我死也不忘恩德。」邊說邊哭，最後跪拜叩頭哀求。一會兒又說：「我有小塊銀子，送給老爺，請放了我。」他還

第四節　向野堅一普蘭店脫網逃生

未應答，（我）即把腰裡一塊銀子塞給他。與此同時，我帶著繩子拿出全部力量，不顧爬山蹚水，以北斗星為準，向西拚命跑去。天運未盡，此夜是陰曆九月二十八（七）日，天上沒有月亮，離一人間隔就伸手不見五指。……再回頭看，隨著「跑了」的喊聲，只見數十個點點燈光追來。鄰近各村落群犬吠叫。我見光即跑，有人處即避之。逃進大田地裡，腳為高粱茬子所絆，鞋脫襪破已在所不顧。其困難真是一言難盡！後來登上丘陵，回頭看來追的火點漸少。於是在這裡暫作休息，撿石磨斷繩子，這才重為自由人了。[437]

　　向野堅一的日記詳細敘述了他脫網逃生的經過。

　　向野堅一逃脫後，按預定計畫往正西行，於 10 月 28 日來到復州東門外，見城門並無清兵把守，便進到城裡。他先「在東西南北四條街徘徊，一邊注意城內清兵活動情況。往返奔走多時，只見騎兵一人、步兵三四人而已」。心中有些納悶，隨後了解到，「原來復州城兵員有五百多，五六天前調往金州」。於是，他又仔細觀察復州城的形勢：「復州城為方形，開東、西、南三門。東北方有復州河繞之。東西南北半里（此為日里，1 日里等於 3,924 公尺）內外處是丘陵地帶。城牆高 2 丈（1 日丈等於 303 公尺）有餘，厚 4 間（1 間等於 1,818 公尺）多。市街東、西、南、北（四街），其中東、南為繁華大街。城中心有關帝廟。水質清澈，適作飲料。城北附近村落多樹木。土地肥沃，多菜類，有麥。南北城外有石砌的塔，作目標足矣。」[438]

　　結束在復州的偵察後，向野堅一轉向南行，於 10 月 30 日來到普蘭店，發現此處「住戶二十餘家」，但地理位置十分重要。它「位於復州和金

---

[437]　《中日戰爭》（中國近代史資料叢刊續編），第 6 冊，第 197～198 頁。
[438]　《中日戰爭》（中國近代史資料叢刊續編），第 6 冊，第 200 頁。

第八章　旅順後路案

州的中心,既是金州通往蓋平的道路,又是通往皮子口的道路,實是要地」。清軍將領並不重視復州地位的重要性,此處根本「沒有兵營和軍事設施,只不過是一個荒涼村落」[439]。

本來,到此時為止,向野堅一已經完成了預定的偵察任務,但在復州、普蘭店順利的偵察活動使他有了探查金州的想法。於是,他又繼續南行,當天下午便遠遠看見了金州城,只見「城牆上旌旗飄揚,戒備似很森嚴」,認為不能冒失行事,「與其今日進入城內,不如在此止步,明早仔細偵察城門情況再進城」。第二天,即 10 月 31 日,他決心進金州城一探。《從軍日記》裡記道:

> 早起由宿處出發。見金州和復州不同,旌旗在城牆上飄揚,其氣勢令人震驚。走約一里多,將到北門,我想城門一定有兵值班,暫止步檢視情況。只見清晨城郊很多農民挑蔬和魚類,穿梭往來。我趁機混入人群,冒死大膽進入北門。城門裡果然有兵員十餘人,正吃著地瓜,無任何人過問,意外得以平安入城,暗自慶幸。城內充滿兵丁,東、西、南、北四條街除兵丁外無所見。……
>
> 隨即進飯店……此飯店是一小店,出入都是士兵,三三五五圍桌飲酒吃面,不斷交談。此店是了解金州駐軍情況的好地方,因此吃完面喝著茶逗留二時多。我桌有四人,除我外都是清兵。其中一人談到皮子口說:「鬼子不在皮子口,往東去了。」另一人說:「鬼子不日將來金州。」我側耳細聽。最後,付一百五十文飯錢離去。以此檢視南門外兵營的位置和狀況。又去西門、東門看炮數。在街上徘徊看兵種,有銘字淮軍、懷字淮軍、正勇以及爵閣督堂親軍、炮隊、馬隊等。樹上樹旌旗,聲勢頗為盛大。午後二時左右,有人乘馬車,有二十多騎兵護隨從東門外回來。想此人或許是

---

[439]　《中日戰爭》(中國近代史資料叢刊續編),第 6 冊,第 202 頁。

第四節　向野堅一普蘭店脫網逃生

趙懷益。……出北門，經東門大路向皮子口方向走去。這時已是午後五時多。到了大和尚山麓的石門子，見騎兵往來，內心懷著被他們識破的恐懼心情通過。又走五六丁（1丁等於109公尺），遇見三四十個清兵，見道上挖有二尺見方形坑穴數十個，山上樹有旗幟，周圍拉上繩子。兵員往來奔走，都攜帶鐵鍬和鐵鍬。這裡肯定是布雷區[440]。

經過這一整天的偵察，向野堅一不但探清了金州城的虛實情況，而且還意外發現清軍在石門子修建防禦工事。

離開金州後，向野堅一便回到第一師團司令部。11月3日，他終於見到了師團長山地元治和參謀長大寺安純，這才展開地圖，就自復州經普蘭店進入金州所目睹的事物及所探聽到的一切情況，一一報告。報告的要點是：對於清軍嚴密加防的貔子窩大道，以一隊兵牽制，將師團主力部署於完全不設防的復州大道，然後從金州西北方向攻擊，一舉占領之。[441] 山地元治非常重視向野堅一的報告。這樣，向野報告便成為日軍第一師團制定進攻金旅作戰計畫的基礎。因為金州一失，旅順後路完全暴露無遺，其最後的陷落也就指日可待了。

在花園口登陸的6名日諜中，唯向野堅一一人功成返營，確實僥倖，看似偶然，實則包含著若干必然性的因素。如清軍將領顢頇無知、官兵敵情觀念薄弱、對各軍之營哨缺乏嚴格管理等等，處處都給向野堅一提供了可乘之機。更重要的是，熱情好客和富有同情心的老百姓，也成為日本間諜躲過一劫。以向野堅一為例：他執行此次偵察任務，歷時1週有餘，除遇到各種危險外，最難熬的是兩個字：一是「飢」字，一是「寒」字。他有幾天不敢投店吃飯，只好乞食。即使貧家小戶，見其可憐，也必給他食

---

[440]　《中日戰爭》（中國近代史資料叢刊續編），第6冊，第203～204頁。
[441]　向野堅一：《回憶日清戰役》，油印本。

第八章　旅順後路案

物。他在《從軍日記》中多次寫到「進一小戶人家，有二女一子，求食」、「進入山間一家乞食，一老婦給我一碗小米粥和一塊玉米餅子」等。有一次，他遇到大雨，渾身溼透，無處求宿，冷得發抖，只好倚廟門而眠。一老者看見，恐其受寒生病，請到家中，不僅燒炕讓他取暖烘衣，還招待飯菜，並為他準備了第二天上路的乾糧。[442] 這些善良的百姓萬萬沒有想到，他們盡其所能幫助的竟是偽裝的日本奸細。所有這些，都值得後來人以史為鑑，認真反思！

---

[442]　《中日戰爭》（中國近代史資料叢刊續編），第 6 冊，第 199～201 頁。

第四節　向野堅一普蘭店脫網逃生

太陽旗密令，決定甲午結局的情報戰：
暗影之中，假面之下，日本間諜如何瓦解清廷最初的防線？

作　　　者：	戚其章
發 行 人：	黃振庭
出 版 者：	複刻文化事業有限公司
發 行 者：	崧燁文化事業有限公司
E - m a i l：	sonbookservice@gmail.com
粉 絲 頁：	https://www.facebook.com/sonbookss/
網　　　址：	https://sonbook.net/
地　　　址：	台北市中正區重慶南路一段61號8樓 8F., No.61, Sec. 1, Chongqing S. Rd., Zhongzheng Dist., Taipei City 100, Taiwan
電　　　話：	(02)2370-3310
傳　　　真：	(02)2388-1990
印　　　刷：	京峯數位服務有限公司
律師顧問：	廣華律師事務所 張珮琦律師

-版權聲明-

本書版權為濟南社所有授權複刻文化事業有限公司獨家發行繁體字版電子書及紙本書。若有其他相關權利及授權需求請與本公司聯繫。

未經書面許可，不得複製、發行。

定　　　價：375 元
發行日期：2025 年 07 月第一版
◎本書以 POD 印製

國家圖書館出版品預行編目資料

太陽旗密令，決定甲午結局的情報戰：暗影之中，假面之下，日本間諜如何瓦解清廷最初的防線？ / 戚其章 著 . -- 第一版 . -- 臺北市：複刻文化事業有限公司 , 2025.07
面；　公分
POD 版
ISBN 978-626-428-168-3(平裝)
1.CST:　戰　史　2.CST:　中　日　戰　爭
3.CST: 情報戰 4.CST: 日本
592.931　　　　　114008388

電子書購買

爽讀 APP　　　臉書